SHIPIN

高职高专食品类专业系列规划教材

GAOZHI GAOZHUAN SHIPINLEI ZHUANYE XILIE GUIHUA JIAOCAI

乳品加工技术

主　编◇李　楠

副主编◇刘希凤　魏秋红　申晓琳

重庆大学出版社

内 容 提 要

　　本书紧贴乳品企业岗位对于知识技能和操作技能等需求,以项目型的方式介绍了液态乳、酸乳等乳制品的生产工艺、原理、操作要点、质量控制方法及国家质量标准等,全书共 8 个项目,主要介绍了原料乳的验收和预处理、乳液态的加工、冷冻乳制品的加工、酸乳的加工、乳粉的加工、干酪的加工、奶油加工技术、炼乳的加工。本书理论结合实际,突出生产技能操作,便于学生学习和掌握岗位操作技能。

　　本书适合于高职高专食品类专业学生使用,也可作为食品微生物相关生产者以及食品微生物检测技术人员的参考用书。

图书在版编目(CIP)数据

乳品加工技术/李楠主编. —重庆:重庆大学出版社,2014.3
高职高专食品类专业系列规划教材
ISBN 978-7-5624-7928-4

Ⅰ.①乳…　Ⅱ.①李…　Ⅲ.①乳制品—食品加工—高等职业教育—教材　Ⅳ.①TS252

中国版本图书馆 CIP 数据核字(2013)第 303431 号

高职高专食品类专业系列规划教材
乳品加工技术
李 楠 主 编
刘希凤　魏秋红　申晓琳　副主编
策划编辑:梁　涛

责任编辑:文　鹏　刘　真　　版式设计:梁　涛
责任校对:贾　梅　　　　　　　责任印制:赵　晟

*

重庆大学出版社出版发行
出版人:邓晓益
社址:重庆市沙坪坝区大学城西路 21 号
邮编:401331
电话:(023) 88617190　88617185(中小学)
传真:(023) 88617186　88617166
网址:http://www.cqup.com.cn
邮箱:fxk@cqup.com.cn(营销中心)
全国新华书店经销
重庆双百印务有限公司

*

开本:787×1092　1/16　印张:14.5　字数:362 千
2014 年 4 月第 1 版　　2014 年 4 月第 1 次印刷
印数:1—3 000
ISBN 978-7-5624-7928-4　定价:29.00 元

高职高专食品类专业系列规划教材

GAOZHI GAOZHUAN SHIPINLEI ZHUANYE XILIE GUIHUA JIAOCAI

◀ 编委会 ▶

总主编　李洪军

◀ 参加编写单位 ▶

（排名不分先后，以拼音为序）

安徽合肥职业技术学院	黑龙江生物科技职业学院
重庆三峡职业学院	湖北轻工职业技术学院
甘肃农业职业技术学院	湖北生物科技职业学院
甘肃畜牧工程职业技术学院	湖北师范学院
广东茂名职业技术学院	湖南长沙环境保护职业技术学院
广东轻工职业技术学院	内蒙古农业大学
广西工商职业技术学院	内蒙古商贸职业技术学院
广西邕江大学	山东畜牧兽医职业学院
河北北方学院	山东职业技术学院
河北交通职业技术学院	山东淄博职业技术学院
河南鹤壁职业技术学院	山西运城职业技术学院
河南漯河职业技术学院	陕西杨凌职业技术学院
河南牧业经济学院	四川化工职业技术学院
河南濮阳职业技术学院	四川烹饪高等专科学校
河南商丘职业技术学院	天津渤海职业技术学院
河南永城职业技术学院	浙江台州科技职业学院
黑龙江农业职业技术学院	

前言
Foreword

　　近年来,随着人们生活水平的提高,乳及乳制品已经成为人们日常生活中必不可少的食品。我们根据乳品行业各技术领域和岗位技能的任职要求,以"工学结合"模式为切入点,并以实际生产任务或工作过程为导向,按照职业资格标准的工作要求,在不断总结近年来乳品行业发展和特点及乳品教材课程建设与改革经验的基础上,在重庆大学出版社组织下,编写了《乳品加工技术》高职高专食品专业通用教材。

　　本书紧贴乳品企业岗位对于知识技能和操作技能等需求,以项目型的方式介绍了液态乳、酸乳等乳制品的生产工艺、原理、操作要点、质量控制方法及国家质量标准等,理论结合实际,突出生产技能操作,便于学生学习和掌握岗位操作技能。在编写过程中,力求将乳品行业新知识、新技术、新工艺引入教材中,使高职教育与乳品企业生产紧密结合,体现高职教育的特色。

　　本书由天津渤海职业技术学院李楠主编并负责全书的统稿工作,刘希凤、魏秋红、申晓琳任副主编。项目1由上海市质量监督检验技术研究院王志伟编写;项目2由河南牧业经济学院申晓琳编写;项目3由漯河职业技术学院魏秋红编写;项目4由山东畜牧兽医职业学院刘希凤编写;项目5由甘肃畜牧工程职业技术学院焦兴弘编写;项目6由茂名职业技术学院左映平编写;项目7由商丘职业技术学院石月锋编写;项目8由天津渤海职业技术学院李楠编写;配套教学光盘由天津渤海职业技术学院吕艳蓓统稿整理。

　　本书编写得到了天津食品研究所赵丽所长、叶春华老师的支持和帮助,在此衷心表示感谢。由于编者的水平有限,不妥之处在所难免,希望广大读者在使用中多提宝贵意见,以便修改完善。

编　者

2013 年 8 月

目 录
Contents

项目1
原料乳的验收和预处理

知识目标

◎ 了解原料乳的基本知识,包括乳的主要化学成分、物理性质、乳的分类及现行的生乳国家质量标准;

◎ 了解原料乳的基本检验方法,包括感官检验、常规理化检验、卫生检验、抗生素残留检验及掺假检验;

◎ 了解原料乳的预处理技术,包括原料乳的净化、冷却及标准化。

技能目标

◎ 能对原料乳业进行验收检验;

◎ 能完成原料乳净化、冷却及标准化操作。

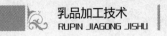

任务 1.1　知识链接

1.1.1　乳的主要化学成分

牛乳是奶牛分娩后由乳腺分泌的一种白色或微黄色的不透明液体,是由很多物质形成的复杂的分散体系,是具有胶体特性的一种生物学液体,其化学成分相当复杂,至少含有上百种化学成分,但主要成分则包括水分、蛋白质、脂肪、乳糖、盐类、维生素、酶类及气体等(表1.1)。牛乳的成分组成一般是稳定的,其中的碳水化合物和矿物质呈溶液状态,脂肪等脂质成分呈乳浊液状态,而蛋白质成分则主要以胶体粒子的形式分散在牛乳中。由于受乳牛的品种、年龄、泌乳期、营养水平、季节、健康状况及个体差异的影响,牛乳中的一些成分有所差异,其中变化最大的是乳脂肪,其次是蛋白质,而乳糖及灰分的含量则相对比较稳定。

表1.1　牛乳的主要化学成分及含量

化学成分	水分	总乳固体	蛋白质	脂肪	乳糖	无机盐
变化范围/%	85.5~89.5	10.5~14.5	2.9~5.0	2.5~6.0	3.6~5.5	0.6~0.9
平均值/%	87.5	13.0	3.4	4.0	4.8	0.8

1)水分

水是牛乳的最主要成分之一,其含量一般为牛乳的85.5%~89.5%。水是牛乳中其他成分的分散介质,可以使牛乳形成均匀且稳定的流体。在牛乳中,水分主要以3种形式存在:

(1)自由水

自由水是牛乳中各种营养成分的分散介质,占牛乳中水分含量的绝大部分。很多生物学过程和理化过程均离不开自由水的参与。

(2)结合水

结合水在乳中含量为2%~3%,在乳中与蛋白质、乳糖及某些盐类以结合的形式存在。与一般水达到冰点时冻结不同,乳中的结合水并不发生冻结,这是乳中结合水一个较为显著的特点。

(3)结晶水

结晶水在牛乳的水分中最为稳定,因为结晶水是作为分子组成成分按一定数量比例与乳中物质结合起来的一种水分。

2)蛋白质

牛乳中含有多种含氮物质,牛乳中的含氮物质除游离氨基酸、尿素、肌酸、嘌呤等非蛋白态氮外,95%是蛋白质。乳蛋白质是牛乳的主要营养成分,乳蛋白主要包括酪蛋白、乳清蛋白及少量的脂肪球膜蛋白质,其中酪蛋白占总乳蛋白含量的80%左右。乳蛋白质由20

多种氨基酸构成,构成不同蛋白质的氨基酸种类、数量及排列顺序均不同,其中含有多种人体必需的氨基酸,是一种完全的蛋白质。

(1)酪蛋白

当脱脂乳 pH 调整到 4.6(等电点),温度为 20 ℃时,沉淀下来的蛋白质即为酪蛋白,这种现象称为酪蛋白的酸凝固。酪蛋白不是单一的蛋白质,它是由一类在构造和性质上相类似的蛋白质组成的。酪蛋白是白色、无味、无嗅的物质,相对密度为 1.25 ~ 1.31,不溶于水、酒精及有机溶剂,但溶于碱溶液。在牛乳中,酪蛋白与钙结合形成酪蛋白酸钙,再与胶体状的磷酸钙形成酪蛋白酸钙-磷酸钙复合体,以胶体悬浮液的状态存在,其胶体微粒直径范围为 10 ~ 300 nm。

(2)乳清蛋白

脱脂乳在 pH4.6 时酪蛋白等电沉淀后余下的蛋白质统称为乳清蛋白。乳清蛋白不同于酪蛋白,其粒子的水合能力强、分散性高,在乳中呈高分子状态。乳清蛋白又分为热稳定的乳清蛋白质(即胨、脿)和热不稳定的乳清蛋白质(即乳白蛋白和乳球蛋白)。乳清蛋白中的 α-乳白蛋白、β-乳球蛋白是对热不稳定的蛋白质,约占乳清蛋白的 80%。当乳清 pH4.6 时,煮沸 20 min,这些蛋白质便会形成沉淀。

(3)脂蛋白

脂蛋白是蛋白质和磷脂的复合物,被吸附在脂肪球的表面,在脂肪球周围形成稳定的薄膜,从而使牛乳乳浊液趋于稳定。

3)乳脂肪

乳脂肪属于中性脂肪,是由一个甘油分子与 3 个脂肪酸所组成的甘油酯的混合物。乳脂肪占乳脂质的 97% ~ 98%,其他的甘油酯、硬脂酸、磷脂、游离脂肪酸等仅占很少部分(见表1.2)。乳脂肪主要是被包含在细小的球形或椭圆形脂肪球中,形成乳包油型的乳浊液。每毫升牛乳中含(2 ~ 4)×10⁹ 个脂肪球,球体直径通常为 0.1 ~ 10 μm,平均为 3 ~ 4 μm。

表 1.2　乳中脂类物质的平均含量

脂类成分	甘油三酯	甘油二酯	甘油单酯	游离脂肪酸	游离固醇	固醇脂	磷酸酯	碳水化合物
平均含量/%	97 ~ 98	0.3 ~ 0.6	0.02 ~ 0.04	0.1 ~ 0.4	0.2 ~ 0.4	微量	0.2 ~ 1.0	微量

乳脂肪含有很多人体必需的氨基酸和脂溶性维生素,而且其脂肪较其他动物性更易于消化。乳脂肪具有的水溶性脂肪,酸值高,碘值低,挥发性脂肪酸多,不饱和脂肪酸较少,低级脂肪酸多,皂化值要比一般脂肪高等特点;不仅容易受光线、热、氧气等因素的影响而发生氧化产生氧化味,而且在微生物产生的解酯酶作用下分解产生丁酸,从而使乳脂肪带有特殊的脂肪分解臭味。

4)乳糖

乳糖是哺乳动物乳汁中特有的、主要的碳水化合物,乳的甜味就是由于乳糖的存在。牛乳中的乳糖含量为 4.5% ~ 5.0%,占总乳固体的 38% ~ 39%。乳糖几乎全部呈溶液状态存在于乳中。乳糖是一种双糖,溶解度比蔗糖差,甜度仅为蔗糖的 1/6~1/5,水解时可生成一分子葡萄糖和一分子半乳糖。牛乳中所含 99.8% 乳糖,另外还有少量的葡萄糖、果糖和半乳糖。

(1)乳糖的异构体

有两种异构体,分别是 α-乳糖和 β-乳糖,其中 α-乳糖又有水合物和无水物两种。因此,乳糖共有 3 种存在形态。

(2)乳糖的溶解度

①初溶解度　当乳糖投入到一定温度水中后即有一部分乳糖溶解于水,此时的溶解度称为初溶解度,也就是 α-含水乳糖的溶解度。

②终溶解度　如果继续搅拌,并不断添加乳糖仍可使其溶解。当溶液达到饱和状态时其溶解度称为最终溶解度,也就是 α-含水乳糖及 β-无水乳糖两种形态的乳糖溶解度。实际上乳糖溶于水时,α-乳糖和 β-乳糖开始进行分子内转换。这种转换达到平衡时的时间因温度而异,低温时极其缓慢,70 ℃ 以上时 10 min 以内可达到平衡,平衡时的乳糖称为平衡乳糖,其组成为 37.3% 的 α-乳糖和 62.7% 的 β-乳糖。在制造炼乳时,乳糖大部分呈结晶状态存在,结晶的大小与产品的品质有密切关系,生产中根据乳糖的溶解度与温度的关系来调节乳糖结晶的大小。

(3)乳糖的营养价值

乳糖是乳中主要营养成分之一,当人们饮用牛乳后,乳糖被消化道中的乳糖酶水解为葡萄糖、半乳糖而吸收,从而促进人的大脑和神经组织的发育。乳糖易被乳酸菌分解生成乳酸,1 个分子的乳糖可生成 4 个分子的乳酸。在肠道中乳糖能促进嗜酸杆菌的发育,抑制腐败菌的生长,同时促进钙、磷及其他矿物质的吸收。但是,某些人群(特别是婴儿)消化道内缺乏乳糖酶,因而不能消化吸收乳糖。当饮用牛乳或食用乳制品时,产生腹泻症状,称为乳糖不耐症或乳糖不适应症,这一问题可通过向乳品中加入乳糖酶将乳糖分解的方法解决。

5)乳中的无机盐类

牛乳中含有 0.7% 的无机盐,主要是钾、钙、镁、磷、钠、硫、氯及其他微量成分(表 1.3)。其中钠、钾、氯呈溶液状态,钙、镁、磷则一部分呈溶液状态,一部分呈悬浊状态。无机成分在加工上对牛乳的稳定性起着重要的作用。牛乳中的钙、镁与磷酸盐、柠檬酸盐之间保持适当的平衡,是保持牛乳热稳定性的必需条件。如果钙、镁含量过高,牛乳在较低温度下就产生凝聚,这时加入磷酸盐或柠檬酸盐就可防止牛乳凝固,炼乳生产时常用磷酸盐或柠檬酸盐作稳定剂。另外,乳中的无机成分加热后由可溶性变成不溶性物质,在接触乳的器具表面会形成一层乳垢,影响热的传导和杀菌效率。

表 1.3　牛乳中的无机微量成分　　　　单位:mg/100 g

成分种类	铝	钛	铜	铁	锰	钼
含量	50~100	0.02~0.04	3~17	16~35	1.2~3.5	2~15
成分种类	锌	硼	溴	氟	碘	硅
含量	60~100	10~40	18~25	10~20	1~8	75~140

6）乳中的维生素

牛乳中维生素分为脂溶性和水溶性两种。脂溶性维生素包括维生素 A、维生素 D、维生素 E 及维生素 K；水溶性维生素包括维生素 B_1、维生素 B_2、维生素 B_6、维生素 B_{12}、维生素 C 及烟酸等。

牛乳中的维生素热稳定性不同。热稳定性强的，如维生素 A，D，E，B_2 等对热是稳定的，热处理中损失并不大，并且维生素 E 还具有防止维生素 A 和脂肪氧化的作用；而有的维生素热敏性较强，如维生素 C 等受热容易分解。另外需要注意的是，维生素 C 及维生素 B_1 等会因光照而分解，因此应采用避光容器包装乳及乳制品，以减少光照引起的维生素损失。此外，维生素 C 对金属的作用也很不稳定，例如铜、铁、锌等加工器具会破坏维生素 C，所以乳品加工设备应尽可能采用不锈钢设备。

7）乳中的酶

酶是生物体内分泌出的一种分子量很大的蛋白质，酶的生理作用在于能催化与生命有关的各种化学反应，是一种生物催化剂。酶最大的特点是具有专一性，即一种酶只能对某一成分或某一特定反应起催化作用。牛乳中大约含有 18 种酶。乳中的酶主要来源于乳腺和微生物的代谢产物。这些酶类在 70 ℃以上的温度或放射线（紫外线、X 射线等）的照射下会被破坏。乳品生产中对于生产而言最重要的是水解酶类和氧化还原酶类。

（1）过氧化物酶

过氧化物酶是乳中原有的酶类。过氧化物酶钝化温度和时间大约为 76 ℃，20 min；77~78 ℃，5 min；85 ℃，10 s。通过测定过氧化物酶的活性可以判断牛乳是否经过热处理或检验牛乳的热处理程度，判断牛乳是否经过 80 ℃以上的巴氏杀菌温度。

（2）过氧化氢酶

牛乳中的过氧化氢酶主要来自白血球的细胞成分，尤其在初乳和乳房炎乳中含量较多。因此，牛乳中过氧化氢酶含量的多少可以作为判断牛乳质量优劣的指标之一，也可以利用过氧化氢酶的测定判定牛乳是否为异常乳或乳房炎乳。

（3）还原酶

牛乳中的还原酶是乳中的微生物的代谢产物。还原酶能使甲基蓝还原为无色。乳中的还原酶的量与微生物的污染程度成正相关，因此可通过测定还原酶的活力来判断乳的新鲜程度。

（4）蛋白酶

牛乳中的蛋白酶分别来自乳本身和污染的微生物。乳中的蛋白酶多为细菌性酶，细菌性的蛋白酶水解蛋白质形成蛋白胨、多肽及氨基酸。蛋白酶在 75~80 ℃时即被破坏，而在 70 ℃以下则可以耐受长时间的加热，在 37~42 ℃时，蛋白酶在弱碱性环境中作用最强，在中性及酸性环境中作用最弱。

（5）脂酶

脂酶主要是将脂肪分解为甘油及脂肪酸的酶。该种酶主要来自微生物。酯酶的主要作用是分解乳脂肪产生丁酸及其他脂肪酸类，使牛乳带有脂肪分解而产生焦臭味。例如奶油被污染时即出现脂酶的作用，使奶油带有焦臭味并使脂肪变苦。另外，脂酶对温度的抵抗力较强，所以稀奶油杀菌时应在 80~85 ℃的条件下进行。因此，乳品生产加工过程中需

严格控制微生物指标,从而保证乳品质量的提高。

(6)磷酸酶

磷酸酶为乳中固有的酶,牛乳中含有两种磷酸酶,即酸性磷酸酶和碱性磷酸酶。磷酸酶对温度较敏感,经低温巴氏杀菌后牛乳中的磷酸酶会被破坏,而过氧化物酶的活性只是部分地被破坏。因此,利用磷酸酶试验可以测定牛乳是否已经过长时间的低温杀菌和温度是否超过 80 ℃。

8)乳中的其他成分

(1)气体

乳中的气体主要为二氧化碳、氮气和氧气等。鲜牛乳中的气体含量为 5% ~6%,其中二氧化碳占比例最多、氧气最少。在运输与贮存过程中,牛乳中气体的含量可能达到 10%,这是由于氧气和氮气与大气接触而增多的缘故。由于牛乳中氧的存在会导致维生素的氧化和脂肪的变质,因此牛乳在运输、贮存处理过程中应尽量在密闭的容器内进行。

(2)有机酸

乳中的有机酸主要是柠檬酸,含量为 0.07% ~0.40%,以盐类形态存在。乳中除了酪蛋白胶粒成分中的柠檬酸盐外,还存在有分子、离子状态的柠檬酸盐,主要为柠檬酸钙。柠檬酸对乳中的盐类平衡及乳在冷冻、加热过程中的稳定性起重要作用,此外柠檬乳品芳香物质丁二酮前体。

1.1.2 乳的物理性质

1)色泽

新鲜的常乳是一种不透明的乳白色、白色或稍带淡黄色的液体。乳白色是由酪蛋白酸钙-磷酸钙胶粒及脂肪球等微粒对光的不规则反射所产生的。牛乳中的脂溶性胡萝卜素和叶黄素使乳略带淡黄色,而水溶性的核黄素使乳清呈荧光性黄绿色。

2)乳的滋味与气味

牛乳滋味、气味的主要构成成分是乳中含有的挥发性脂肪酸及其他挥发性物质,赋予了牛乳特有的奶香味。这种香味随温度的高低而异,乳经过加热后香味强烈,冷却后减弱。乳中羰基化合物,如甲醛、乙醛、丙酮等均与牛乳风味有关。

新鲜纯净的乳由于乳中含有乳糖稍带甜味。乳中除甜味外,因其中含有氯离子,所以稍带咸味。常乳中的咸味因受乳糖、脂肪、蛋白质等成分所调和而不易觉察,但异常乳如乳房炎乳中氯的含量较高,会形成浓厚的咸味。乳中的苦味来自 Mg^{2+}、Ca^{2+},而酸味则是由柠檬酸及磷酸所形成。

牛乳极易吸收外界的气味。因此牛乳在牛舍放置时间不宜过久,否则会带有圈舍异味,储存容器及生产过程必须保持清洁,以免产生异味,影响产品风味。

3)乳的酸度

牛乳的酸度分为固有酸度(或称自然酸度)和发酵酸度。固有酸度或自然酸度主要来源于乳中的蛋白质、柠檬酸盐、磷酸盐及二氧化碳等酸性物质。同时,乳在微生物的作用下发生乳酸发酵从而导致乳的酸度逐渐升高,由于发酵产酸而升高的这部分酸度称为发酵酸度。固有酸度和发酵酸度之和称为总酸度，一般就称之为牛乳的酸度，也就是乳品工业平时所测定的酸度。乳品中的酸度是用滴定法以标准碱液测定的滴定酸度。我国滴定酸度用吉尔涅尔度(°T)或乳酸度(%)来表示。滴定酸度可以反映出乳酸产生的程度，表征乳的新鲜程度，一般刚挤出的新鲜牛乳的酸度为 16～18 °T，随着乳的酸度上升，对于热的稳定性降低。即

$$吉尔涅尔度(°T) = \frac{V_1 - V_2}{0.1} \times c$$

式中　V_1——滴定初读数，mL；

　　　V_2——滴定终读数，mL；

　　　c——标定后的氢氧化钠溶液的浓度，mol/L；

　　　0.1——0.1 mol/L 氢氧化钠溶液。

$$乳酸度(\%) = \frac{0.1\ mol/L\ 氢氧化钠消耗量(mL) \times 0.009}{10\ mL \times 牛乳的相对密度}$$

4)乳的比重、相对密度

牛乳的密度是指在 20 ℃时一定容积乳的质量与同容积水在 4 ℃时的质量比，正常牛乳的密度为 1.030。牛乳的相对密度，也称为比重，是指在 15 ℃时一定容积牛乳的质量与同温度、同容积的水的质量之比。正常牛乳的相对密度平均为 1.032。乳的密度和比重是由乳中非脂肪固体所决定的，因此乳成分的变化也影响密度和比重的改变。另外，乳的密度、比重也随温度的变化而有所不同。

在乳中加入固形物，往往会使乳的相对密度提高；反之在乳中掺水，则乳的相对密度会下降。通过乳相对密度的测定可以判断原料乳是否掺水。

5)乳的冰点、沸点和比热

(1)冰点

牛乳因含多种营养物质，故冰点比水低。一般范围为 -0.565～-0.525 ℃，平均为 -0.540 ℃。牛乳中影响冰点变动的主要因素是乳糖及无机盐类。乳糖、氯化物和其他无机盐类对乳的冰点降低的贡献率分别为 55%、25% 和 20%。由于乳糖和无机盐类在牛乳中含量是稳定的，因此牛乳的冰点也保持一个稳定的状态。但是，当添加其他物质于牛乳中，如掺水于牛乳中时，冰点即升高。例如牛乳掺入 1% 水分时，冰点将上升 0.005 5 ℃，因此，通过测定牛乳的冰点就可以检查牛乳中是否掺水，大致计算出其掺水量。

设定乳的平均冰点为 -0.550 ℃，而掺入水的量可按下式计算：

$$掺水量(\%) = \frac{T - T_1}{T}$$

式中　T——正常乳的冰点，℃；

　　　T_1——样品乳的冰点，℃。

(2)沸点

在标准大气压下，牛乳的沸点为 100.55 ℃左右。牛乳的沸点与其含有的固形物的量有关，乳中含有的乳固体越多，沸点则越高。同理，牛乳越浓缩，沸点越高，如牛乳浓缩 1 倍时沸点上升 0.5 ℃，即浓缩到原来体积一半时，沸点约为 101.05 ℃。

（3）比热

牛乳温度升高 1 ℃所需的热量和同质量的水温升高 1 ℃所需热量之比,称为牛乳的比热。比热的单位以往用 cal（卡）表示,国际单位制是以 J 表示,lkcal/（kg·℃）= 4.187 kJ/（kg·℃）。牛乳及其制品的比热与它所含脂肪含量及温度的变化有关。牛乳的比热在14 ~ 16 ℃的范围内,乳脂肪的部分或全部还处于固态,加热的热量一部分需要消耗在脂肪融化上,故在此温度范围内,其脂肪含量越多,使温度上升 1 ℃所需热量就越大,其比热也相应增大。而在其他温度范围内,由于乳脂肪本身的比热小,故脂肪含量越高,乳的比热越小。牛乳的比热是牛乳中各成分比热值的总和。一般牛乳的比热为 3.89 ~ 4.02 kJ/（kg·℃）。牛乳主要成分的比热分别是:乳脂肪 2.09 kJ/（kg·℃）、乳糖 1.25 kJ/（kg·℃）、乳蛋白质2.09 kJ/（kg·℃）、盐类 2.93 kJ/（kg·℃）。

6）电导率

牛乳中含有盐类物质,故其具有电导率。牛乳的电导率主要与氯离子和乳糖含量有关。当乳中的氯离子含量升高或乳糖含量降低时,乳的电导率增大。正常牛乳在 20 ℃时的电导率为 0.004 ~ 0.005 S/m,超过 0.006 S/m 可视为病牛乳。当向牛乳中加入中和剂或离子化防腐剂时,电导率可提高,牛乳沸腾可降低电导率,此外电导率还会因乳牛的个体、泌乳期的不同而形成差异。

7）表面张力

液体均有尽量缩小自身表面的倾向,故在外力作用消除时,呈均匀状。牛乳中的表面张力是相对于水而言,水在 20 ℃时,表面张力为 0.071 ~ 0.073 N/m;牛乳在 15 ℃时,表面张力为 0.052 8 N/m,即牛乳的表面张力比水低。牛乳的表面张力与牛乳中蛋白质、脂肪的含量有关,随着蛋白质与脂肪含量的增加,表面张力降低。牛初乳表面张力低于常乳,稀奶油表面张力低于全脂乳。

牛乳的表面张力与其起泡性、乳浊状态、热处理、均质工艺及风味等都有密切关系。通过表面张力的测定,也可区分异常乳与正常乳、生乳及杀菌乳。

8）黏度

牛乳的黏度有两种表示方法:一是以绝对单位厘泊（centipoise）表示的,在 20 ℃时,牛乳的黏度为 17 ~ 2.5 cp（水为 1.005 cp）;二是以 Pa·s 为单位表示的（简称帕斯卡秒）,牛乳在 20 ℃时黏度为 0.0015 ~ 0.002 Pa·s。

牛乳的黏度与牛乳成分有关,以酪蛋白的影响最大,脂肪次之,乳糖及无机盐类再次之。蛋白质、脂肪含量高,则牛乳的黏度也高。另外,温度也对牛乳的黏度有影响,温度升高则黏度降低。

影响牛乳黏度的因素,除牛乳成分外,脱脂、杀菌、均质等工艺条件也对牛乳黏度产生较重要的影响。如牛乳黏度依均质化程度而呈比例增加;60 ℃左右均质化时,黏度最小;杀菌乳在经静置一段时间后,无论是否经过均质处理,黏度均会增加。

黏度与炼乳加工及奶粉生产关系较大,如甜炼乳黏度高,会发生变稠现象;黏度过低,会发生脂肪上浮和糖的结晶析出现象。淡炼乳生产时,如黏度过低,贮藏期可能会产生盐类沉淀。在奶粉生产时,浓乳浓度黏度过高,会妨碍干燥雾化,从而可能出现潮粉。

1.1.3　乳的分类

1）正常乳

乳牛产犊 7 d 以后至干奶期开始之前所产的乳。正常乳成分及性质趋于稳定,为乳制品的加工原料乳。

2）异常乳

当乳牛受到饲养管理、疾病、气温以及其他各种因素的影响时,乳的成分和性质发生了变化,甚至不适于作为乳品加工的原料,不能加工出优质的产品,这种乳称为异常乳。异常乳具体可分为生理异常乳、化学异常乳、病理异常乳和微生物污染乳。

（1）生理异常乳

生理异常乳包括营养不良乳、初乳和末乳。

①营养不良乳　饲料不足、营养不良的乳牛所产的乳称为营养不良乳。营养不良乳对皱胃酶几乎不凝固,所以这种乳不能用于制造干酪。

②初乳　乳牛分娩后一周所分泌的乳称为初乳,呈黄褐色、有异臭、味苦和咸味、黏度大,特别是 3 d 之内分泌的乳,初乳特征更为显著。牛初乳中过氧化氢酶和过氧化物酶的含量较高,乳脂肪和蛋白质的含量也极高,而乳糖含量较低,因此初乳加热时较易凝固。

③末乳　也称老乳,即乳牛于干奶期前 2 周所产的乳。末乳的化学成分与常乳有显著差异。其成分除脂肪外,均较常乳高,有苦而咸的味道,含酯酶多,常有油脂氧化味。末乳中细菌数及过氧化氢酶含量增加,酸度降低。泌乳末期乳 pH 达 7.0,细菌数达250 万 CFU/mL,氯离子浓度约为 0.16%。因此,末乳不适于作为乳制品的原料乳。

（2）化学异常乳

化学异常乳可分为酒精阳性乳、低成分乳、风味异常乳和混入异物乳。

①酒精阳性乳　用浓度 68% 或 70% 的酒精与等量的乳混合而产生细微颗粒或絮状凝块的乳被称为酒精阳性乳。酒精阳性乳根据酸度不同又分为高酸度酒精阳性乳和低酸度酒精阳性乳。一般酸度为 18 ~ 21 °T,酒精试验阳性的乳称为高酸度酒精阳性乳。高酸度酒精阳性乳形成的原因主要是在挤乳过程中,由于挤乳器具和设备消毒不严,挤乳场地卫生环境不良,生乳贮存、运输不当及未及时冷却等诸多因素,从而使细菌快速繁殖生长,乳糖分解成乳酸,酸度升高,蛋白质变性所致。酸度为 11 ~ 18 °T,酒精试验阳性的乳称为低酸度酒精阳性乳。饲养管理不当、饲料品质不良均可导致低酸度酒精阳性乳的产生。

②低成分乳　低成分乳是指乳的总干物质不足 11%,乳脂率低于 2.7% 的原料乳。低成分乳的形成主要受乳牛品种、饲养管理、营养配比和环境温度等多种因素的影响。遗传因素对乳成分的影响较大,选育和改良乳牛品种对提高原料乳的质量非常重要。拥有了优良的乳牛品种,也需要考虑其他外在因素对乳成分的影响。首先是季节和环境温度的影响,一般而言,在夏季青草丰富的季节,乳的产量提高,非乳脂固体含量高,而乳脂率较低,在冬季饲养期,非乳脂固体含量低,乳脂率高。其次,饲料营养价值也有一定的影响,长期的营养不良会使乳的产量降低,使非乳脂固体和蛋白质含量减少。

③风味异常乳　风味异常乳是指风味与常乳不同的乳。造成牛乳风味异常的因素很

多,来源较为广泛。主要是通过畜体转移或从空气中吸收而来的饲料味;其次是由于乳中酶的作用而使脂肪分解所产生的脂肪分解味。另外,盛乳器皿所带来的金属味及乳脂肪氧化产生的氧化味均会给乳造成风味上的缺陷。

④混入异物乳 混入异物乳是指在乳中混入原来不存在的物质的乳。异物的混入可分为偶然混入、人为混入和经牛机体污染混入。例如由于环境条件较差,在挤乳过程中饲料、粪便、尘埃等污物掉入乳中,从而造成乳的品质下降;为了提高原料乳的保藏期而人为加入的防腐剂和抗菌剂;为达到预防治疗、促进乳牛发育的目的而使用的抗生素和激素经牛体进入到乳中。

(3)病理异常乳

病理异常乳是指由于病菌污染而形成的异常乳。主要分为乳房炎乳和其他病牛乳。

①乳房炎乳 乳房炎乳是由于外伤或细菌感染,使乳房发生炎症时所分泌的乳。乳房炎乳的成分和性质都发生了改变,其中乳干物质、酪蛋白、乳清蛋白中的 α-乳白蛋白和 β-乳球蛋白、乳糖、钾、钙、维生素 B_1 及 B_2 的含量降低,而乳中的免疫球蛋白、血清白蛋白、氯、钠的含量比常乳高。另外,乳房炎乳的 pH 值在 6.8 以上,电导率也有所提高,而比重、酸度及凝乳张力均有所下降。

②其他病牛乳 是指主要由患口蹄疫、布氏杆菌病等的乳牛所产的乳,乳的质量变化大致与乳房炎乳相类似。另外,患酮体过剩、肝机能障碍及繁殖障碍等疾病的乳牛容易分泌酒精阳性乳。

(4)微生物污染乳

原料乳受到微生物的严重污染而产生异常变化,就形成微生物污染乳。鲜乳中常见的微生物污染见表1.4。一般情况下,乳主要有 3 个微生物污染源:一是来自牛乳的乳房内部;二是来自乳房外部,包括畜体和空气;三是来自挤乳与贮存的设备。酸败乳是最常见的微生物污染乳。造成酸败乳的主要原因是挤乳时对乳房清洗不仔细、挤乳器具和盛乳设备未按要求严格清洗消毒、原料乳未及时冷却以及运输过程不卫生等,从而导致原料乳被微生物污染。一般在挤乳卫生状况良好时,刚挤出的鲜乳每毫升中含有 300 ~ 1 000 个细菌。如果挤乳卫生条件较差时,挤出的乳中细菌数可达每毫升 10 000 ~ 100 000 个细菌,这种乳在贮存运输过程中,微生物会生长繁殖,细菌数会大幅增加,以至于发生严重变质而不能作为乳制品的原料。

表 1.4　乳中常见的微生物污染种类及对乳品品质影响

微生物种类	大肠菌群	乳酸菌	芽孢杆菌	嗜冷菌	脂肪分解菌
乳质变化	产酸、产气	产酸、凝固	胨化、碱化、有腐败味	胨化、碱化	脂肪分解味、苦味、非酸凝固

1.1.4 **生乳国家质量标准**(GB 19301—2010)

1)生乳感官指标(见表1.5)

表1.5 感官指标

项 目	要 求
色泽	呈乳白色或黄色
滋味、气味	具有乳固有的香味,无异味
组织状态	呈均匀一致液体,无凝块、无沉淀、无正常视力可见异物

2)生乳理化指标

(1)常规理化指标(见表1.6)

表1.6 理化指标

项 目		指 标
冰点[a,b]/℃		−0.560 ~ −0.500
相对密度/(20 ℃/4 ℃)	≥	1.027
蛋白质/(g·100g^{-1})	≥	2.8
脂肪/(g·100g^{-1})	≥	3.1
杂质度/(mg·kg^{-1})	≤	4.0
非乳脂固体/(g·100g^{-1})	≥	8.1
酸度/(°T) 牛乳[b] 羊乳		 12 ~ 18 6 ~ 13

注:a 挤出3 h后检测。

　　b 仅适用于荷斯坦奶牛。

(2)生乳污染物指标(见表1.7)

表1.7 污染物限量

项 目		限量/(mg·kg^{-1})
铅	≤	0.05
总汞	≤	0.01
砷	≤	0.05
铬	≤	0.3

（3）生乳真菌毒素指标（见表1.8）

表1.8　真菌毒素限量

项　目		限量/(μg·kg^{-1})
黄曲霉毒素 M$_1$	≤	0.5

（4）生乳农药残留限量和兽药残留限量指标（见表1.9）

表1.9　农药残留限量和兽药残留限量

项　目		残留限量/(mg·kg^{-1})
滴滴涕(DDT)	≤	0.02
六六六(HCH)	≤	0.02

3）生乳微生物指标（见表1.10）

表1.10　微生物限量

项　目		限量/CFU·g^{-1}(mL)
菌落总数	≤	2×10^6

　　收购的生鲜牛乳应符合国家的有关要求，产犊后7 d的初乳、应用抗生素期间和休药期间的乳汁及变质乳均不应用作生乳。另外，生乳中不得掺水，也不得添加碱性物质、淀粉、蔗糖和食盐等非乳物质。

任务1.2　乳的收购现场检验

1.2.1　乳的感官检验（颜色、滋味气味、杂质）

　　乳及乳制品都具有一定的感官性状，例如色泽、滋味及气味、组织状态等。感官检验主要是依靠检验者的视觉、嗅觉和味觉来检验被检样品的外观形态、颜色光泽、气味和滋味、组织状态等。视觉检验是指观察乳品的外观形态、颜色光泽、组织状态等，来评价产品的品质；嗅觉检验主要通过检验者的嗅觉感官检验乳品的风味，进而评价产品质量；味觉检验则利用检验者的味觉器官，通过品尝样品的滋味和风味，从而鉴别产品品质优劣的方法，是用来识别是否酸败、变质的重要手段。感官检验是生乳质量检验的重要内容之一，质量好的生乳不但需要符合营养和卫生标准要求，而且还应具有较好的感官鉴定结果。感官检验方法简单、实用,且多数情况下不受时间地点的限制,但判断的准确性与检验者的感觉器官的敏感程度和实践经验密切相关。

1.2.2 乳的感官检验方法

1)色泽和组织状态

取适量试样置于50 mL烧杯中,在自然光下观察色泽和组织状态。正常牛乳应为乳白色或稍带黄色,呈均匀一致液体,无凝块、无沉淀、不得含有肉眼可见的异物。如果牛乳发黏,出现凝块或絮状物,则可能是被细菌污染并引起乳变质的结果。同时注意观察牛乳是否含有毛、沙土、粪渣、残留饲料、昆虫及其他杂物等异物。

2)滋味和气味

取适量试样置于50 mL烧杯中,先闻气味,然后用温开水漱口,再品尝滋味。正常牛乳应具有乳固有的香味,不能有酸味、腥味等异味,也不能有涩、苦、咸的滋味。

1.2.3 注意事项

1)视觉检验

视觉检验不适宜在灯光下进行,因为灯光会给被检样品造成假象,从而使视觉检验产生偏差。

2)嗅觉检验

检验者的嗅觉器官如长时间受气味浓的物质刺激会产生疲劳,进而灵敏度降低。因此,检验时应按照淡气味到浓气味的顺序进行。在检验一段时间后应休息一下,然后再开始检验。

3)味觉检验

味觉检验前不得吸烟或食用刺激性较强的食物,以免降低感觉器官的灵敏度。检验前需先用温水漱口,然后取少量被检样品放入口中,仔细品尝,然后吐出,要避免吞咽或大口喝。

4)感官检验

感官检验场所应该清洁,光线良好,无任何干扰气味,所使用的器皿需清洁无异味。进行感官检验时,通常先进行视觉检验,再进行嗅觉检验,最后进行味觉检验。

任务 1.3　乳的理化检验

1.3.1　乳新鲜度检验

乳新鲜度的检验方法较多,目前应用较广泛的是在感官检验的基础上,配合采用酒精试验、滴定酸度、煮沸试验等方法。滴定酸度法可以数字化准确地表示牛乳的新鲜度,而酒精试验法只能反映生鲜牛乳的酸度范围。

1)酒精试验法

(1)原理

一定浓度的酒精能使高于一定酸度的牛乳产生沉淀。乳中蛋白质遇到同一浓度的酒精,其凝固程度与乳的酸度成正比,即凝固现象越明显,酸度越大。由于酒精具有脱水作用,当向乳中加入酒精后,乳中酪蛋白胶粒周围水化层被脱掉,胶粒变成只带负电荷的不稳定状态。当乳的酸度增高时,H^+与负电荷作用,使胶粒变为电中性而发生沉淀。由于乳的酸度与引起酪蛋白沉淀的酒精浓度之间存在着一定的关系,故可利用不同浓度的酒精检测生乳,以产生沉淀或结絮来判断乳的酸度。

(2)仪器试剂

1~2 mL 刻度吸管,20 mL 玻璃试管,68°、70°、72°酒精,乳样。

(3)操作方法

取 3 只试管,分别加入 1~2 mL 乳样,再分别加入等量的不同浓度的中性酒精(68°、70°、72°),迅速充分混匀后观察结果。

(4)判断标准

若在 68°酒精中不出现絮片,说明乳的酸度低于 20 °T,为合格乳;在 70°酒精中不出现絮片者,说明乳的酸度低于 19 °T,为较新鲜乳;在 72°酒精中不出现絮片者,说明乳的酸度低于 18 °T,为新鲜乳。

使用 68°酒精凝结状态与酸度之间的关系见表 1.11。

表 1.11　68°酒精牛乳凝结特征

牛乳酸度/°T	凝结特征	牛乳酸度/°T	凝结特征
18~20	不出现絮片	25~26	中型的絮片
21~22	很细小的絮片	27~28	大型的絮片
23~24	细小的絮片	29~30	很大型的絮片

2）酸度测定

（1）原理

乳挤出后在存放过程中,由于微生物的作用,分解乳糖产生乳酸,从而使乳的酸度升高。测定乳的酸度,可判定乳是否新鲜。以酚酞为指示液,用 0.100 0 mol/L 氢氧化钠标准溶液滴定 100 mL 牛乳至终点所消耗的氢氧化钠溶液体积,称为滴定酸度(°T),简称为酸度。

（2）仪器试剂

①分析天平:精确至 1 mg。

②电位滴定仪。

③滴定管:25 mL 或 50 mL,分刻度为 0.1 mL。

④锥形瓶:150 mL。

⑤水浴锅。

⑥酚酞指示液:称取 0.5 g 酚酞溶于 75 mL 体积分数为 95% 的乙醇中,并加入 20 mL 水,然后滴加氢氧化钠溶液至微粉色,再加入水定容至 100 mL。

⑦氢氧化钠标准溶液[$c(\text{NaOH})$ = 0.100 0 mol/L]:称取 40 g 氢氧化钠,溶于 100 mL 水中,摇匀使之成为饱和溶液后贮于聚乙烯容器中,密封放置数日后至溶液清澈。再吸取该溶液 10 mL 至 1 000 mL 容量瓶中,加入无二氧化碳蒸馏水定容,,摇匀。在三角瓶中称取预先在 105 ~ 110 ℃烘至恒量的基准邻苯二甲酸氢钾 0.6 g,精确至 0.000 1 g,加入 50 mL 无二氧化碳蒸馏水,溶解后加入 2 滴酚酞指示剂,用配好的氢氧化钠溶液滴定至溶液呈粉红色,30 s 不褪色,同时做空白试验。

除非另有规定,所用试剂均为分析纯或以上规格;所有实验用水均为实验室三级水。

氢氧化钠标准溶液浓度按公式(1.1)计算:

$$c(\text{NaOH}) = \frac{m}{(V - V_0) \times 0.204\,2} \tag{1.1}$$

式中　$c(\text{NaOH})$——氢氧化钠标准溶液的实际浓度,mol/L;

　　　m——基准邻苯二甲酸氢钾的质量,g;

　　　V——消耗氢氧化钠标准溶液体积,mL;

　　　V_0——空白试验消耗氢氧化钠标准溶液体积,mL;

　　　0.204 2——与 1.00 mL 氢氧化钠标准溶液[$c(\text{NaOH})$ = 0.100 0 mol/L]相当的基准邻苯二甲酸氢钾的质量,g。

（3）操作方法

准确吸取 10 mL 试样,置于 150 mL 锥形瓶中,加 20mL 新煮沸冷却至室温的水,混匀,用氢氧化钠标准溶液电位滴定至 pH8.3 为终点;或于试样中加入 2.0 mL 酚酞指示液,混匀后用氢氧化钠标准溶液滴定至微红色,并在 30 s 内不褪色,记录消耗的氢氧化钠标准滴定溶液毫升数,代入式(1.2)中进行计算,即

$$X = \frac{c}{0.100\,0} \times V \times 10 \tag{1.2}$$

式中　X——试样的酸度,°T;

　　　c——氢氧化钠标准溶液的浓度,mol/L;

V——消耗氢氧化钠标准溶液体积,mL;

0.100 0——酸度理论定义氢氧化钠的浓度,mol/L。

在重复性条件下获得的两次独立测定结果的绝对差值不得超过 1.0°T。

(4)判断标准

根据测定结果判定乳的品质,见表1.12。

表 1.12　酸度与牛乳品质关系表

滴定酸度/(°T)	牛乳品质
低于 16	加碱或掺水等异常乳
16 ~ 20	正常新鲜乳
高于 21	微酸乳
高于 25	酸性乳
高于 27	加热凝固
60 以上	酸化乳,可自身凝固

3)煮沸试验(生鲜牛乳)

(1)原理

正常牛乳的酸度是 16 ~ 18 °T,牛乳的酸度越高,热稳定性越差,当酸度大于 26 °T,牛乳在煮沸的条件下酪蛋白出现絮片或凝固现象。

(2)仪器试剂

玻璃试管、水浴锅。

(3)操作方法

取约 10 mL 牛乳,放入试管中,置于沸水浴中 5 min,取出后观察结果。

(4)判断标准

如出现絮片或发生凝固现象,表示牛乳已不新鲜,酸度大于 26 °T。

1.3.2　乳的成分检验

1)乳的相对密度检验

牛乳的相对密度是指在 15 ℃时一定体积牛乳的质量与同温度、同体积的水的质量之比,用 ρ_{15}^{15} 表示。也可以用 ρ_4^{20} 表示,即在 20 ℃时一定体积乳的质量与同体积在 4 ℃的水的质量比。相对密度是初步衡量和判断牛乳内在质量的重要指标。正常牛乳的相对密度在 1.028 ~ 1.032。

(1)原理

使用密度计(20 ℃/4 ℃)测定牛乳相对密度。

(2)仪器试剂

①密度计:20 ℃/4 ℃。

②玻璃圆筒或 200 ~ 250 mL 量筒:圆筒高度应大于密度计的长度,其直径大小应使在

沉入密度计时其周边和圆筒内壁的距离不小于 5 mm。

（3）操作方法

取混匀并调节温度为 10～25 ℃的试样，小心沿着内壁倒入玻璃圆筒或量筒内，勿使其产生泡沫并测量试样温度。小心将密度计慢慢垂直地放入试样中到相当刻度30°处，然后让其自然浮动，但不能与筒内壁接触。静置 2～3 min，眼睛平视生乳液面的高度，读取数值。根据试样的温度和密度计读数查表 1.13 换算成 20 ℃时的度数。

相对密度（ρ_4^{20}）与密度计刻度关系式（1.3）：

$$\rho_4^{20} = \frac{X}{1\,000} + 1.000 \tag{1.3}$$

式中　ρ_4^{20}——样品的相对密度；

　　　X——密度计读数。

当用 20 ℃/4 ℃密度计，温度为 20 ℃时，将读数代入以上公式，相对密度即可直接计算；不为 20 ℃时，要查表 1.13 换算成 20 ℃时度数，然后再代以上公式计算。

表 1.13　密度计读数变为温度 20 ℃时的度数换算表

密度计读数	生乳温度/℃															
	10	11	12	13	14	15	16	17	18	19	20	21	22	23	24	25
25	23.3	23.5	23.6	23.7	23.9	24.0	24.2	24.4	24.6	24.8	25.0	25.2	25.4	25.5	25.8	26.0
26	24.2	24.4	24.5	24.7	24.9	25.0	25.2	25.4	25.6	25.8	26.0	26.2	26.4	26.6	26.8	27.0
27	25.1	25.3	25.4	25.6	25.7	25.9	26.1	26.3	26.5	26.8	27.0	27.2	27.5	27.7	27.9	28.1
28	26.0	26.1	26.3	26.5	26.6	26.8	27.0	27.3	27.5	27.8	28.0	28.2	28.5	28.7	29.0	29.2
29	26.9	27.1	27.3	27.5	27.6	27.8	28.0	28.3	28.5	29.2	29.2	29.5	29.7	30.0	30.2
30	27.9	28.1	28.3	28.5	28.6	28.8	29.0	29.3	29.5	29.8	30.0	30.2	30.5	30.7	31.0	31.2
31	28.8	29.0	29.2	29.4	29.6	29.8	30.0	30.3	30.5	30.8	31.0	31.2	31.5	31.7	32.0	32.2
32	29.8	30.0	30.2	30.4	30.6	30.7	31.0	31.2	31.5	31.8	32.0	32.3	32.4	32.8	33.0	33.3
33	30.7	30.8	31.1	31.3	31.5	31.7	32.0	32.2	32.5	32.8	33.0	33.2	33.8	34.1	34.3
34	31.7	31.9	32.1	32.3	32.5	32.7	33.0	33.2	33.5	33.8	34.0	34.3	34.4	34.8	35.1	35.3
35	32.6	32.8	33.1	33.3	33.5	33.7	34.0	34.2	34.5	34.7	35.0	35.3	35.5	35.8	36.1	36.3
36	33.5	33.8	34.0	34.3	34.5	34.7	34.9	35.2	35.6	35.7	36.0	36.2	36.5	36.7	37.0	37.3

2）乳的脂肪含量检验

（1）原理

用浓硫酸溶解乳中的乳糖和蛋白质等非脂肪成分，将牛乳中的酪蛋白钙盐转变成可溶性的重硫酸酪蛋白化合物，使脂肪球膜被破坏，脂肪游离出来。加入异戊醇可促进脂肪的分离，再利用加热离心，使脂肪完全迅速分离。分离出的脂肪量可直接从乳脂计的刻度管中读取，即可知被测乳的含脂率。

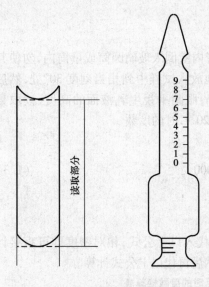

图 1.1　盖勃氏乳脂计

（2）仪器试剂

①盖勃氏乳脂计：最小刻度值为 0.1，见图 1.1。

②乳脂离心机。

③10.75 mL 单标乳吸管。

④硫酸（H_2SO_4）：分析纯，ρ_{20}约为 1.84 g/L。

⑤异戊醇（$C_5H_{12}O$）：分析纯。

（3）操作方法

在盖勃氏乳脂计中先加入 10 mL 硫酸，再沿着管壁小心准确加入 10.75 mL 样品，使样品与硫酸不要混合，然后加 1 mL 异戊醇，塞上橡皮塞，使瓶口向下，同时用布包裹以防冲出，用力振摇使之呈均匀棕色液体，静置数分钟（瓶口向下），置于 65 ~ 70 ℃ 水浴中 5 min，取出后置于乳脂离心机中以 1 100 r/min 的转速离心 5 min，再置于 65 ~ 70 ℃ 水浴水中保温 5 min（注意水浴水面应高于乳脂计脂肪层）。取出后立即读数，脂肪层上下弯月形下缘数字之差，即为脂肪的百分数。

3）乳的非脂乳固体含量检验

（1）原理

先分别测定出乳及乳制品中的总固体含量、脂肪含量（如添加了蔗糖等非乳成分含量，也应扣除），再用总固体减去脂肪和蔗糖等非乳成分含量，即为非脂乳固体。

（2）仪器试剂

①天平：感量为 0.1 mg。

②干燥箱。

③水浴锅。

④平底皿盒：高 20 ~ 25 mm，直径 50 ~ 70 mm 的带盖不锈钢或铝皿盒，或玻璃称量皿。

⑤短玻璃棒：适合于皿盒的直径，不影响闭合。

⑥石英砂或海砂：可通过 500 μm 孔径的筛子，不能通过 180 μm 孔径的筛子，并通过下列适用性测试：将约 20 g 的海砂同短玻棒一起放于一皿盒中，然后敞盖在（100 ± 2）℃ 的干燥箱中至少烘 2 h。把皿盒盖盖好后放入干燥器中冷却至室温后称量，准确至 0.1 mg。用 5 mL 水将海砂润湿，用短玻棒混合海砂和水，将其再次放入干燥箱中干燥 4 h。把皿盒盖闭合后放入干燥器中冷却至室温后称量，精确至 0.1 mg。两次称量的差不应超过 0.5 mg。如果两次称量的质量差超过了 0.5 mg，则需对海砂进行下面的处理后才能使用：将海砂在体积分数为 25% 的盐酸溶液中浸泡 3 d，经常搅拌。尽可能地倾出上层清液，用水洗涤海砂，直到中性。在 160 ℃ 条件下加热海砂 4 h。然后重复进行适用性测试。

（3）操作方法

在平底皿盒中加入 20 g 石英砂或海砂，在（100 ± 2）℃ 的干燥箱中干燥 2 h，取出放入干燥器中冷却 0.5 h，称量，并反复干燥至恒重。称取 5.0 g（精确至 0.000 1 g）试样于恒重的皿内，置于水浴上蒸干，擦去皿外的水渍，于（100 ± 2）℃ 干燥箱中干燥 3 h，取出放入干燥器中冷却0.5 h,称量,再于(100±2)℃干燥箱中干燥1 h,取出冷却后称量,前后两次质量相差不超过1.0 mg。

试样中总固体的含量按式(1.4)计算:

$$X = \frac{m_1 - m_2}{m} \times 100 \tag{1.4}$$

式中 X——试样中总固体的含量,g/100 g;

m_1——皿盒、海砂加试样干燥后质量,g;

m_2——皿盒、海砂的质量,g;

m——试样的质量,g。

试样中非脂乳固体的含量按式(1.5)计算:

$$X_{NFT} = X - X_1 - X_2 \tag{1.5}$$

式中 X_{NFT}——试样中非脂乳固体的含量,g/100 g;

X——试样中总固体的含量,g/100 g;

X_1——试样中脂肪的含量,g/100 g;

X_2——试样中蔗糖的含量,g/100 g。

4)乳的蛋白质含量检验

(1)原理

蛋白质为含氮有机物,牛乳中的蛋白质与硫酸和催化剂一同加热消化,使蛋白质分解,其中C、H形成CO_2和H_2O释去,产生的氨与硫酸结合生成硫酸铵。碱化蒸馏使氨游离,用硼酸吸收后以硫酸或盐酸标准滴定溶液滴定,根据酸的消耗量乘以换算系数,即为蛋白质的含量。

(2)仪器试剂

①天平:感量为1 mg。

②定氮蒸馏装置:如图1.2所示。

③硫酸铜($CuSO_4 \cdot 5H_2O$)、硫酸钾(K_2SO_4)、硫酸(H_2SO_4密度为1.84 g/L)、硼酸溶液(20 g/L)。

④氢氧化钠溶液(400 g/L)。

⑤硫酸标准滴定溶液(0.050 0 mol/L)或盐酸标准滴定溶液(0.050 0 mol/L)。

⑥甲基红乙醇溶液(1 g/L):称取0.1g甲基红,溶于95%乙醇,用95%乙醇稀释至100 mL。

⑦亚甲基蓝乙醇溶液(1 g/L):称取0.1g亚甲基蓝,溶于95%乙醇,用95%乙醇稀释至100 mL。

⑧溴甲酚绿乙醇溶液(1 g/L):称取0.1g溴甲酚绿,溶于95%乙醇,用95%乙醇稀释至100 mL。

⑨混合指示液:2份甲基红乙醇溶液与1份亚甲基蓝乙醇溶液临用时混合。也可用1份甲基红乙醇溶液与5份溴甲酚绿乙醇溶液临用时混合。

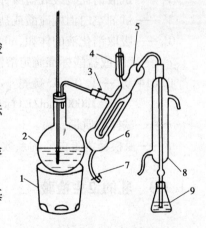

图1.2 定氮蒸馏装置图
1—电炉;2—水蒸气发生器(2 L烧瓶);
3—螺旋夹;4—小玻杯及棒状玻塞;
5—反应室;6—反应室外层;
7—橡皮管及螺旋夹;8—冷凝管;
9—蒸馏液接收瓶

（3）操作方法

①样品处理：称取牛乳试样 10～25 g（相当于 30～40 mg 氮），精确至 0.001 g，移入干燥的 250 mL 或 500 mL 定氮瓶中，加入 0.2 g 硫酸铜、6 g 硫酸钾及 20 mL 硫酸，轻摇后于瓶口放一小漏斗，将瓶以 45°角斜支于有小孔的石棉网上。小心加热，待内容物全部炭化，泡沫完全停止后，加强火力，并保持瓶内液体微沸，当液体呈蓝绿色并澄清透明后，再继续加热 0.5～1 h。取下放冷，小心加入 20 mL 水。冷却后，移入 100 mL 容量瓶中，并用少量水洗涤定氮瓶，洗涤液并入容量瓶中，再加水至刻度，混匀备用。同时做试剂空白试验。

②测定：按图 1.2 装好定氮蒸馏装置，向水蒸气发生器内装水至 2/3 处，加入数粒玻璃珠，加甲基红乙醇溶液数滴及数毫升硫酸，以保持水呈酸性，加热煮沸水蒸气发生器内的水并保持沸腾。向接收瓶内加入 10.0 mL 硼酸溶液及 1～2 滴混合指示液，并使冷凝管的下端插入液面下，根据试样中氮含量，准确吸取 2.0～10.0 mL 试样处理液由小玻杯注入反应室，以 10 mL 水洗涤小玻杯并使之流入反应室内，随后塞紧棒状玻塞。将 10.0 mL 氢氧化钠溶液倒入小玻杯，提起玻塞使其缓缓流入反应室，立即将玻塞盖紧，并加水于小玻杯以防漏气。夹紧螺旋夹，开始蒸馏。蒸馏 10 min 后移动蒸馏液接收瓶，液面离开冷凝管下端，再蒸馏 1 min。然后用少量水冲洗冷凝管下端外部，取下蒸馏液接收瓶。以硫酸或盐酸标准滴定溶液滴定至终点，其中 2 份甲基红乙醇溶液与 1 份亚甲基蓝乙醇溶液指示剂，颜色由紫红色变成灰色，pH5.4；1 份甲基红乙醇溶液与 5 份溴甲酚绿乙醇溶液指示剂，颜色由酒红色变成绿色，pH5.1。同时作试剂空白试验。试样中蛋白质的含量按式（1.6）进行计算，即

$$X = (V_1 - V_2) \times c \times \frac{0.014\ 0}{m} \times \frac{V_3}{100} \times F \times 100 \qquad (1.6)$$

式中　X——试样中蛋白质的含量，g/100 g；

V_1——试液消耗硫酸或盐酸标准滴定液的体积，mL；

V_2——试剂空白消耗硫酸或盐酸标准滴定液的体积，mL；

V_3——吸取消化液的体积，mL；

c——硫酸或盐酸标准滴定溶液浓度，mol/L；

0.014 0——1.0 mL 硫酸 $[c(1/2H_2SO_4) = 1.000\ mol/L]$ 或盐酸 $[c(HCl) = 1.000\ mol/L]$ 标准滴定溶液相当的氮的质量，g；

m——试样的质量，g；

F——氮换算为蛋白质的系数（纯乳与纯乳制品为 6.38）。

1.3.3 乳的卫生检验

1）细菌检验

菌落总数是指食品检样经过处理，在一定条件下（如培养基、培养温度和培养时间等）培养后，所得 1 g 或 1 mL 检样中形成的微生物菌落总数。菌落总数是反映牛乳卫生质量的一个重要指标。生乳中细菌含量的多少不仅影响产品的质量，更重要的是还有可能影响消费者的健康。因此，通过检测菌落总数，可以判定乳品被污染的程度。

(1)仪器试剂

恒温培养箱:(36±1)℃。

冰箱:2~5 ℃。

恒温水浴箱:(46±1)℃。

天平:感量为0.1 g。

均质器。

振荡器。

玻璃珠:直径约5 mm。

无菌吸管:1 mL、10 mL或微量移液器及吸头。

无菌锥形瓶:容量500 mL。

无菌试管:16×160 mm。

无菌培养皿:直径90 mm。

pH计或pH比色管或精密pH试纸。

平板计数琼脂培养基。

磷酸盐缓冲液。

无菌生理盐水。

(2)操作方法

①无菌操作,取25 g或25 mL检样以置于盛有225 mL磷酸盐缓冲液或生理盐水的无菌锥形瓶中,瓶内预置适当数量的无菌玻璃珠,充分混匀,制成1:10的样品匀液。

②用1 mL无菌吸管或微量移液器吸取1:10样品匀液1 mL,沿管壁缓慢注于盛有9 mL稀释液的无菌试管中(注意吸管或吸头尖端不要触及稀释液面),振摇试管或换用1支无菌吸管反复吹打使其混合均匀,制成1:100的样品匀液。

③另取1 mL无菌吸管,按以上步骤操作,制备10倍系列稀释样品匀液。每递增稀释一次,换用1次1 mL无菌吸管或吸头。

④根据乳品的标准要求和对样品污染状况的估计,选择2~3个适宜稀释度的样品匀液(液体样品可包括原液),在进行10倍递增稀释时,每个稀释度分别吸取1 mL样品匀液于两个无菌平皿内。同时,分别吸取1 mL空白稀释液加入两个无菌平皿内作空白对照。

⑤稀释液加入无菌平皿后,应及时将15~20 mL冷却至46 ℃的平板计数琼脂培养基(可放置于(46±1)℃恒温水浴箱中)保温,倾注平皿,并转动平皿使其混合均匀。

⑥待琼脂凝固后,将平板翻转,(36±1)℃培养(48±2)h。

(3)菌落计数的结果与报告

①菌落总数计数方法

a. 进行平板菌落计数时,可用肉眼观察,必要时用放大镜或菌落计数器辅助,记录稀释倍数和相应的菌落数量。菌落计数以菌落形成单位(colony-for mingunits,CFU)表示。

b. 选取菌落数在30~300 CFU之间、无蔓延菌落生长的平板计数菌落总数。低于30 CFU的平板记录具体菌落数,大于300 CFU的可记录为多不可计。每个稀释度的菌落数应采用两个平板的平均数。若其中一个平板有较大片状菌落生长时,则不宜采用,而应以无片状菌落生长的平板作为该稀释度的菌落数;若片状菌落不到平板的一半,而其余一半中菌落分布又很均匀,即可计算半个平板后乘以2,代表一个平板菌落数。当平板上出现菌落间无明显界线的链状生长时,则将每条单链作为一个菌落计数。

②菌落总数计算方法

a.若只有一个稀释度平板上的菌落数在适宜计数范围内,计算两个平板菌落数的平均值,再将平均值乘以相应稀释倍数,作为每 g(mL)样品中菌落总数结果。

b.若有两个连续稀释度的平板菌落数在适宜计数范围内时,按式(1.7)计算:

$$N = \frac{\sum C}{(n_1 + 0.1n_2)d} \qquad (1.7)$$

式中　N——样品中菌落数;

　　　$\sum C$——平板(含适宜范围菌落数的平板)菌落数之和;

　　　n_1——第一稀释度(低稀释倍数)平板个数;

　　　n_2——第二稀释度(高稀释倍数)平板个数;

　　　d——稀释因子(第一稀释度)。

c.若所有稀释度的平板上菌落数均大于 300 CFU,则对稀释度最高的平板进行计数,其他平板可记录为多不可计,结果按平均菌落数乘以最高稀释倍数计算。

d.若所有稀释度的平板菌落数均小于 30 CFU,则应按稀释度最低的平均菌落数乘以稀释倍数计算。

e.若所有稀释度(包括液体样品原液)平板均无菌落生长,则以小于 1 乘以最低稀释倍数计算。

f.若所有稀释度的平板菌落数均不在 30 ~ 300 CFU 之间,其中一部分小于 30 CFU 或大于 300 CFU 时,则以最接近 30 CFU 或 300 CFU 的平均菌落数乘以稀释倍数计算。

③菌落总数报告

菌落数小于 100 CFU 时,按"四舍五入"原则修约,以整数报告。菌落数大于或等于 100 CFU 时,第 3 位数字采用"四舍五入"原则修约后,取前 2 位数字,后面用 0 代替位数;也可用 10 的指数形式来表示,按"四舍五入"原则修约后,采用两位有效数字。若所有平板上为蔓延菌落而无法计数,则报告菌落蔓延。若空白对照上有菌落生长,则此次检测结果无效。称重取样以 CFU/g 为单位报告,体积取样以 CFU/mL 为单位报告。

2)细胞数检验

乳中的体细胞数量(somaticcellcount,SCC)是衡量奶牛乳房健康状况和原料乳品质的一项重要指标。体细胞通常由白细胞,即巨噬细胞、淋巴细胞、多形核嗜中性白细胞和少量乳腺组织脱落的上皮细胞等组成。白细胞占奶牛 SCC 的 98% ~99%,其中巨噬细胞约占 60%,淋巴细胞约占 28%,多形核嗜中性白细胞大约占 12%;乳腺组织脱落的上皮细胞占奶牛 SCC 的 1% ~2%。牛乳中的白细胞代表体内免疫系统的一部分,它们能够对抗未知的细胞组织,并修复由于细菌而引起的损伤,因此体细胞值高预示着奶牛有较高的患乳腺炎的风险,是乳房炎的一种有效的标记性状。实践证明,高体细胞不仅会造成产乳量下降,并且会影响原料乳的成分,从而影响原料乳的质量及风味。近年来,越来越多的国家将检测原料乳的体细胞数作为收购的标准之一。一般认为,体细胞数 <40 万个/ mL 的乳为合格乳。正常的牛乳中体细胞数一般在 20 万 ~30 万个/ mL 之间,超过该范围牛乳的品质就会降低。当每牛患有乳房炎时,乳汁中含有大量的体细胞,一般均超过 50 万个/mL。牛乳

体细胞数检测方法主要为直接检测法,直接检测法主要包括标准显微镜计数法、电子粒子计数体细胞仪法、荧光光电计数体细胞仪法。

（1）标准显微镜计数法

①原理

将测试的生鲜牛乳涂抹在载玻片上,干燥、染色,在显微镜下对染色细胞计数。

②仪器试剂

显微镜:放大倍数×500或×1 000,带刻度目镜、测微尺和机械台。

微量注射器:容量0.01 mL。

载玻片:具有外槽圈定的范围,可采用细胞计数板。

水浴锅:恒温(65±5)℃。

水浴锅:恒温(35±5)℃。

电炉:加热温度(40±10)℃。

砂芯漏斗:孔径≤10 μm。

干发型吹风机。

恒温箱:恒温40～45 ℃。

乙醇:95%。

四氯乙烷或三氯甲烷。

亚甲基蓝。

冰醋酸。

硼酸。

染色溶液:在250 mL三角瓶中加入54.0 mL乙醇和40.0 mL四氯乙烷,摇匀,在65 ℃水浴锅中加热3 min,取出后加入0.6 g亚甲基蓝,仔细混匀,降温后置于冰箱冷却至4 ℃,取出后加入6.0 mL冰醋酸,混匀后用砂芯漏斗过滤,装入试剂瓶,常温贮存。

③操作步骤

a.采集的生鲜牛乳应保存在2～6 ℃条件下。若6 h内未测定,应加硼酸防腐,硼酸在样品中的浓度不大于0.6 g/100 mL,贮存温度为2～6 ℃,贮存时间不超过24 h。

b.将生鲜牛乳样在35 ℃水浴锅中加热5 min,摇匀后冷却至室温。

c.用乙醇将载玻片清洗后,用无尘镜头纸擦干,火焰烤干,冷却。

d.用无尘镜头纸擦净微量注射器针头后抽取0.01 mL试样,用无尘镜头纸擦干微量注射器针头外残样,将试样平整地注射在有外围的载玻片上,立刻置于恒温箱中,水平放置5 min,形成均匀厚度样膜,在电炉上烤干。将载玻片上干燥样膜浸入染色溶液中,计时10 min,取出后晾干。若室内湿度大,则可用干发型吹风机吹干。然后将染色的样膜浸入水中洗去剩余的染色溶液,干燥后防尘保存。

e.将载玻片固定在显微镜的载物台上,用自然光或为增大透射光强度用电光源、聚光镜头、油浸高倍镜。

f.单向移动机械台对逐个视野中载玻片上染色体细胞计数,明显落在视野内或在视野内显示一半以上形体的体细胞被用于计数,计数的体细胞不得少于400个。

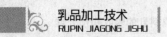

④结果计算

样品中体细胞按式(1.8)计算:

$$X = \frac{100NS}{ad} \tag{1.8}$$

式中　　X——样品中体细胞数,个/mL;

N——显微镜体细胞计数,个;

S——样膜覆盖面积,mm^2;

a——单向移动机械台进行镜下计数的长度,mm;

d——显微镜视野直径,mm。

(2)电子粒子计数体细胞仪法

①原理

样品中加入甲醛溶液固定体细胞,加入乳化剂电解质混合液,将包含体细胞的脂肪球加热破碎,体细胞经过狭缝,由阻抗增值产生的电压脉冲数记录,读出体细胞数。

②仪器试剂

砂芯漏斗:孔径≤0.5 μm。

电子粒子计数体细胞仪。

水浴锅:恒温(40 ± 1)℃。

伊红 Y。

甲醛溶液:35% ~40%。

乙醇:95%。

曲拉通 X-100。

0.09 g/L 氯化钠溶液。

硼酸。

固定液:在 100 mL 容量瓶中加入 0.02 g 伊红 Y 和 9.40 mL 甲醛,用水溶解后定容,混匀后用砂芯漏斗过滤,滤液装入试剂瓶,常温保存。也可以使用电子粒子计数体细胞仪生产厂提供的固定液。

乳化剂电解质混合液:在烧杯中加入 125 mL95% 乙醇和 20.0 mL 曲拉通 X-100,仔细混匀,加入 885 mL0.09 g/L 氯化钠溶液,混匀后用砂芯漏斗过滤,滤液装入试剂瓶,常温保存。也可以使用电子粒子计数体细胞仪生产厂专用的电解质混合液。

③操作步骤

a. 采集的生鲜牛乳应保存在 2 ~6 ℃条件下。若 6 h 内未测定,应加硼酸防腐,硼酸在样品中的浓度不大于 0.6 g/100mL,贮存温度为 2 ~6 ℃,贮存时间不超过 24 h。

b. 采样后应立即固定体细胞,即在混匀的样品中吸取 10 mL 样品,加入 0.2 mL 固定液,可在采样前在采样管内预先加入以上比例的固定液,但采样管应密封,防止甲醛挥发。

c. 将试样置于水浴锅中加热 5 min,取出后颠倒 9 次,在水平振摇 5 ~8 次,然后在不低于 30 ℃条件下置于电子粒子计数体细胞仪测定。

④结果计算

直接读数,单位为千个/mL。

（3）荧光光电计数体细胞仪法

①原理

样品在荧光光电计数体细胞仪中于染色—缓冲溶液混合后，由显微镜感应染色细胞产生电脉冲，经放大记录，直接显示读数。

②仪器试剂

荧光光电计数体细胞仪。

水浴锅：恒温（40±1）℃。

溴化乙啶（EB）——荧光染色剂。

柠檬酸三钾。

柠檬酸。

曲拉通 X-100。

氢氧化铵溶液：25%。

硼酸。

重铬酸钾。

叠氮化钠。

染色-缓冲溶液储备液：在 5 L 试剂瓶中加入 1 L 水，在其中溶入 2.5 g 溴化乙啶，搅拌，可加热到 40~60 ℃，加速溶解，使其完全溶解后加入 400 g 柠檬酸三钾和 14.5 g 柠檬酸，再加入 4 L 水，搅拌，使其完全溶解，然后边搅拌边加入 50 g 曲拉通 X-100，混匀，贮存在避光、密封和阴凉的环境中，90 天内有效。使用前，将 1 份体积染色-缓冲储备液与 9 份体积水混合，即为染色-缓冲工作液，7 天内有效。也可以使用荧光光电计数体细胞仪专用的染色-缓冲工作液。

清洗液：将 10 g 曲拉通 X-100 和 25 mL 氢氧化铵溶液溶入 10 L 水中，仔细搅拌，完全溶解后贮存在密封、阴凉的环境中，25 天内有效。也可以使用荧光光电计数体细胞仪专用的清洗液。

③操作步骤

a. 采集的生鲜牛乳应保存在 2~6 ℃条件下。若 6 h 内未测定，应加硼酸防腐，硼酸在样品中的浓度不大于 0.6 g/100 mL，贮存温度为 2~6 ℃，贮存时间不超过 24 h。也可加入重铬酸钾防腐，重铬酸钾在样品中的浓度不大于 0.2 g/100 mL，贮存温度在 2~6 ℃，贮存时间不超过 72 h。

b. 将试样置于水浴锅中加热 5 min，取出后颠倒 9 次，再水平振摇 5~8 次，然后在不低于 30 ℃条件下置入仪器测定。

④结果计算

直接读数，单位为千个/mL。

3）抗生素残留检验

乳牛因为治疗疾病而服用或被注射抗生素类药物，其残留物会存在于牛乳中。当人类长期食用了含有抗生素残留物的牛奶，会引起一系列不良反应，尤其是一些毒副作用较大或质量低劣的药物。如过敏反应、被具有抗生素耐药性的食源性病原体感染以及致畸作用等。因此，牛奶中抗生素残留对人类健康的危害不仅是一个公共卫生和食品安全问题，也会给国家带来经济负担。抗生素类药物广泛地应用于乳牛的各种感染性疾病，其品种繁

多,例如:β-内酰胺类(青霉素、头孢菌素);磺胺类;氨基糖苷类(链霉素、庆大霉素);四环素类;大环内酯类(红霉素、罗红霉素);氯霉素类;林可霉素类(林可霉素、克林霉素);抗细菌的抗生素(磷霉素);等等。

目前,乳中抗生素残留的检测方法大致分为3类:生物测定法(微生物测定法、放射受体测定法)、免疫法(放射免疫法、荧光免疫法、酶联免疫法)、理化分析法(波谱法、色谱及联用技术)。不同方法各有优缺点,而对于原料乳供销者来说,知道是否有抗生素残留即可做出是否出售或收购及如何处理的判断,所以传统上微生物测定法一直应用于大批乳样的检测。

(1)原理

样品经过80 ℃杀菌后,添加嗜热链球菌菌液。培养一段时间后,嗜热链球菌开始增殖。这时候加入代谢底物2,3,5-氯化三苯四氮唑(TTC),若该样品中不含有抗生素或抗生素的浓度低于检测限,嗜热链球菌将继续增殖,还原TTC成为红色物质。相反,如果样品中含有高于检测限的抑菌剂,则嗜热链球菌受到抑制,因此指示剂TTC不还原,保持原色。

(2)仪器试剂

带盖恒温水浴锅:(36 ± 1)℃、(80 ± 2)℃。

恒温培养箱:(36 ± 1)℃。

冰箱:2 ~ 5 ℃、−20 ~ −5 ℃。

天平:0 ~ 100 g,感量0.001 g。

无菌吸管:1 mL、10 mL或微量移液器及吸头。

无菌试管:18 mm × 180 mm。

温度计:0 ~ 100 ℃。

旋涡混匀器。

菌种:嗜热链球菌。

灭菌脱脂乳:经115 ℃灭菌20 min。

2,3,5-氯化三苯四氮唑(TTC)水溶液(4%):称取1 gTTC,溶于5 mL灭菌蒸馏水中,装入棕色瓶内于2 ~ 5 ℃保存。如果溶液变为半透明的白色或淡褐色,则不能再用。临用时用灭菌蒸馏水稀释至5倍。

(3)操作步骤

①将经过活化的嗜热链球菌菌种接种灭菌脱脂乳,(36 ± 1)℃培养(15 ± 1)h,再加入相同体积的灭菌脱脂乳混匀稀释成为测试菌液。

②取样品9 mL,置于18 mm × 180 mm试管内,每份样品另外做一份平行样。同时再做阴性和阳性对照各一份,阳性对照管用9 mL含有抗生素的灭菌脱脂乳,阴性对照管用无抗生素的9 mL灭菌脱脂乳。所有试管置(80 ± 2)℃水浴加热5 min,冷却至37 ℃以下,加入待测菌液1 mL,轻轻旋转试管混匀。(36 ± 1)℃水浴培养2 h,加4% TTC水溶液0.3 mL,在旋涡混匀器上混合15 s或振动试管混匀。(36 ± 1)℃恒温避光培养30 min,观察颜色变化。如果颜色没有变化,于恒温箱中继续避光培养30 min作最终观察。观察时要迅速,避免光照过久出现干扰。

(4)结果报告

最终观察时,样品变为红色,报告为抗生素残留阴性;样品依然呈乳的原色,报告为抗生素残留阳性。青霉素、链霉素、庆大霉素和卡那霉素的检出限分别为0.004 IU、0.5 IU、

0.4 IU 和 5 IU。

1.3.4 乳的掺假检验

除水外,常见的生鲜牛乳掺入的异物主要分为电解质类、非电解质类、胶体类和防腐剂类。电解质类掺假物质如食盐、芒硝、硝酸钠、碳酸钠、碳酸氢钠等,一方面用于增加牛乳的比重,另一方面用于中和牛乳的酸度,掩盖牛乳的酸败。非电解质类物质如尿素、蔗糖等,主要是为了增加牛乳的比重。胶体类物质如米汤、豆浆、明胶等,一般是大分子液体,以胶体溶液、乳浊液等形式存在,这类物质能增加牛奶的黏度。防腐剂类物质如甲醛、苯甲酸、硼酸、过氧化氢等,都是具有抑菌或杀菌能力的物质,这类物质对人的身体健康会造成严重危害。

1)食盐的检验

(1)原理

鲜乳中氯化物与硝酸银反应生成氯化银沉淀,用铬酸钾作指示剂,当乳中的氯化物与硝酸银作用后,过量的硝酸银与铬酸钾生成赭红色(砖红色)铬酸银。

(2)试剂

a. 硝酸银标准溶液:取分析纯硝酸银置 105 ℃ 烘箱内干燥 30 min,取出放在干燥器内冷却后,准确称取 9.6 g,用蒸馏水洗入 1 000 mL 棕色容量瓶中,摇匀、定容。

b. 100 g/L 铬酸钾溶液:取 10 g 铬酸钾,溶于 100 mL 蒸馏水中。

(3)操作方法

取 2 mL 乳样于洁净的试管中,加入 5 滴铬酸钾溶液,摇匀,再准确加入硝酸银标准溶液 1.5 mL,摇匀,观察结果。

(4)结果判断

正常乳呈砖红色,掺假乳呈土黄色或鲜黄色。

2)芒硝的检验

(1)原理

Ba^{2+} 与玫瑰红酸钠反应生成红色玫瑰红酸钡。如牛乳中含有大量硫酸根离子,则与钡离子生成不溶性硫酸钡沉淀,使玫瑰红酸钡的红色消失,变为黄色。

(2)试剂

1% 氯化钡溶液、1% 玫瑰红酸钠溶液、20% 醋酸溶液。

(3)操作方法

取 5 mL 乳样于试管中,加入 20% 醋酸溶液 1 ~ 2 滴,1% 氯化钡溶液 4 ~ 5 滴,1% 玫瑰红酸钠溶液 2 滴,充分混匀,静置。

(4)结果判断

正常乳呈粉红色,掺入芒硝的不合格乳呈黄色。

3)硝酸盐的检验

(1)原理

鲜乳中的硝酸盐经氢还原成亚硝酸盐后,再与对氨基苯磺酸和甲萘胺作用,形成红色

的偶氮化合物。

（2）试剂

硝酸盐试剂：分别称取 10 g 对氨基苯磺酸，1 g α-萘胺和 89 g 酒石酸，在研钵中研碎，于棕色试剂瓶中干燥保存。

（3）操作方法

取硝酸盐试剂 0.04～0.05 g 倒入试管中，加入被检乳样 1 mL，振荡溶解，1～2 min 观察判定。

（4）结果判断

正常乳无颜色变化，掺入硝酸盐的不合格乳呈粉红色。

4）碱性物质的检验

（1）原理

牛乳中掺入碱后（碳酸钠或碳酸氢钠），氢离子浓度发生变化，可使溴麝香草酚兰指示剂变色，通过颜色变化的不同，大略判断加碱量的多少。

（2）试剂

0.4 g/L 溴麝香草酚兰乙醇溶液。

（3）操作方法

取乳样约 2 mL 于小试管中，沿管壁慢慢加入溴麝香草酚兰乙醇溶液约 0.5 mL。将试管轻轻转动几圈，然后垂直放置 2 min 后，观察指示剂与样品接触面的颜色变化。

（4）结果判断

碳酸钠掺入量显色对照见表 1.14。

表 1.14　碳酸钠掺入量显色对照表

碳酸钠掺入量	显　色
牛乳中无碳酸钠	黄色
含 0.03% 碳酸钠	黄绿色
含 0.05% 碳酸钠	淡绿色
含 0.1% 碳酸钠	绿色
含 0.3% 碳酸钠	深绿色
含 0.5% 碳酸钠	青绿色
含 0.7% 碳酸钠	淡蓝色
含 1.0% 碳酸钠	蓝色
含 1.5% 碳酸钠	深蓝色

5）蔗糖的检验

（1）原理

蔗糖在酸性溶液中水解产生的果糖与溶于强酸内的间苯二酚溶液加热后显红色沉淀反应。

（2）试剂

a.浓盐酸。

b.间苯二酚盐酸溶液:称取间苯二酚0.4 g,用少量蒸馏水溶解,加浓盐酸200 mL,再加蒸馏水稀释至600 mL,置于棕色瓶中,室温保存3个月,冰箱保存半年。

（3）操作方法

取间苯二酚盐酸溶液1.5 mL于小试管中,加鲜乳5滴,加热煮沸2~3 min,观察结果。

（4）结果判断

蔗糖掺入量显色对照见表1.15。

表1.15 蔗糖掺入量显色对照表

蔗糖掺入量	显色
牛乳中无蔗糖	淡棕黄色
含>0.1%蔗糖	浅橘红色
含>0.3%蔗糖	橘红色或红色
含>0.5%蔗糖	深橘红色或砖红色
含>1%蔗糖	砖红色混浊,甚至沉淀

6）尿素的检验

（1）原理

尿素与二乙酰-肟在酸性条件下,经镉离子(或三价铁离子)的催化产生缩合,并在氨基硫脲存在下,生成3,5,6-三甲基-1,2,4三胺的红色复合物。

（2）试剂

a.酸性试剂:在1 L容量瓶中加入蒸馏水约100 mL,然后加入浓硫酸44 mL及85%磷酸66 mL,冷却至室温后,加入硫氨脲30 mg,硫酸镉2 g,溶解后用蒸馏水稀释至1 000 mL。置于棕色瓶中,冰箱保存半年。

b.20 g/L二乙酰-肟试剂:称取二乙酰-肟2 g,溶于100 mL蒸馏水中。置于棕色瓶中,冰箱保存半年。

c.应用液:取酸性试剂90 mL,加入二乙酰-肟试剂10 mL,混合均匀,即可使用。

（3）操作方法

取应用液1~2 mL于试管中,加鲜乳一滴,加热煮沸约1 min,观察结果。

（4）结果判断

正常乳呈无色或微红色。掺入尿素的乳,立即呈深红色。掺入量越大,显色越快,颜色越深。

7）豆浆的检验

（1）原理

大豆中几乎不含淀粉,但含有约25%碳水化合物,其中主要有棉籽糖、阿拉伯半乳聚糖及蔗糖等,遇碘后呈污绿色。

（2）试剂

碘溶液：取碘 2 g 和碘化钾 4 g，溶于 100 mL 蒸馏水中。

（3）操作方法

取乳样 10 mL 于试管中，加入 0.5 mL 碘溶液，混匀，观察颜色变化。

（4）结果判断

正常乳呈橙黄色。掺入豆浆的乳呈浅污绿色。

8）甲醛的检验

（1）原理

甲醛常被作为防腐剂而掺入牛乳中，鲜乳中的甲醛在酸性溶液中与三氯化铁产生紫色反应。

（2）试剂

三氯化铁盐酸溶液：称取 0.2 g 三氯化铁溶于 100 mL 浓盐酸中。

（3）操作方法

取乳样 2 mL 于小试管中，加入三氯化铁盐酸溶液 0.5 mL，混匀，于沸水中加热 1 min，观察颜色。

（4）结果判断

正常乳呈黄色或淡黄褐色。掺入甲醛的乳呈紫色。

9）过氧化氢的检验

（1）原理

过氧化氢在酸性条件下，能使碘化物氧化析出碘，碘与淀粉反应呈现蓝色。

（2）试剂

a. 1:1 硫酸溶液。

b. 碘化钾淀粉溶液：称取 3 g 可溶性淀粉于 5 ~ 10 mL 冷水中，逐渐加入 100 mL 沸水，冷却后加入 3g 溶解于 3 ~ 5 mL 水内的碘化钾。

（3）操作方法

取牛乳 1 mL 于试管中，加入 0.2 mL 碘化钾淀粉溶液，混匀。加入 1:1 硫酸溶液 1 滴，摇匀。观察结果。

（4）结果判断

正常乳 10 min 内无蓝色出现。掺入过氧化氢的乳立即呈黄蓝色，试管底部出现点状蓝色沉淀。

任务1.4　原料乳的预处理

1.4.1　原料乳的净化与冷却

1)原料乳的净化

原料乳验收后必须净化,其目的是去除乳中的机械杂质(粪屑、牧草、毛、蚊蝇等昆虫带来的污染)并减少微生物数量。净乳的方法有过滤法及离心净乳法两种。

(1)过滤法

过滤法简单的粗滤,在受奶槽上装过滤网并铺上多层纱布,也可在乳的输送管道中连接一个过滤套筒或在管路的出口一端安放一布袋进行过滤。进一步过滤则使用双筒过滤器或双联过滤器。必须注意滤布的清洗和灭菌,不清洁的滤布往往是细菌和杂质的污染源。滤布或滤筒通常在连续过滤 5 000 ~ 10 000 L 牛乳之后,就应更换清洗灭菌。一般连续生产都设有两个过滤器交替使用。

(2)离心净乳法

离心净乳是乳与乳制品加工中最适宜采用也是最常用的方法。离心净乳机构造基本与奶油分离机相似,分离钵具有较大的聚尘空间,杯盘设有孔,上部有分配杯盘。乳在分离钵内受强大离心力的作用,将大量的杂质留在分离钵内壁上而被除掉。使用离心净乳机可以显著提高净化效果,有利于提高制品质量。离心净乳机还能除去乳中的乳腺体细胞和某些微生物。离心净乳一般设在粗滤之后,冷却之前。净乳时的乳温在 30 ~ 40 ℃ 为宜,在净乳过程中要防止泡沫的产生。

2)原料乳的冷却

(1)冷却的目的

净化后的原料乳应立即冷却到 4 ~ 10 ℃,以抑制细菌的繁殖,保证加工之前原料乳的质量。刚挤下的乳,温度约在 36 ℃,是微生物发育最适宜的温度,如果不及时冷却,则会导致乳中的微生物大量繁殖,酸度迅速增高,不仅降低了乳的品质,甚至会使乳凝固变质,所以挤出后的乳应迅速进行冷却,以抑制乳中微生物的繁殖,保持乳的新鲜度。

牛乳挤出后微生物的变化过程可分为 4 个阶段,即抗菌期、混合微生物期、乳酸菌繁殖期、酵母菌和霉菌期。抗菌期的长短与贮存温度的关系见表 1.16。因此,新鲜牛乳迅速冷却至低温,其抗菌特性可保持相当长的时间。当然抗菌期长短与细菌污染程度有直接关系。乳品厂通常可以根据贮存时间长短选择适宜的冷却温度。两者的关系见表 1.17。

表 1.16　乳的贮存温度与抗菌期的关系

贮存温度/℃	-10	0	5	10	25	30	37
抗菌期/h	240	48	36	24	6	3	2

表 1.17　乳的贮存时间与冷却温度的关系

贮存时间/h	6 ~ 12	12 ~ 18	18 ~ 24	24 ~ 36
冷却温度/℃	10 ~ 8	8 ~ 6	6 ~ 5	5 ~ 4

(2)冷却设备

生鲜牛乳的冷却设备种类很多,最常见的是表面式冷却器和板式冷却器。

①表面式冷却器　表面式冷却器是有多孔淋奶管、紫铜冷却排管和不锈钢集奶槽等组成的立式冷却器。表面式冷却器是一种结构简单,使用方便,冷却效果好的设备。它的缺点是生乳在冷却过程中暴露在空气中,易受空气污染,同时空气温度也会降低冷却效果。由于冷却器需要放置水平,从而使生乳在冷却器的分配槽和冷却管表面分布不均,影响冷却效率。

②板式冷却器　板式冷却器由不锈钢片及固定部件组成,采用冷水做冷却剂,通过不锈钢片使逆向流动的生乳降温。板式冷却器结构简单,操作方便,安全卫生,设备能力可调。但该冷却器需配备冰水冷却设备,使冰水温度接近 0 ℃,循环使用。

1.4.2　原料乳的标准化

标准化是为了保证达到法定要求的脂肪含量,在半脱脂乳和标准化乳生产中需要进行标准化,而脱脂乳是一种稀奶油分离产品,原则上无需标准化。我国的国家标准规定全脂、部分脱脂和脱脂巴氏杀菌乳的脂肪含量分别为 ≥3.1% 、1.0% ~ 2.0% 、≤0.5%。原料乳中脂肪含量不足时,应添加稀奶油或除去一部分脱脂乳;当原料乳中脂肪含量过高时,则可添加脱脂乳或提取部分稀奶油。标准化工作是在贮乳罐的原料乳中进行或在标准化机中连续进行的。乳品厂生产中一般采用方块图解法进行标准化计算。

设:原料乳的含脂量为 $p\%$;脱脂乳或稀奶油的含脂率为 $q\%$;标准化乳的含脂率为 $r\%$;原料乳数量为 x ;脱脂乳或稀奶油的数量为 y($y > 0$ 为添加,$y < 0$ 为提取);

则形成下列关系式(1.9)

$$px + qy = r(x + y)$$

$$\frac{x}{y} = \frac{r - q}{p - r} \tag{1.9}$$

式中若 $p > r$、$q < r$,表示需要添加脱脂乳(或提取部分稀奶油);若 $p < r$、$q > r$,表示需要添加稀奶油(或除去部分脱脂乳)。用方块图表示它们之间的比例关系:

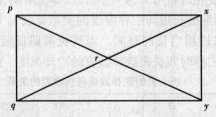

例:试处理 1 000 kg 含脂率 4.0% 的原料乳,要求标准化乳中脂肪含量为 3.6%。若稀奶油脂肪含量为 42% ,应提取稀奶油多少千克?

按关系式

$$\frac{x}{y} = \frac{r-q}{p-r}$$

得：

$$\frac{x}{y} = \frac{3.6-42}{4.0-3.6} = \frac{-38.4}{0.4}$$

已知 $x = 1\,000$ kg

则 $y = -10.4$ kg(负号表示提取)，即需提取脂肪含量40%的稀奶油10.4 kg。

项目小结)))

随着乳及乳制品的消费逐渐增多，其质量已越来越受到人们的重视。乳制品的质量安全不仅关系着消费者的身体健康和生命安全，也关系着奶农的利益和企业的生存发展，对乳制品行业的健康发展意义重大。原料乳是乳制品的基础，它的质量好坏至关重要，直接决定了用其生产的乳制品质量的高低。本项目在介绍原料乳的基本化学成分、物理性质及现行的生乳国家质量标准的基础上，主要阐述了原料乳的验收和预处理过程，包括原料乳验收时的感官检验、一般理化项目检验、卫生检验、常见的掺假检验及原料乳的净化与冷却技术。

复习思考题)))

1. 乳的主要化学成分有哪些?
2. 乳的主要物理性质有哪些?
3. 什么是异常乳，有哪些分类?
4. 如何进行乳的感官检验?
5. 乳中掺入的异物主要有哪些类型?
6. 原料乳净化与冷却的目的是什么?
7. 什么是原料乳的标准化，如何进行标准化计算?

项目2
液态乳的加工

知识目标

◎熟练掌握巴氏杀菌乳、超高温灭菌乳、中性含乳饮料以及调配型酸性含乳饮料的生产工艺流程；

◎了解灭菌乳的加工原理、ESL乳的加工原理、复原乳的加工技术、无菌包装的概念及要求。

技能目标

◎能独立完成液态乳及含乳饮料的生产；

◎能解决液态乳生产常见质量问题。

任务 2.1 知识链接

液态乳是以指以新鲜牛(羊)乳或复原乳为主要原料,经有效杀菌和其他工艺处理后,以液体形式供消费者食用的液态乳制品。根据国际乳业联合会(IDF)的定义,液态乳是巴氏杀菌乳、灭菌乳和酸乳3类乳制品的总称,习惯上也将含乳饮料归属为此类产品。

2.1.1 巴氏杀菌乳的特点及生产概况

巴氏杀菌乳系指以新鲜牛(羊)乳为原料,经净化、标准化、均质、巴氏杀菌等处理,以液体鲜乳状态直接供消费者饮用的商品乳。生产巴氏杀菌乳的原料只能采用新鲜牛乳或羊乳,不得使用复原乳,一般不添加其他辅料,并采用巴氏杀菌而制成。由于杀菌制度较低,可以较好地保留鲜乳原有的营养及风味,因而巴氏杀菌乳是最大程度接近于鲜乳的一类乳制品。

巴氏杀菌乳的生产历史悠久,在欧美至今仍占乳品市场的很大一部分,在我国乳品市场也占据一定的地位。由于此类产品中允许残留一定数量的非致病菌,故需在冷藏条件下贮藏以抑制微生物的增殖,且保质期较短,我国巴氏杀菌乳在 2~6 ℃的贮藏条件下保质期为 7 d,欧美国家的保质期稍长(30 d 或更长,即 ELS 乳)。

2.1.2 超高温灭菌乳概述

1)超高温灭菌乳的概念

超高温灭菌乳(UHT,ultra high-temperature milk)是指以生鲜牛(羊)乳为原料,添加或不添加复原乳,在连续流动的状态下,加热到至少 132 ℃并保持很短时间的灭菌,以完全破坏其中可以生长的微生物和芽孢,再经无菌包装等工序制成的液体产品。因产品中不含微生物,无须冷藏,可以在常温下长期保存(1~8 个月)。但由于生产过程中使用了较高的杀菌制度,产品的色泽、风味和营养价值都较巴氏杀菌乳稍弱,但较传统的保持式灭菌乳已经有了大大改善。

所谓无菌包装是指将灭菌后的物料,在无菌条件下装入事先杀过菌的容器内的一种包装技术。灌装过程保证绝对无菌,不会对灭菌后的物料产生任何污染。

2)杀菌、灭菌及商业无菌的概念

无论是巴氏杀菌乳还是灭菌乳,杀菌(灭菌)过程是最重要的过程。杀菌就是将乳中的致病菌和造成产品缺陷的有害菌全部杀死,但并非百分之百的杀灭微生物,还会残留部分的乳酸菌、酵母菌和霉菌等。杀菌条件应控制到对乳的风味、色泽和营养损失的最低限度。

灭菌就是要杀灭乳中所有细菌,使其呈无菌状态。但事实上,热致死率只能达到

99.999 9％，欲将残存的百万分之一，甚至千万分之一的细菌杀灭，必须延长杀菌时间，这样会给鲜乳带来更多的缺陷。这个极微量的细菌在检测上近于零，在食品行业称商业无菌。商业无菌的含义是：不含危害公共健康的致病菌和毒素；不含任何在产品贮存、运输及销售期间能繁殖的微生物；在产品有效期内保持质量稳定和良好的商业价值。

2.1.3　ESL 乳生产概述

"ESL"乳即较长保质期乳（extend-shelf-life），在加拿大和美国经常用于描述那些在7 ℃或7 ℃以下具有良好贮存性的新鲜液态乳制品，ESL 乳的保质期有 7 ~ 10 d、30 d、40 d，甚至更长，这主要取决于产品从原料到生产、到分销的整个过程的卫生和质量控制。

由于原料乳质量差、加工和灌装工艺不合理以及冷链的不完善等原因，巴氏杀菌乳的稳定性及货架期在很多地区都存在着很大的问题。传统的巴氏杀菌乳货架期在 2 ~ 6 ℃冷藏条件下只有 1 周左右，产品的运输、销售区域受到很大限制。采用超高温杀菌工艺（UHT）和无菌灌装技术生产出来的灭菌乳在室温下可储存数月的时间，但其感官质量会发生较大的变化，特别是明显的蒸煮味以及褐变。为解决这一问题，开发出了 ELS 乳生产工艺。采用超巴氏杀菌技术、微滤、CO_2 杀菌等技术，在保留原巴氏杀菌乳营养及风味的前提下，延长产品的货架期。ESL 乳既可以满足消费者对液态乳营养、新鲜、卫生、口感好的需求，又增加了销售效益和提供了其他方面的优势，所以，近年来 ESL 乳生产技术受到全世界乳业越来越广泛的关注。

早在 20 世纪 60 年代，北美就已经有 ESL 乳制品的生产技术。当时，主要用于生产流通较慢的产品，如搅拌乳油和咖啡乳油。现在，此技术已经扩展到其他高附加值产品以及常规液体乳领域，并且 ESL 乳已经成为一个专有的缩写词。

"较长保质期"乳本质上仍然是巴氏杀菌乳，与超高温灭菌乳有根本的区别。首先，ESL 乳并非无菌灌装；其次，ESL 乳不能在常温下贮存和分销；第三，ESL 乳不是商业无菌产品。

ESL 乳的生产是一项综合的生产技术，包括对原料乳的质量要求、杀菌方式的改变、灌装、产品贮藏销售条件的合理控制等关键技术。

ELS 乳生产采用的杀菌温度要高于传统的巴氏杀菌法，但低于 UHT，称为超巴氏杀菌，典型的超巴氏杀菌条件为 125 ~ 130 ℃，2 ~ 4 s。并尽最大可能避免产品在加工、包装和分销过程的再污染。这需要较高的生产卫生条件和优良的冷链分销系统。

2.1.4　复原乳概述

复原乳又称"还原乳"或"还原奶"，是指以浓缩乳或乳粉为主要原料，添加适量水，制成与原乳中水、固形物比例相当的乳液。实际生产中使用脱脂乳粉和全脂乳粉还原复原乳的情况更为普遍。

复原乳的生产克服了自然乳生产的季节性、区域性的部分限制，保证了淡季乳与乳制品的供应。目前世界乳粉总产量的 1/3 用于复原乳制品的加工。由于乳粉在生产过程中已经经过了多道高温处理（杀菌、浓缩、干燥），乳粉还原时还要经加水溶解、高温杀菌等多个程序,所以复原乳的营养价值不及鲜乳,鲜度、风味、口感也相对较差。使用时通常与鲜乳按比例混合后再供应市场(通常比例1:1)。在中国,允许酸乳和灭菌乳等产品使用复原乳作为生产原料,而巴氏杀菌乳不能使用复原乳。为此,国家农业部于2005年还专门出台行业标准《巴氏消毒乳和UHT灭菌乳中复原乳的鉴定》(NY/T 939—2005)。标准规定,凡在酸乳、灭菌乳等产品生产过程中使用了复原乳,不论数量多少,生产企业必须在其产品包装主要展示面上紧邻产品名称的位置,使用不小于产品名称字号且字体高度不小于主要展示面高度五分之一的汉字醒目标注"复原乳",并在产品配料表中如实标注复原乳所占原料比例,以尊重消费者的知情权。世界上其他国家也有类似的规定和要求。

2.1.5 花色乳概述

花色乳(Flavore Milk)是以牛乳为主要原料,再加入其他食品原料,如可可、咖啡、果汁、果粒、谷物、豆类和蔗糖等,再加以调色、调香、调酸(或不调),经杀菌制成的具有相应风味的饮用乳。含乳饮料是指在花色乳的基础上再加水进行稀释得到的饮品。根据国家标准,花色乳中的蛋白含量一般不能低于2.3%,而含乳饮料中的蛋白质含量不能低于1%。

咖啡、可可、果汁、果粒、谷物、豆类等物质的添加,既丰富了牛乳的风味及口感,同时又增加一些营养成分,如粗纤维(果粒、谷物等),所以广受国内外消费者的欢迎。市场上的花色乳及含乳饮料的种类很多,产品有中性及酸性之分,包装形式主要有无菌包装和塑料瓶包装。

2.1.6 调配型酸性含乳饮料

调配型酸性含乳饮料是指以鲜乳(或乳粉)、水为主要原料,然后用乳酸、柠檬酸或果汁将pH调整到酪蛋白的等电点(pH4.6)以下而制成的一种乳饮料。根据我国国家标准,这种饮料的蛋白质含量应大于1%。

调配型酸性含乳饮料在国内市场发展非常迅速,每年的增长速度几乎都在20%以上。最早生产的此类产品多采用小塑料瓶包装,需经二次水浴杀菌并添加防腐剂。从1998年,采用超高温灭菌和无菌灌装的产品开始大量生产,一般为无菌纸盒包装(如瑞典利乐包、瑞士康美包)及无菌软包装。由于这类产品饮用方便、口感好且不含防腐剂,因此一上市即受到消费者的普遍欢迎。产品的保质期一般可达6个月。

调配型酸性含乳饮料在国外并不多见,只在一些亚洲国家如日本能发现类似的产品。在欧美国家,同类产品通常是牛乳与纯果汁的混合物,产品的档次及质量高于国内产品。

任务2.2 巴氏杀菌乳的加工

巴氏杀菌乳因脂肪含量不同,可分为全脂乳、高脂乳、低脂乳、脱脂乳等。不同产品的加工工艺不尽相同,但大致一样。现将典型巴氏杀菌乳的加工方法加以介绍。

2.2.1 工艺流程

巴氏杀菌乳的加工工艺流程如下所示。

原料乳的验收→净乳→标准化→预热均质→巴氏杀菌→冷却→灌装→封口→装箱→冷藏

巴氏杀菌乳生产工艺因不同国家的法规而有所差别,而且不同的乳品厂之间也不尽相同。例如,脂肪标准化可以是预标准化、后标准化或者直接标准化;均质可以是全部均质或者部分均质,也有一些国家不进行均质,因为"乳脂线"被认为是优质乳的标志;脱气是在牛乳中空气含量较高及产品中存在挥发性异常气味(如当乳牛吃了含洋葱属植物的饲料)的情况下使用。最简单的全脂巴氏杀菌乳加工生产线应配备巴氏杀菌机、缓冲罐和包装机等主要设备,而复杂的生产线可同时生产全脂乳、脱脂乳、部分脱脂乳和含脂率不同的稀奶油。图2.1为典型巴氏杀菌乳生产线的示意图。

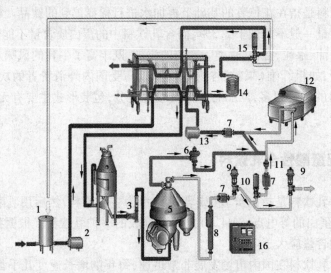

图 2.1 巴氏杀菌乳生产线示意图

1—平衡槽;2—进料泵;3—流量控制器;4—板式换热器;5—分离机;6—稳压阀;
7—流量传感器;8—密度传感器;9—调节阀;10—截止阀;11—检查阀;12—均质机;
13—增压泵;14—保温管;15—转向阀;16—控制盘

原料乳先通过平衡槽1,然后经泵2送至板式热交换器4。预热后,通过流量控制器3至分离机5,以生产脱脂乳和稀奶油。其中稀奶油的脂肪含量可通过流量传感器7、密度传感器8和调节阀9确定和保持稳定,而且为了在保证均质效果的条件下节省投资和能源,仅使稀奶油通过一个较小的均质机。实际上该图中稀奶油的去向有两个分支,一是通过阀10、11与均质机12相联,以确保巴氏杀菌乳的脂肪含量;二是多余的稀奶油进入稀奶油处理线。此外,进入均质机的稀奶油的脂肪含量不能高于10%,所以一方面要精确地计算均质机的工作能力,另一方面应使脱脂乳混入稀奶油进入均质机,并保证其流速稳定。随后均质的稀奶油与多余的脱脂乳混合,使物料的脂肪含量稳定在3%,并送至巴氏杀菌机4和保温管14进行杀菌。然后通过回流阀15和动力泵13使杀菌后的巴氏杀菌乳在杀菌机内保证正压。这样就可避免由于杀菌机的渗漏,导致冷却介质或未杀菌的物料污染杀菌后的巴氏杀菌乳。当杀菌温度低于设定值时,温感器将指示回流阀15,使物料回到平衡槽。巴氏杀菌后,杀菌乳继续通过杀菌机热交换段与流入的未经处理乳进行热交换,而本身被降温,然后再进入另一冷却段,用冷水和冰水冷却,冷却后先通过缓冲罐,再进行灌装。

2.2.2 操作要点

1)原料乳的验收

我国及世界上的大部分国家对生产巴氏杀菌乳的原料都要求使用新鲜乳,而不能使用复原乳或再制乳。鲜乳检验的具体要求及检验方法参照本书项目1的内容。

2)原料乳的预处理

原料乳的预处理过程包括原料乳的净化、冷却、标准化等。具体要求及方法在本书项目1中已经阐述,此处不再赘述。巴氏杀菌乳中的标准化要根据不同国家的规定进行。例如,在我国全脂巴氏杀菌乳脂肪含量要求大于3.1%,部分脱脂巴氏杀菌乳脂肪含量要求1.0%~2.0%,脱脂巴氏杀菌乳脂肪含量要求小于0.5%。因此,凡不合乎标准的乳,都必须进行标准化处理。

3)预热均质

(1)均质意义

通过均质处理,可减小乳中脂肪球的半径,具有下列优点:①增加液体乳的稳定性,贮存期间不产生脂肪上浮现象;②风味良好,口感细腻;③改善牛乳的消化、吸收程度,适于喂养婴幼儿。通常原料乳中,75%的脂肪球直径为2.5~5.0 μm,其余为0.1~2.2 μm,平均3.0 μm。均质后的脂肪球大部分在1.0 μm以下。实践证明,当脂肪球的直径接近1.0 μm时,脂肪球基本不上浮。所以脂肪球的大小对乳制品加工的意义很大,均质效果如图2.2所示。

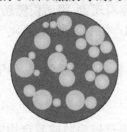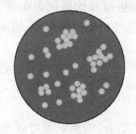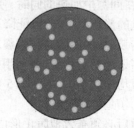

均质前脂肪球的状态　　　　　一级均质后脂肪球状态　　　　　二级均质后脂肪球状态
1~10 μm,平均3 μm　　　　　1 μm以下,但相互聚集　　　　　呈分散状态

图2.2 均质前后脂肪球的变化

(2)均质方法及条件

均质效果与温度有关,而高温下的均质效果优于低温。如果采用板式杀菌装置进行高温短时或超高温瞬时杀菌工艺,则均质机应装在预热段后、杀菌段之前。牛乳进行均质时的温度宜控制在50~65 ℃,在此温度下乳脂肪处于熔融状态,脂肪球膜软化,有利于提高均质效果。现一般采用两段式均质机时,第一段均质压力为16.7~20.6 MPa,第二段均质压力3.4~4.9 MPa。

均质可以是全部的,也可以是部分的。部分均质指的是仅对标准化时分离出的稀奶油进行均质(因为对脱脂乳进行均质没有太大的意义),是比较经济的方法。

(3)均质设备及均质原理

生产中最常用的均质设备是高压均质机,其次是超声波均质机、胶体磨等。

高压均质机是一种特殊的高压泵,如图2.3所示是高压均质机的均质阀(又称均质头)结构及牛乳通过时状态示意图。均质阀是一外环包着4片叶片的圆柱形的芯子。它们相互配合,只留一个非常窄的间隙让牛乳通过。均质环内表面与间隙的出口垂直并附在外环上。牛乳在高压下被送入外环和芯子之间空隙,由高静压能转化成动能,这样牛乳在细缝的间隙中获得非常高的转速(200~300 m/s),当牛乳离开间隙时,牛乳以高速冲击均质环的内侧,并被迫改变方向。

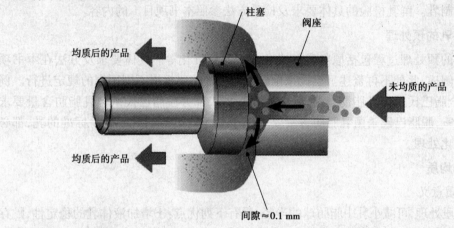

图2.3　均质阀结构及牛乳通过时状态示意图

牛乳以高速通过均质阀中的窄缝时,对脂肪球产生巨大的剪切力,此力使脂肪球变形、伸长,同时又在牛乳通过均质阀时形成的涡流作用下,使伸长的脂肪球被剪切成细小的微粒;牛乳在间隙中加速的同时,使脂肪球和均质阀发生高速撞击现象,因而使脂肪球破裂;同时牛乳的静压能下降,可能降至脂肪的蒸气压以下,在瞬间产生空穴现象,当蒸气爆裂时产生冲击波,从而使脂肪球破裂。

现多采用两级均质,即利用前后排列的两个均质阀达到最终的均质效果,如图2.4所示为一级均质阀结构,如图2.5所示为两级均质阀结构。

(4)均质效果检查

均质后必须有效地防止形成乳脂层,均质效果可以通过显微镜检验或测定均质指数来检查。

显微镜检验:一般采用100倍的显微镜镜检,可直接观察均质后乳脂肪球的大小和均质程度。在显微镜下直接用油镜检查脂肪球的大小是最直接和快速的方法,但缺点是只能定性不能定量检验,而且要有较丰富的实践经验。

均质指数法:乳样置于带刻度玻璃量筒里,在4~6 ℃温度条件下贮存48 h,吸管吸走上层(容量1/10)乳液,余下的(容量9/10)进行充分混合,然后测定两部分的含脂率。上层与下层含脂率的差,除以上层含脂率的百分数,即为均质指数。牛乳均质指数应在1~10的范围之内。例如,如果上层含脂率为3.15%,下层含脂率为2.9%,则均质指数为(3.15 - 2.9)/3.15 × 100 = 7.9。

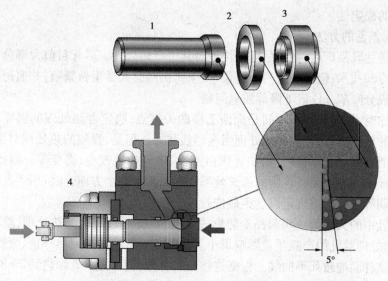

图2.4 一级均质阀结构图
1—均质头;2—均质环;3—阀座;4—液压传动装置

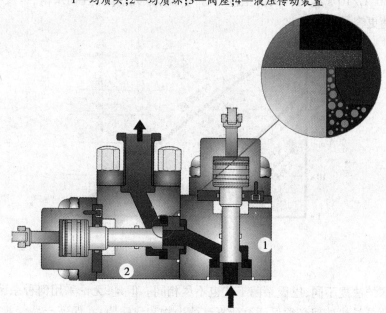

图2.5 两级均质阀结构图
1—第一级;2—第二级

4)巴氏杀菌

（1）巴氏杀菌的目的

通过杀死微生物和钝化酶的活性,来保证产品的食用安全性和提高产品的货架期。

①杀灭对人体有害的病原菌和大部分非病原菌,以维护消费者的健康。经巴氏杀菌的产品必须完全没有致病菌,如果仍有致病菌存在,其原因是热处理没有达到要求,或者是该产品被二次污染了。

②钝化酶的活性,以免成品产生脂肪水解、酶促褐变、苦味等不良现象,保证产品质量

在货架期内的稳定性。

（2）巴氏杀菌的方法

当鲜乳送达乳品厂后，必须尽可能快地对其进行热处理。尽管目前大部分乳品厂都采用了先进的冷却技术，但随着时间的延长，微生物仍然会大量生长繁殖，并通过其酶系作用导致出现乳成分降解、pH 值下降等质量问题。

杀菌操作时，加热温度和时间是灭菌工序的关键点，决定着热处理的强度。从杀死微生物和灭酶的观点来看，牛乳的热处理强度越强越好。但是，强烈的热处理对牛乳色泽、风味和营养价值都会产生不良后果，如乳蛋白变性、牛乳味道改变、褐变等。因此，温度和时间组合的选择必须考虑到微生物的杀灭效果和产品质量两个方面，应依照牛乳的质量和所要求的保质期等进行精确规定以达到最佳效果。

通常牛乳中的大多数致病菌都不能形成芽孢，只要通过缓和的热处理，就能被全部杀灭，而这种热处理对乳的产品质量影响很小。如图 2.6 所示的是耐热球菌、大肠杆菌、斑疹伤寒菌和结核杆菌的致死率曲线。根据这些曲线可知，如果把牛乳加热到 70 ℃，并在此温度下保持 1 s，就可以杀死大肠杆菌；而在 65 ℃下，需要保持 10 s 才能杀死大肠杆菌。即 70 ℃/1 s 和 60 ℃/10 s 这两种灭菌工艺具有同样的致死效果，且伤寒菌、结核杆菌等致病菌比耐热球菌更容易被杀死。

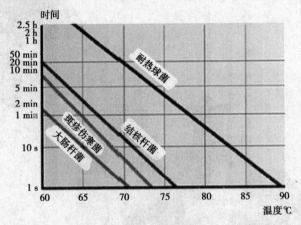

图 2.6 细菌的致死率

由于各国的法规不同，巴氏杀菌工艺也不尽相同。但是，无论采用何种杀菌工艺，所有国家的共同要求是热处理必须保证杀死不良微生物和致病菌，并保证产品营养成分及物理性质不会发生太大改变。表 2.1 列出了几种巴氏杀菌的方法。

表 2.1 生产巴氏杀菌乳的主要热处理分类

工艺名称	温度/℃	时间	方式
预杀菌	63~65	15 s	连续式
低温长时巴氏杀菌（LTLT）	63	30 min	间歇式
高温短时巴氏杀菌（HTST）	72~75	15~20 s	连续式
超巴氏杀菌	125~138	2~4 s	连续式

与低温长时巴氏杀菌法相比,高温短时巴氏杀菌法占地面积小、节省空间、热效率高、加热时间短,牛乳的营养成分破坏小、无蒸煮味,可连续化进行,操作方便、卫生,不必经常拆卸,加之设备可直接用酸、碱液进行自动就地清洗(CIP 清洗),因而广泛采用。

(3)加热杀菌对微生物的致死效果

①热致死率的计算

$$热致死率 = \frac{(杀菌前的细菌数 - 杀菌后的细菌数)}{杀菌前的细菌数 \times 100\%}$$

②乳中各种微生物的热致死条件　乳中微生物的热致死条件,受微生物的种类、生存状态、加热的温度和加热时间等因素所影响。牛乳中常见微生物菌群的热致死条件见表2.2。

表2.2　牛乳中常见微生物菌群的热致死条件

菌　群	热致死温度、时间	菌　群	热致死温度、时间
大肠菌群	60 ℃、22～75 min; 78.6 ℃、0.5 s	立克次氏体	63～65 ℃、30 min;71.4 ℃、15 s
耐热性乳酸菌	62.8 ℃、5～30 min	非耐热性乳酸菌	57.8 ℃、30 min;60～61 ℃、1 min
结核菌	60 ℃、10 min;71.1 ℃、0.5 s	葡萄球菌	62.8 ℃、6.8 min;65.6 ℃、1.9 min
耐热性小球菌	88.1 ℃、0.5 s;88.8 ℃、0.25 s	肉毒梭状芽孢杆菌	121 ℃、0.45～0.5 s
伤寒菌	59～60 ℃、2 min;72 ℃、0.5 s	布氏杆菌	61.5 ℃、23 min;71.1 ℃、21 min
痢疾菌	71.1 ℃、16 s;72.2 ℃、0.5 s	溶血性链球菌	60 ℃、30 min;70.5 ℃、0.25 s

(4)杀菌对牛乳的影响

①杀菌温度及时间对牛乳理化性质的影响　不同的加热条件对牛乳理化性质的影响不同,见表2.3。生产中可根据生产要求选择相应的杀菌方法。

表2.3　几种常见杀菌方法对牛乳理化性质的影响

杀菌温度	处理时间	酸度	蛋白质	酶及维生素	磷酸钙	稀奶油层	乳糖
63 ℃	30 min	降低	稍有凝固, 5%左右	淀粉酶破坏,维生素C减少7.9%	—	影响极少	—
70～72 ℃	5～10 min	降低	部分沉淀, 50%左右	部分酶破坏	沉淀3%～4%	—	—
85～87 ℃	10 s	增高	大量沉淀, 60%以上	全部酶破坏,维生素C减少12.5%	沉淀4%左右	—	—
煮沸	10 s	增高	全部沉淀	全部酶破坏,维生素C破坏严重	沉淀6%左右	上浮有油珠	焦糖化分解产酸
116～120 ℃	10～30 s	增高	全部沉淀	全部酶破坏,维生素C破坏严重	沉淀6%以上	上浮较慢	焦糖化分解产酸

②杀菌温度及时间对病原菌的影响　实践证明,杀菌的温度及时间对杀灭病原菌的效

果具有显著影响。在一定范围内,随温度的提高、时间的延长,杀菌效果明显提高,但同时会影响牛乳的营养价值及其风味和口感。因此,加热杀菌对温度和时间的要求是非常严格的,必须严格执行。

③褐变 褐变主要是由于乳中乳糖和某些氨基酸发生了美拉德反应和焦糖化反应而产生了褐色物质。巴氏杀菌发生褐变的主要原因是生产中使用板式换热器,当生产时间较长或乳质量不好时,则容易使局部过度受热,导致乳蛋白变性程度增大并产生糊管现象。这样不仅使乳容易发生褐变而且影响杀菌效果。因此,预防巴氏杀菌乳褐变的关键是做好杀菌设备的清洗、消毒和原料乳的严格验收。

5)冷却

牛乳经杀菌后,虽然绝大部分细菌都已被杀灭,但仍有部分细菌存活,加之在后续的灌装操作中还有被污染的可能,因此牛乳经杀菌后应立即冷却至5 ℃以下,以抑制乳中残留细菌的繁殖,增加产品的保存性。同时,也可以防止因温度高、黏度降低而出现脂肪球膨胀、聚合上浮的质量问题。

6)灌装

冷却后的牛乳应直接分装,灌装的目的主要是便于分送和零售,防止外界杂质混入产品中,防止微生物再污染,保持风味和防止吸收外界气味而产生异味。

在日益增强的竞争中,包装的作用也日益增强。早在19世纪,玻璃瓶就被用作巴氏杀菌乳的包装,并一直使用长达半个世纪以上的时间。然而,玻璃瓶是一种较重和回收使用的包装材料,对乳品厂和零售商来说,玻璃瓶的存放和清洗是个大问题。近几年,复合塑料纸和单层塑料在包装工业中发展很快。

在整个灌装和包装的过程中,应注意如下几方面的问题:

①应注意避免由包装环境、包装材料及包装设备的污染,尤其是使用可回收材料等造成的二次污染;

②包装后的产品冷却比较缓慢,因此应尽量避免灌装时料液温度的上升;

③包装材料应具备洁净、避光、密封,且有一定的机械强度等特性。

7)贮存、分销

灌装好的产品应及时分送给消费者,如不能立即发送,应贮存于2~6 ℃冷库内。巴氏杀菌乳的贮存和分销过程中,必须保持冷链的连续性,尤其是从乳品厂至商店的运输过程及产品在销售的贮存过程是冷链的两个最薄弱的环节。表2.4是瑞典乳业协会的调查结果,表明产品在装车、运输、卸车,直至最后运至商店销售的过程中运输条件与产品稳定之间的关系。一般以选用保温密封车或者冷藏车运输,不超过3 h为宜,且注意避免剧烈振动。

表2.4 运输条件与产品稳定之间的关系　　　　　产品升温单位:℃/h

运输车	室温20	室温10
非冷藏,非保温帐篷车	3	1.5
非冷藏,非保温密封车	1	0.5
非冷藏,保温密封车	1	0.5
冷藏,保温密封车	0.5~1	0

2.2.3 加工中的注意事项

1）原料乳的控制

原料乳品质的优劣直接影响产品的质量。因此,原料乳的严格验收是质量控制的首要环节。原料乳的检验主要指标包括感官检验、理化检验、微生物检验以及掺伪检验等内容,具体内容参见项目1。

2）生产环节的控制

（1）生产设备齐全

合格的生产车间应具有贮乳罐、净乳设备、均质设备、巴氏杀菌设备、灌装设备、制冷设备、清洗设备、保温运输工具等必备的生产设备。

（2）规范的操作程序

生产过程中,应严格执行操作规程,对温度、时间和量的控制上应合理、规范。

（3）杀菌剂或清洗剂残留导致产品异味

生产中对杀菌剂和清洗剂的使用要规范、准确。生产设备的清洗、消毒应符合生产标准。因此,一个合格的乳品生产厂应具备良好的清洗设施,以及高质量的清洗剂、消毒剂和水。

3）贮藏、运输过程中的质量控制

由于乳成分的特性所致,特别是经均质后脂肪球膜被破坏,牛乳产品对光线非常敏感。因此,在贮藏和运输过程中必须防止较强光线的直接照射,以避免光线对营养物质的损害和对产品风味的影响,影响结果见表2.5。

表2.5 光线对牛乳风味及维生素的影响①

纸 装				瓶 装			
时间/h	风味损失	维生素C损失	维生素B₂损失	时间/h	风味损失	维生素C损失	维生素B₂损失
2	无	1%	无	2	无	10%	10%
3	无	1.5%	无	3	很小	15%	15%
4	无	2%	无	4	显著	20%	18%
5	无	2.5%	无	5	强烈	25%	20%
6	无	2.8%	无	6	强烈	28%	25%
8	无	3%	无	8	强烈	30%	30%
12	无	3.8%	无	12	强烈	38%	35%

注:①暴露时的光照度为1 500 lx。

2.2.4 巴氏杀菌乳国家质量标准（GB 19645—2010）

1）感官要求（见表 2.6）

表2.6 巴氏杀菌乳感官要求

项 目	要 求	检验方法
色泽	呈乳白色或微黄色	取适量试样置于 50 mL 烧杯中，在自然光下观察色泽和组织状态。闻其气味，用温开水漱口，品尝滋味
滋味、气味	具有乳固有的香味，无异味	
组织状态	呈均匀一致液体，无凝块、无沉淀、无正常视力可见异物	

2）理化指标（见表 2.7）

表2.7 巴氏杀菌乳理化指标

项 目		指 标	检验方法
脂肪[a]/[g·(100 g)$^{-1}$]	≥	3.1	GB 5413.3
蛋白质/[g·(100 g)$^{-1}$]			GB 5009.5
牛乳	≥	2.9	
羊乳	≥	2.8	
非脂乳固体/[g·(100 g)$^{-1}$]	≥	8.1	GB 5413.39
酸度/(°T)			GB 5413.34
牛乳		12~18	
羊乳		6~13	

注：a 仅适用于全脂巴氏杀菌乳。

3）微生物限量（见表 2.8）

表2.8 巴氏杀菌乳微生物限量

项 目	采样方案[a]及限量（若非指定，均以 CFU/g 或 CFU/mL 表示）				检验方法
	n	c	m	M	
菌落总数	5	2	50 000	100 000	GB 4789.2
大肠菌群	5	2	1	5	GB 4789.3 平板计数法
金黄色葡萄球菌	5	0	0/25 g(mL)	—	GB 4789.10 定性检验
沙门氏菌	5	0	0/25 g(mL)	—	GB 4789.4

注：a 样品的分析及处理按 GB 4789.1 和 GB 4789.18 执行。

任务 2.3　超高温灭菌乳的加工

2.3.1　工艺流程

超高温灭菌乳生产中最主要的环节是超高温灭菌处理过程,实际生产中主要有两种处理方法:直接加热法和间接加热法。

1)直接蒸气加热法

直接蒸气加热法是指牛乳在灭菌阶段与蒸气在一定的压力下直接混合,蒸气释放出的潜热将牛乳快速加热至灭菌温度,直接加热系统加热料液的速度比其他任何间接加热系统都要快。灭菌后,料液经膨胀蒸发冷凝器除去冷凝水,水分蒸发时吸收相同的潜热使料液瞬间被冷却。在工艺及设备设计时,控制冷凝水量与蒸发量相等,则乳中干物质含量可以保持不变。生产工艺流程如下:

原料乳→预热至80 ℃→蒸气直接加热至135～150 ℃→保温4 s→冷却至76 ℃→均质(压力15～25 MPa)→冷却至20 ℃→无菌贮罐→无菌包装

2)间接蒸气加热法

用间接蒸气加热法灭菌时,牛乳的预热、加热灭菌及冷却在同一个板式热交热器的不同交换段内进行,牛乳不与加热或冷却介质接触,可以保证产品不受外来物质污染。进乳加热和出乳冷却进行换热,回收热量达85%,可大大节省能源及冷却用水。生产工艺流程如下:

原料乳(5 ℃)→预热至66 ℃→加热至137 ℃(保温4 s)→水冷却至76 ℃→进乳冷却至20 ℃→无菌贮罐→无菌包装

2.3.2　操作要点

1)原料

实际生产中,对于用于灭菌乳生产的原料乳质量要求较高,即牛乳蛋白质能经得起剧烈的热处理而不变性。牛乳必须在至少75%的酒精中保持稳定。以下牛乳不能用于灭菌乳的生产:①酸度偏高;②盐类平衡不适当;③含有过多的乳清蛋白质,即不得含有初乳。

2)加热

(1)超高温灭菌技术原理

超高温灭菌法是英国于1956年首创,在1957—1965年通过大量的基础理论研究和细菌学研究后才用于生产超高温灭菌乳。关于超高温灭菌乳在灭菌过程中,对于微生物学和物理化学方面的变化及基本加工原理,1965年英国的Burton提出了详细的研究报告,其基本点是:细菌的热致死率随着温度的升高大大超过此间牛乳的化学变化的速率,例如维生素破坏、蛋白质变性及褐变速率等。研究表明在温度有效范围内,热处理温度每升高 10 ℃,牛乳中所含细菌的破坏速率提高 11 ~ 30 倍。而根据 Vam、Hoff 规则,温度每升高 10 ℃,乳中化学反应速率增大 2 ~ 4 倍,如褐变现象仅增大 2.5 ~ 3.0 倍。意味着杀菌温度越高,其杀菌效果越好,而引起的化学变化却很小。

从表 2.9 可以看出,100 ℃、600 min 的灭菌效果,相当于 150 ℃、0.36 min 的灭菌效果,但褐变程度前者为 100 000,而后者仅为 97,显示出超高温灭菌的优越性。

表 2.9　杀菌温度、时间与褐变程度的关系

加热温度/℃	加热时间	相对的褐变程度	杀菌效果
100	600 min	100 000	同等效果
110	60 min	25 000	同等效果
120	6 min	6 250	同等效果
130	36 s	1 560	同等效果
140	3.6 s	390	同等效果
150	0.36 s	97	同等效果

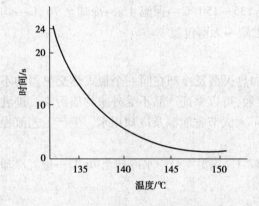

图 2.7　牛乳灭菌过程中时间与温度的关系

从理论上讲,温度升高并无限度,但如果温度升高,其时间必须相应缩短,实践表明牛乳的良好杀菌条件如图 2.7 所示。从图 2.7 中可以看出,150 ℃ 的灭菌温度实际上保持的时间不到 1 s。若按流速计算,其最小的保持时间仅 0.6 s。因此温度超过 150 ℃ 时,则在工艺上要求如此短暂时间内达到准确控制是困难的。因为牛乳流速稍微波动就会产生相应影响,所以目前超高温灭菌工艺是以 150 ℃ 为最高点,一般采用 135 ~ 150 ℃ 的灭菌温度。

(2)加热方法

实际生产中直接加热法和间接加热法两种处理方法的加热系统,见表 2.10。

表 2.10　各种类型的超高温加热系统

加热介质	加热方式	加热器形式
蒸气或热水加热	间接加热	板式加热
		管式加热
		刮板式加热
	直接蒸气加热	直接喷射式
		直接混注式

这些加工系统所用的加热介质为蒸气或热水。蒸气或热水通过天然气、油或煤加热获

得,只在极少数情况下使用电加热锅炉。因电加热的热效率仅为30%,而其他形式加热锅炉的热转化率为70%~80%。

在间接加热系统中,产品与加热介质(或热水)由导热面隔开,导热面由不锈钢制成,产品与加热介质没有直接接触。在直接加热系统中,产品与一定压力的蒸气直接混合,这样蒸气快速冷凝,其释放的潜热很快对产品进行加热,同时产品也被冷凝水稀释,后续需加上闪蒸工艺以除去多余的水分。

①直接蒸气加热法

如图2.8所示是一板式热交换器直接蒸气加热系统。大约4℃的料液由平衡槽1通过离心泵2进入板式换热器3的预热段,在预热至80℃左右时,料液经泵4加压约0.4 MPa(目的是预防料液在灭菌段沸腾),然后流动至环形喷嘴蒸气注射器5,蒸气注入料液中,并迅速将料液温度提升至135~150℃。料液在此高温下在保温管6中保持几秒钟,随后在装有冷凝器的蒸发室7中闪蒸冷却。真空泵8控制真空度,以保持闪蒸出的蒸气量等于蒸气最早注入料液的量。再由泵9把灭菌后的料液送入无菌均质机10中均质,然后再进入板式换热器冷却段将料液冷却至约20℃,并直接连续送入无菌灌装机灌装和无菌罐进行中间贮存待包装。冷凝所需冷水循环由平衡槽1b提供,并在离开蒸发室7后经蒸汽加热器加热作料液预热介质。在预热段水温降至约11℃,这样,此水另用作冷却介质,冷却从均质机流回的料液。

为了保证蛋白质和脂肪稳定,均质处理一般放在加热灭菌之后。

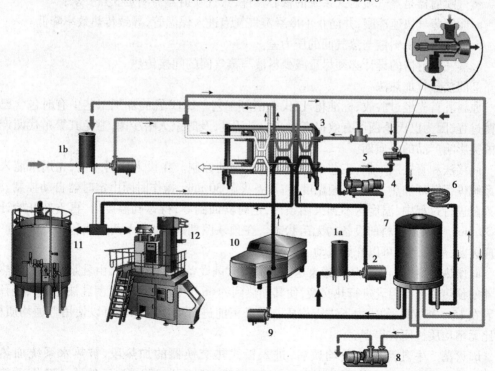

图2.8 板式热交换器直接蒸汽加热系统

1a—牛奶平衡槽;1b—水平衡槽;2—进料泵;3—板式换热器;4—正位移泵;5—蒸气喷射头;
6—保持管;7—蒸发室;8—真空泵;9—离心泵;10—无菌均质机;11—无菌缸;12—无菌灌装

依据料液与蒸气的混合方式可将直接超高温加热系统分为两种类型：

a.高于料液压力的蒸气通过喷嘴喷入到料液中,冷凝放热,将料液加热到所需温度,这种系统称为"喷射式"或"蒸气喷入料液"类型,如图2.9(a)所示。

b.加压容器充满达到灭菌温度的蒸气,料液从顶部喷入,蒸气随之冷凝,到底部时料液达到灭菌温度,这种系统称之为"混注式"或"料液喷入蒸气"类型,如图2.9(b)所示。

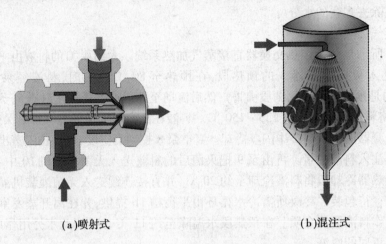

(a)喷射式   (b)混注式

图2.9 喷射式和混注式加热系统

蒸气喷射器是蒸气喷射式系统的核心器件,蒸气喷射器需满足3点要求：

a.能使蒸气快速冷凝,并防止不冷凝蒸气气泡进入保温管,导致传热效率降低。

b.应尽量降低料液与蒸气间的压力差。

c.蒸气喷射器的设计必须尽量减少料液与蒸气间的间接传热。

②间接蒸气加热法

原料乳首先经过验收、标准化、巴氏杀菌等工艺。UHT乳的加工工艺中有时包含巴氏杀菌过程,因为巴氏杀菌可有效提高生产的灵活性,及时杀灭嗜冷菌,避免其繁殖代谢产生的酶类影响产品的保质期。

间接法和直接法一样,工艺条件必须有严密的控制。在投入物料之前,先用水灌入物料系统进行循环加热,达到灭菌温度,将设备灭菌30 min,操作时间由定时器自动控制。如果灭菌进行过程中,温度达不到灭菌条件,定时器回到零,待达到温度后,再重新开始计时至30 min,可保证投料前设备的无菌状态。在预杀菌期间,通向无菌罐或包装线的生产线也应灭菌,然后产品可以开始流动。

a.预热和均质 牛乳从料罐泵送至超高温灭菌设备的平衡槽,再由乳泵泵至板式热交换器的预热段与高温乳进行热交换,使其预热到约66 ℃(同时高温灭菌乳被冷却),经预热的乳在15~25 MPa的压力下进行均质。在杀菌前进行均质意味着可以使用普通均质机,它比无菌均质机便宜得多。

b.灭菌 牛乳经预热及均质后,进入板式热交换器的加热段,被热水系统加热至137 ℃,热水温度由喷入热水中的蒸气量控制(热水温度为139 ℃)。然后,137 ℃的热乳进入保温管保温4 s。

c.回流 如果牛乳在进入保温管之前未达到设定的杀菌温度,生产线上的传感器便把这个信号传递给控制盘。然后回流阀启动,把产品回流至冷却器,在这里牛乳冷却至

75 ℃,再返回平衡槽或流入一单独的收集罐。一旦回流阀移动至回流位置,杀菌操作便停下来。

d.无菌冷却　离开保温管后,灭菌乳进入无菌冷却段,被水冷却。从 137 ℃降温至 76 ℃,最后进入回收段,被 5 ℃的进乳冷却至灌装温度 10～15 ℃。

如图 2.10 所示为管式超高温灭菌方法生产 UHT 乳的典型加工工艺流程。

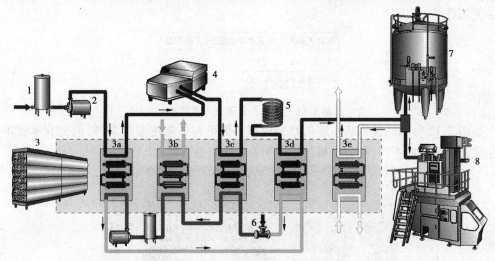

图 2.10　管式间接超高温加热系统

3)无菌贮罐

经超高温灭菌及冷却后的灭菌乳应立即在无菌条件下被连续地从管道内送往包装机。为了平衡灭菌机及包装机生产能力的差异,并保证在灭菌机或包装机中间停车时不致产生相互影响,可在灭菌机和包装机之间装一个无菌贮罐,起缓冲作用。无菌乳进入贮罐,不允许被细菌污染,因此,进出贮罐的管道及阀、罐内同乳接触的任何部位,必须一直处于无菌状态。罐内空气必须是经过滤后的无菌空气。如果灭菌机及无菌包装机的生产能力选择恰当,也可不装无菌贮罐,因为灭菌机的生产能力有一定伸缩性,且可调节少量灭菌乳从包装机返回灭菌机。

4)无菌包装

无菌包装系统是生产 UHT 产品所不可缺少的。所谓的无菌包装是指将灭菌后的牛乳,在无菌状态下自动充填到灭菌过的容器内并自动封合,使包装的产品在常温下能长时间保持不变质的包装方式。无菌包装技术的关键是物料的超高温灭菌、高阻隔性包装材料灭菌及充填密封环境的灭菌。无菌包装的优点有:①无需冷藏或添加任何化学防腐剂就可进行长期保存;②在保证无菌的前提条件下,食品原有的色、香、味及营养能最大程度的保留;③无菌包装生产的自动化程度高,单位成品能耗低,简化包装工艺,降低了工艺成本;④无菌包装材料主要为纸、塑料、铝箔等,故具有质轻、低廉、便于运输等优点。

无菌包装必须符合以下要求:①封合必须在无菌区域内进行,灌装过程中产品不能受到来自任何设备表面或周围环境等的污染;②包装容器和封合方法必须适合无菌灌装,并且封合后的容器在贮存和分销期间必须能够阻挡微生物透过,同时包装容器应能阻止产品发生化学变化;③容器和产品接触的表面在灌装前必须经过灭菌;④若采用盖子封合,封合

前必须灭菌。

如图 2.11 所示是无菌包装简易工艺流程,包括包装材料的灭菌、物料的灭菌、无菌输送以及在无菌环境下充填并封合,从而生产出无菌产品。一条完整的无菌包装生产线包括物料杀菌系统、无菌包装系统、包装材料的杀菌系统、自动清洗系统、无菌环境的保证系统、自动控制系统等。按其所起的作用不同可分为物料杀菌、灌装环境无菌保证、包装材料杀菌3 大部分。

图 2.11　无菌包装简易工艺流程

如图 2.12 所示的是无菌包装的整个过程。无菌包装系统形式多样,但究其本质不外乎包装容器形状的不同,包装材料的不同和灌装前是否成形。

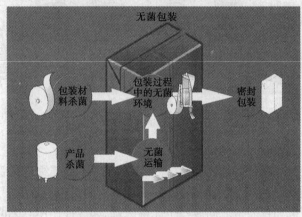

图 2.12　无菌包装过程

根据包装材料的不同,无菌包装系统主要分为两大类,即复合纸无菌包装系统和复合塑料膜无菌包装系统。它有敞开式和封闭式两种,封闭式无菌包装系统比敞开式无菌包装系统多了无菌室,包装材料要在无菌室内杀菌、成型、灌装。由于无菌室一直通有无菌气体保持其正压,所以无菌室能有效地防止微生物的污染,因此在生产中应用广泛。

(1)塑料袋无菌包装系统

塑料袋无菌包装设备以加拿大 Du Potn 公司的百利包和芬兰 Elecster 公司的芬包为代表,两者都为立式制袋充填包装机。

百利包采用线性低浓度聚乙烯为主,芬包采用外层白色、内层黑色的低密度聚乙烯共挤黑白膜,亦可用铝箔复合膜。芬包的黑白膜厚度 0.09 mm,在常温下无菌乳可保持45 d以上,采用铝塑复合膜其保质期可达180 d。这种黑白聚乙烯塑料膜的包装成本远低于利乐包装材料,每只袋成本仅 0.04 ~ 0.06 元。缺点是塑料耐热性较差,因此在现实生产中更多的是用双氧水低浓度溶液与紫外线、无菌热空气相结合的灭菌技术,一方面使灭菌效果更加彻底有效,另一方面又克服了双氧水浓度过高对人体伤害的问题。

(2)纸盒无菌包装系统

纸盒无菌包装设备最初是由瑞典 Tetra Pak 公司生产,这种类型的无菌包装设备在世界上广泛使用,国内也已有几十套。

纸盒无菌包装的包装材料以板材卷筒形式引入,所有与料液接触的部位及设备的无菌腔均经无菌处理,包装的成型、充填、封口及分离均在一台机器上完成。

包装所用的材料通常为内外覆聚乙烯的纸板,它能有效阻挡液体的渗透,并能良好地进行内、外表面的封合。为了延长产品的保质期,包装材料中要增加一层氧气屏障,通常要复合一层很薄的铝箔。如图2.13所示为典型的无菌纸包装材料结构。从图中可以看出,每层包装材料具有不同的阻挡功能。

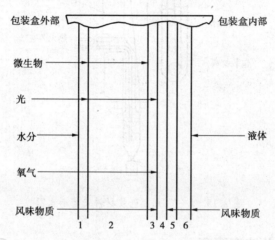

图2.13 典型的无菌纸包装复合材料

无菌包装机的灭菌由以下两个方面保证:

①机器灭菌 在无菌包装开始之前,所有直接或间接与无菌料液相接触的机器部位都要进行无菌处理。如图2.14所示,在L—TBA/8设备中,先采用喷入双氧水溶液,然后用无菌热空气使之干燥。首先是空气加热器预热和纵向纸带加热器预热,在达到360 ℃的工作温度后,将预定的35%双氧水溶液通过喷嘴分布到无菌腔及机器其他待灭菌部件。双氧水的喷雾量和喷雾时间是自动设定的,以确保最佳杀菌效果。喷雾之后,用无菌热空气使之干燥。

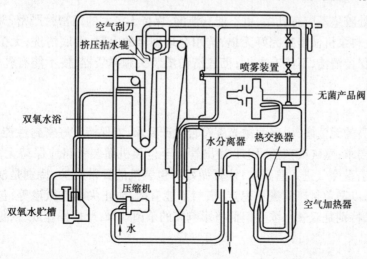

图2.14 L—TBA/8机器灭菌示意图

②包装材料灭菌　如图 2.15 所示,包装材料引入后即通过一充满 35% 双氧水溶液(温度约 75 ℃)的深槽,其行程时间根据灭菌要求可预先设定。包装材料经过双氧水深槽灭菌后,再经挤压拮水辊和空气刮刀,除去残留的双氧水,然后进入灭菌腔。

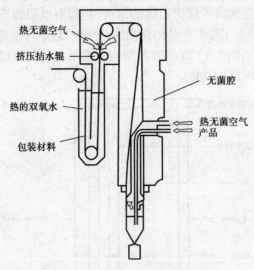

图 2.15　L—TBA/8 包装材料灭菌示意图

2.3.3　加工中的注意事项

1)乳管路

灭菌机输出到包装机的灌装管路需采用 306 L 或 304 全抛光不锈钢管,安装时应符合无菌管路的要求,尽量减少接头,控制阀应选用无菌型,整个管路不应有泄漏。如有条件应请专业设计单位设计安装。

2)包装机

管路接头处胶垫不应有乳垢,更不能有泄漏;保持无菌室的门密封严密,并提供足够的正压力;保持上料泵机械密封完好无损,选用合理型号的上料,彻底清洗;无菌室内与包装膜接触的构件保持清洁,不能有乳垢;彻底清洁灌装头和撑袋器,使不能有乳垢;注意清洁导膜辊。

3)无菌罐

选用质量高的无菌罐,内表面抛光度符合生产要求,能保持良好密封性能,耐压性应达到蒸气灭菌的要求;蒸气灭菌后,UHT 输出管路至包装机灌装管路应保持无菌状态(管路未密封),禁止有菌空气进入管路内;认真做好对包装机的日常维护,特别是横竖封应调到最佳工作状态,以避免封口质量不稳定,横封不能有褶,防止尖端有微渗等;包装前对各项参数予以检查,特别是双氧水浓度偏低将影响膜的杀菌效果;严格操作规程,保持无菌环境的良好和稳定。

2.3.4 常见质量缺陷及防止方法

1)褐变及焦糖化

正常 UHT 乳应为乳白色或稍带黄色。当乳色泽较深时,则可能发生了不同程度的褐变。褐变主要是由于乳中乳糖和某些氨基酸发生了美拉德反应,正常的 UHT 灭菌条件(135~140 ℃,3~4 s)一般不会导致明显褐变。新鲜牛乳只有在灭菌温度过高或时间过长时,才会有明显的褐变现象。因此,控制灭菌参数的稳定是预防褐变的主要方法。当无菌灌装设备因任何原因停止灌装时,或牛乳因某种原因在 UHT 灭菌器中反复循环时,会造成牛乳严重褐变,此种情况下应将灭菌器排空后,对换热器及灌装机重新杀菌,待可以灌装后重新进料。

另外,控制生鲜牛乳的新鲜度在一定程度上也会提高牛乳的抗褐变能力。

2)蛋白质凝固包或苦包

蛋白凝固包:开包后在盒底部有凝固物,喝时牛乳没有苦味或酸味。

苦包:开包后牛乳喝时有苦味,一般是贮存一段时间(2个月左右)后才会出现,并且苦味会随着贮藏时间延长而加重(通常为批量问题)。

以上现象是由于蛋白分解酶的作用而导致。原料乳中由于微生物(特别是嗜冷菌)产生的蛋白分解酶较耐热,其耐热性远远高于耐热芽孢,有研究表明,一种蛋白分解酶的耐热性是嗜热脂肪芽孢杆菌耐热性的 4 000 倍。同样有研究表明,经140 ℃,5 s 的热处理,胞外蛋白酶的残留量约为29%。残留的蛋白分解酶在加工后的贮存过程中分解蛋白质,根据蛋白分解程度的不同,会出现凝块或产生苦味。若蛋白分解酶分解蛋白质形成带有苦味的短肽链(苦味来源于某些带苦味的氨基酸残基),则产品就带有苦味。

3)H_2O_2 的残留

无菌包装机的灌注头一般使用 H_2O_2 杀菌,刚开始 H_2O_2 分解不彻底,产品中会有残留,所以刚生产出的几袋乳是不能留用的,废弃的袋数应根据生产实践来定。

4)乳脂肪上浮

成品的脂肪上浮一般出现在生产后几天到几个月范围内,上浮的严重程度一般与储存及销售的温度有关,温度越高,上浮速度越快,严重时在包装的顶层可达几毫米厚。原因分析:①均质效果不好;②低温下均质;③过度机械处理;④前处理不当,混入过多空气;⑤原料乳中含过多脂肪酶,有研究表明,经140 ℃、5 s 的热处理,胞外脂肪酶残留量约为40%,残留的脂肪酶在储存期间分解脂肪球膜释放出自由脂肪酸而导致聚合、上浮;⑥饲料喂养不当导致脂肪与蛋白质比例不合适;⑦原料乳中含有过多自由脂肪酸。控制措施:①提高原料乳质量;②均质设备要在生产前进行检查;③人员要严格按照生产要求进行操作;④进行必要的质量人员监督。

5)乳风味的改变

除了微生物、酶及加工引起的风味的改变外,还有由于环境、包装膜等因素引起的乳风味的变化。乳是一种非常容易吸味的物质,如果包装容器隔味效果不好或其本身或环境有

异味,乳一般呈现非正常的风味,如包装膜味、汽油味、菜味等,有效的措施就是采用隔味效果非常好的包装容器,并对储存环境进行良好的通风及定期的清理。

另外,UHT 乳长时间放在阳光下,会加速产生日晒味及脂肪氧化味,因此 UHT 乳不应该放在太阳直接照射的地方。

2.3.5 灭菌乳国家安全标准(GB 25190—2010)

1)感官要求(见表 2.11)

表 2.11 灭菌乳感官要求

项 目	要 求	检验方法
色泽	呈乳白色或微黄色	取适量试样置于 50 mL 烧杯中,在自然光下观察色泽和组织状态。闻其气味,用温开水漱口,品尝滋味
滋味、气味	具有乳固有的香味,无异味	
组织状态	呈均匀一致液体,无凝块、无沉淀、无正常视力可见异物	

2)理化指标(见表 2.12)

表 2.12 灭菌乳理化指标

项 目		指 标	检验方法
脂肪[a]/[g·(100 g)$^{-1}$]	≥	3.1	GB 5413.3
蛋白质/[g·(100 g)$^{-1}$] 牛乳 羊乳	≥ ≥	 2.9 2.8	GB 5009.5
非脂乳固体/[g·(100 g)$^{-1}$]	≥	8.1	GB 5413.39
酸度/(°T) 牛乳 羊乳		 12~18 6~13	GB 5413.34

注:a 仅适用于全脂灭菌乳。

3)微生物要求

应符合商业无菌的要求,按 GB/T 4789.26 规定的方法检验。

任务2.4 ESL乳的加工

2.4.1 工艺流程

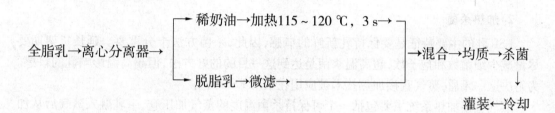

```
                    ┌→ 稀奶油→加热115~120 ℃，3 s→┐
全脂乳→离心分离器→  ┤                             ├→混合→均质→杀菌
                    └→ 脱脂乳→微滤→              ┘                ↓
                                                          灌装←冷却
```

2.4.2 操作要点

1)离心、微滤与巴氏杀菌相结合的方法

巴氏杀菌生产设备可补充一台离心除菌机或微滤装置,目前已有商业应用,如利乐公司的 Alfa-Laval Bactocatch 设备,将离心与微滤相结合,其工艺流程如图2.16所示。

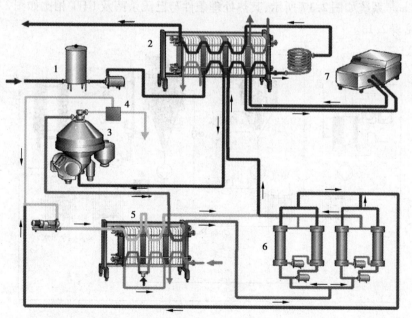

图2.16 离心与微滤结合的 ESL 乳生产工艺流程

1—平衡罐;2—巴氏杀菌机;3—分离机;4—标准化单元;5—板式换热器;6—微滤单元;7—均质机

微滤膜的孔径为 1.4 μm 或更小,可以有效地减少细菌和芽孢达 99.5% ~ 99.99%。但如此小的孔径也同时截流了乳脂肪球,因此微滤机进料前要先用离心机分离,脱脂乳被送到微滤机。稀奶油(常见含脂率 40%)在 130 ℃条件下灭菌数秒钟,与过滤后的脱脂乳重新混合,经均质并在 72 ℃条件下巴氏杀菌 15 ~ 20 s,然后冷却到 4 ℃进行灌装。这种方法只是部分乳经受高温度处理,其余大部分的乳仍维持在巴氏杀菌的水平,这样得到的产品口感、营养都更加完美,保质期又可适当地延长。如果牛乳从乳品厂经零售商到消费者手里,整个过程牛乳的温度不超过 7 ℃,则未开启包装的产品保质期达到 40 ~ 45 d。

2)加热杀菌

ESL 乳的主要特征是要保持乳新鲜的口感,因此,杀菌方法十分重要。延长货架期要尽量减少细菌数和孢子数,超高温杀菌是达到这一目的的好方法,但超高温影响乳的口感。为解决这一矛盾,蒸气直接加热技术被应用在生产 ESL 乳上。

蒸气直接加热系统主要包括一个可保持杀菌温度的蒸气加压仓,牛乳融入蒸气后从加压仓的顶部喷入,在下降过程中蒸气冷凝,产品达到底部时的温度和需要的温度相平衡。经 APV 和 ELOPAK 公司共同研究开发,在蒸气直接加热杀菌设备上增加了 PTTM 控制单元,命名为 Pure-Lac™ 系统。Pure-Lac™ 系统控制杀菌温度为 125 ~ 145 ℃,热处理时间少于 1 s,即瞬时加热少于 0.2 s,闪蒸冷却时间少于 0.3 s。此系统主要侧重于减少存活于巴氏杀菌乳的需氧嗜冷菌的孢子数,配合超清洁包装技术,产品在高于 10 ℃贮存销售时,货架期没有降低很多,达到 2 ~ 3 周,同时,新鲜乳口感特性也没有明显降低。

Pure-Lac™ 系统如图 2.17 所示,其热处理条件与巴氏杀菌及 UHT 相比如图 2.18 所示,其货架期见表 2.13。

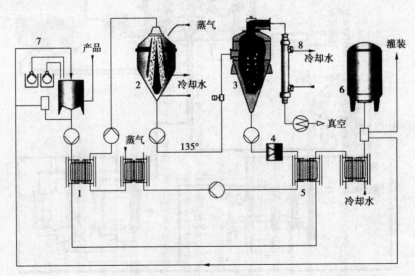

图 2.17 用于 ESL 乳生产的 Pure-Lac™ 系统

1—板式热交换器;2—蒸气注入仓;3—闪蒸器;4—无菌均质机;5—板式冷却器;
6—无菌罐;7—CIP 单元;8—管式冷却器

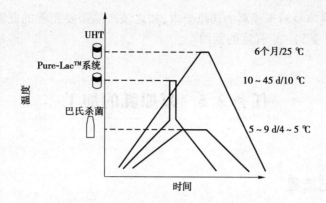

图 2.18 各种热处理条件及产品货架期的比较

表 2.13 各种 ESL 乳产品货架期

处 理	货架期/d		处 理	货架期/d	
	4 ℃	10 ℃		4 ℃	10 ℃
巴氏杀菌	10	1 ~ 2	微滤	30	6 ~ 7
离心除菌	14	4 ~ 5	Pure-Lac™系统	>45	达45

3)充填 CO_2 延长巴氏杀菌乳的货架期

CO_2 可以有效地抑制许多引起食物腐败的微生物的生长,尤其是革兰氏阴性嗜冷菌。通过在包装中填充 CO_2 来延长冷藏产品的货架期在商业上已经有很多应用。据报道,在杀菌牛乳中填充 CO_2 能使货架期延长25% ~200%,CO_2 填充量在9.1 mmol/L 时,对口感影响不明显,而当填充量18.6 mmol/L 时,对口感影响明显。并且初始细菌数越低效果越好,这一点与需要控制巴氏杀菌后的污染和原料乳的细菌数是相一致的。

2.4.3 加工中的注意事项

1)杀菌条件

按照产品的保质期和保存方式制定相应的 ESL 乳的杀菌条件。杀菌条件控制应既保证显著减少微生物数量延长产品保质期,又能保证热处理对于产品感官质量的影响降至最低。

2)灌装

一般 ESL 乳灌装时要求爱无菌条件下完成正压灌装。如美国生产 ESL 乳时,在138 ℃,2 s处理后,采用超净灌装机(预先用140 ℃的超热水处理)灌装。此外,包装容器及瓶盖也要经过灭菌处理。

3)贮存销售

低温可以有效抑制微生物生长,从而延长产品的货架期,因此,ESL 乳通常采取冷链系统进行流通。如欧美等发达国家的冷链系统非常健全,多数仓库的温度为4 ℃,零售的冰柜为7 ℃,因此 ESL 乳的货架期较长。研究发现,贮存温度提高3 ℃,产品的货架期将缩短

一半。由于 ESL 乳本身对于原料的质量要求,加之该产品需要完善的低温冷链系统,使得 ESL 乳的广泛应用受到一定程度的制约。

任务 2.5　复原乳的加工

2.5.1　工艺流程

复原乳加工的工艺流程如下:

$$水 → 水处理$$
$$↓$$
$$乳粉 → 水粉混合 → 脱气 → 预热均质 → 杀菌 → 冷却 → 贮存$$

2.5.2　操作要点

1)原料

(1)乳粉

乳粉质量直接影响复原乳的品质,因此要严格控制。复原乳生产中所用脱脂乳粉、全脂乳粉的标准见表 2.14 和表 2.15。

表 2.14　复原乳的原料脱脂乳粉的标准

指　标	标　准
水分	<4.0%
脂肪	<1.25%
滴定酸度(以乳酸计)	0.1% ~ 0.15%
溶解度指数	>1.25%
大肠菌群	阴性
滋气味	无异味

表 2.15　复原乳的原料全脂乳粉的标准

指　标	标　准
乳清蛋白氮	>3.5(低温或中干燥)
溶解度指数	>1.25%
滋气味	纯正乳香,无异味
大肠菌群	阴性
丙酮酸盐试验	<90 mg

（2）水

水是复原乳生产用的主要原料,要求必须符合饮用水的标准。一般要求水的总硬度(相当于碳酸钙)不超过100 mg/kg,总不溶物低于500 mg/kg(最好在350 mg/kg以下),需要定期检测水中的芽孢。水处理方法推荐使用反渗透法(可除去全部化学杂质)和钠离子交换法(可除去钙、镁硬度)。

（3）其他添加物

复原乳生产时,必要时可使用以下添加剂来增加制品的稳定性和感官品质。

①乳化剂 起稳定脂肪的作用,常用的有单甘脂、蔗糖酯、磷脂等,添加量为0.1%。

②稳定剂 可以改进产品外观、质地和风味,形成黏性溶液,兼备黏结剂、增稠剂、稳定剂、填充剂和防止结晶脱水的作用。主要有:阿拉伯胶、果胶、琼脂、海藻酸盐、CMC及水解胶体等。用量为0.3%~0.5%。

③盐类 强化性盐类包括各种钙盐、锌盐等,稳定性盐类包括柠檬酸盐、磷酸盐等。

④风味剂 天然或人工合成的香精,增加还原乳的乳香味。

⑤着色剂 常用的有胡萝卜素、安那妥等,改善产品的色泽。

2）水粉混合

复原乳生产过程中,水、粉的充分混合不仅能使产品形成良好的外观、口感、风味,还能减少杀菌时结垢。操作要点有以下几项:

①控制水温40~50 ℃,等到完全溶解后,停止搅拌,静置水合,温度最好控制在30 ℃左右,水合时间不得少于2 h,最好6 h。在此温度下乳粉的润湿度最高,最有利于蛋白质回复到其一般的水合状态。尽量避免低温长时间水合(6 ℃,12~14 h),否则产品水合效果不好。且低温可导致复原乳中的空气含量过高。

②尽量减少泡沫产生,利用脱气装置脱去多余气泡。泵和管道连接处不能有泄漏,搅拌器的桨叶要完全浸没于乳中。

常用的水粉混合器如图2.19所示。

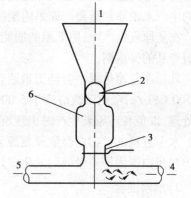

图2.19 连续式混合器原理
1—乳粉;2—上阀门;3—下阀门;
4—复原乳;5—水;6—计量器

3）脱气

奶粉中一般含有约占总容积40%的空气,包括颗粒间隙和颗粒内空气,此外,混料过程中也有可能混入空气。

复原乳中空气含量过高往往容易形成泡沫,并易在杀菌过程中形成乳垢,在均质机中产生空穴作用;在发酵乳生产中导致乳清分离;同时增加脂肪氧化的可能性。因此,需要使用脱气装置或静置脱去复原乳中的空气,脱气装置如图2.20所示。

4）预热均质

混合后的原料在热交换器中加热到60~65 ℃,打入均质机,常用的均质压力为15~23 MPa。如果使用脱气机,考虑到脱气过程的热损失,把过滤后的乳加热到比均质温度高7~8 ℃,脱气后进行均质。要求均质后的脂肪球直径为1~2 μm,并加入适量乳化剂,通过

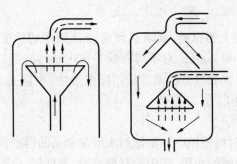

图 2.20　脱气装置

乳化作用可以使复原乳保持较好的稳定性。

5）杀菌、冷却

经均质的乳再回到热交换器中进行杀菌，而后在另一段进行冷却，打入贮罐贮存，以备后用或直接进入生产环节。

2.5.3　加工中的注意事项

1）原料

由于超高温灭菌不能破坏蛋白水解酶和脂肪水解酶，因此丙酮酸盐试验对超高温灭菌乳的生产来说非常重要。如果丙酮酸大量存在，会使超高温灭菌乳产生苦味。

在复原乳生产中，中低温的脱脂乳粉具有良好的风味，但中低温的脱脂乳粉的使用会缩短产品的保质期。

乳粉在复原过程中会经历最适合嗜热微生物生长的温度，因此乳粉中嗜热孢子数应低于 500 CFU/g，嗜热菌数应低于 5 000 CFU/g。同时应注意所选乳粉本身在生产中进行低热处理，以免在还原乳生产时出现沉淀。

水中过量的矿物质会危及复原乳的盐类平衡，影响蛋白质胶体的稳定性，最终导致产品出现蛋白凝固等质量问题。生产用水的电导率（25 ±1 ℃）小于 10 μS/cm。

2）水粉混合

应特别注意水、粉混合温度和时间，当水温从 10 ℃增加至 50 ℃过程中，乳粉的润湿性随之上升，在 50 ~ 100 ℃之间，润湿度不再增加且有可能下降。低温处理生产的乳粉比高温处理生产的乳粉更易于溶解，这主要是由于蛋白质更易于回复到其一般的水合状态。一般情况下新鲜的、高质量乳粉所需水合时间短。水合时间不充足可能导致最终产品出现沉淀等质量缺陷。

3）成品

生产中除添加甜味剂、增香剂、香精和防腐剂外，无需添加任何其他乳化、增稠等添加剂。此外，产品的 pH 值应控制在 6.8 ~ 7.2，以确保产品的稳定性。

任务 2.6　花色乳的加工

2.6.1　配方

巧克力风味乳配方

巧克力风味乳及饮料一般以鲜乳或乳粉为主要原料,然后加入糖、可可粉、稳定剂、香精、色素等,再经杀菌处理而制得。不经调酸,属中性产品。

巧克力乳及饮料中原料乳的含量从 35% ~95% 不等,其典型的配方见表 2.16。

表 2.16　巧克力乳及饮料配方

成　分	用　量/%	成　分	用　量/%
原料乳(复原乳)	35~95	香兰素或麦芽酚	适量
糖	6~8	香精	适量
可可粉	1~3	色素	适量
稳定剂	0.1~0.5		

2.6.2　工艺流程

花色乳加工工艺流程如下所示。

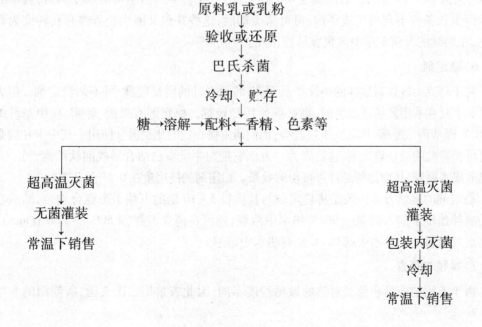

原料乳或乳粉

验收或还原

巴氏杀菌

冷却、贮存

糖→溶解→配料←香精、色素等

超高温灭菌	超高温灭菌
无菌灌装	灌装
常温下销售	包装内灭菌
	冷却
	常温下销售

2.6.3　操作要点

1)原料乳及乳粉的要求

原料乳必须经过严格检验,符合标准后才能用于产品的生产,具体要求及检验方法见项目1的内容。若采用乳粉还原乳进行生产,乳粉也必须符合标准,同时还应采用合适的设备进行还原。若原料乳或乳粉的蛋白质稳定性差,会影响设备的正常运转,并使产品出现沉淀、分层等质量问题。

2)乳粉还原

首先将水加热到45～50 ℃,然后通过乳粉还原设备进行乳粉的还原。待乳粉完全溶解后,停止罐内的搅拌器,让乳粉在45～50 ℃的温度下水合20～30 min。

3)巴氏杀菌

待原料乳检验完毕或乳粉还原后,进行巴氏杀菌,而后将乳液冷却至4 ℃。低温可使原料乳在此温度下仍可保持其卫生性。反之若不进行巴氏杀菌和冷却,就可能造成原料的巨大浪费。

4)糖处理

应先将糖溶解于热水中,然后煮沸15～20 min杀菌,过滤后备用。用时按比例加入到原乳中(产品配方设计中应考虑到糖处理时的加水量)。

5)可可粉的预处理

由于可可粉中含有大量的芽孢,同时含有许多颗粒,因此为保证灭菌效果和改进产品的口感,在加入到牛乳中前可可粉必须经过预处理。一般可可粉的质量不同,采用的热处理强度也不同。生产实践中,一般先将可可粉溶于热水中,然后将可可浆加热到85～95 ℃,保持20～30 min,最后冷却至4 ℃,再加入到牛乳中。由于可可浆受热后,其中的芽孢菌因生长条件不利而变成芽孢;可可浆冷却后,这些芽孢又因生长条件有利转变为营养细胞,在后续的灭菌工序中就很容易被杀死。

6)稳定剂

对于巧克力乳饮料这样的中性产品而言,若原料乳的质量较高,可不加稳定剂。但大多数情况下及在采用乳粉还原乳时,则必须使用稳定剂。稳定剂有果胶、琼脂、羧甲基纤维素(CMC)、藻酸丙二醇酯(PGA)、卡拉胶等,他们通常按一定的比例混合使用。其中卡拉胶是悬浮可可粉颗粒的最佳稳定剂,这是因为一方面它能与牛乳蛋白结合形成网状结构,另一方面它能形成水凝胶,从而达到悬浮可可粉的效果。稳定剂的使用量在0.1%～0.5%。

稳定剂的溶解方法一般是将稳定剂与其质量5～10倍的蔗糖干态混合均匀,然后在正常的搅拌速度下加入到80～90 ℃热水中溶解,还可在高速搅拌(2 500～3 000 r/min)下,将稳定剂缓慢加入冷水中或80 ℃左右热水中溶解。

7)香精与色素

由于不同的香精和色素对热的敏感程度不同,因此若采用二次灭菌,所使用的香精和色素应耐 121 ℃ 的温度；若采用超高温灭菌，所使用的香精和色素应耐 137～140 ℃ 的高温。

所有原辅材料都加入到配料罐中后，低速搅拌 15～25 min，以保证所有的物料混合均匀，尤其是稳定剂与香精、色素能均匀分散于乳中。

8）灭菌、脱气、均质、灌装

一般采用无菌包装技术需对物料进行 137 ℃，4 s 的超高温灭菌，然后进行无菌灌装。但巧克力乳饮料的灭菌强度较一般风味乳饮料要强，常采用 139～142 ℃，4 s 的灭菌条件。若采用二次灭菌技术，需对物料先进行灭菌处理，灌装后再采用 121 ℃，15～20 min 的灭菌条件进行二次灭菌。

采用超高温灭菌设备，应具备脱气和均质处理装置。通常均质前应先进行脱气，脱气后的温度一般为 70～75 ℃，此时再进行均质。通常采用两段均质工艺，压力分别为 20 MPa和 5 MPa。均质可放在灭菌前进行顺流均质，也可放在灭菌后进行逆流均质。一般来说，逆流均质产品的口感及稳定性较顺流均质要好，但操作比较麻烦，设备运行费用高，且操作不当容易引起二次污染。

9）冷却

灭菌和灌装后的产品应迅速冷却至 25 ℃ 以下，可以保证稳定剂如卡拉胶等有效发挥其作用。

2.6.4　加工中的注意事项

1）原料乳

原料乳的蛋白稳定性差将会导致产品产生沉淀或凝块等质量缺陷。生产中直接影响到灭菌设备的运转情况，使灭菌设备容易结垢，清洗次数增多，停机频繁，从而导致设备连续运转时间缩短、能耗增加及设备利用率降低。

原料中细菌总数高，其中的致病菌产生的毒素经灭菌后可能仍会有残留，从而影响到消费者的健康。

原料中的嗜冷菌数量过高，在贮藏过程中，这些细菌会产生耐热的酶类，灭菌后它仍有少量残余，从而导致产品在贮存过程中组织状态方面发生变化。

2）乳粉质量

若乳粉质量不好，如酸度过高、蛋白质稳定性不佳，势必影响到加工设备的性能，同时也是产品出现质量缺陷的主要原因。

3）可可粉质量

生产高品质的巧克力乳饮料，必须使用高质量的碱化可可粉。如果可可粉的 pH 与牛乳相差过大，加入后会引起牛乳 pH 的变化，从而影响到蛋白质的稳定性。同时为了保护均质机上的均质头，可可粉中的壳含量必须控制在一定范围内。表 2.17 为生产巧克力乳饮料所用可可粉的推荐标准。

表2.17　可可粉推荐标准

技术指标	标 准	技术指标	标 准
pH	6.8~7.2	霉菌数	<50 CFU/mL
粒度	99.5%通过200目	酵母菌	<50 CFU/mL
水分	<4.5%	大肠菌群	阴性
脂肪	10.0%~2.0%	嗜热芽孢总数	<200 CFU/mL
解酯酶活性	阴性	嗜温芽孢总数	<500 CFU/mL
细菌总数	<5 000 CFU/mL		

4）香精、色素质量

根据产品热处理情况的不同,分别选用不同的色素。尤其对于超高温灭菌产品来说,若选用不耐超高温的香精、色素,生产出来的产品风味很差,而且可能影响产品应有的颜色。

5）卡拉胶的用量

若卡拉胶用量过少,形成的网状结构的强度不足以悬浮可可粉的颗粒,也会引起沉淀。通过增加卡拉胶用量,此外也可通过添加一些盐类如柠檬酸三钠、磷酸氢二钠等来增强卡拉胶的作用。

2.6.5　常见产品质量缺陷及防止方法

1）沉淀

引起巧克力风味乳饮料产生沉淀的因素有很多,但通常由以下因素引起:

（1）可可粉的质量及用量

如果可可粉颗粒过大,那么卡拉胶形成的触变性凝胶就无法悬浮可可粉的颗粒;同样如果可可粉的用量过少,那么卡拉胶、可可粉颗粒、脂肪球及蛋白质之间形成的网状结构可能减弱,这样也无法悬浮可可粉的颗粒。因此,一般可可粉的用量为1%~3%。同时应使用高质量的可可粉,其中大于75 μm的颗粒总量应小于0.5%。

（2）蛋白质和脂肪含量

若牛乳中蛋白质和脂肪含量过低,则卡拉胶形成的触变性凝胶的强度弱,无法悬浮可可粉颗粒导致沉淀。可以通过增加蛋白质和脂肪含量或增加卡拉胶用量来解决。

（3）可可粉的预处理

若可可粉的预处理方法不当,可可粉在加入牛乳前没有充分吸水润湿,则可可粉的颗粒可能导致灭菌不彻底以及产品沉淀。

（4）灌装温度

通常卡拉胶在30 ℃以下才能形成凝胶(最好为25 ℃),因此,若灭菌后不及时将饮料温度降至25 ℃以下,则需很长时间(尤其在夏季)才能从灌装时的30 ℃以上冷却至25 ℃

以下。因此,在形成网状结构之前,可可粉等颗粒就可能已经沉淀于包装的底部,则卡拉胶就起不到其悬浮作用。

综上所述,影响可可粉沉淀的原因比较复杂,生产时需要科学处理,应选用优质原料,合理使用乳化剂和胶体,同时科学确定生产工艺和配方,才能有效防止可可粉沉淀,确保巧克力风味乳更加稳定,风味更佳。

2)凝块

造成巧克力乳饮料凝块的因素有:

(1)原料乳质量

若原料乳质量差,特别是蛋白质的稳定性差,巧克力乳饮料就可能产生沉淀或凝块等缺陷。

(2)稳定剂用量

若可可乳中卡拉胶或稳定剂用量过多,那么卡拉胶将形成真正的凝胶,而不是触变性凝胶。

(3)热处理强度

若热处理过度,蛋白质稳定性就会降低,巧克力乳饮料会结块,外观看起来就像发酵乳制品一样。实际生产中,应尽可能减少加热介质和产品之间的温差,从而降低产品热处理的强度。需要注意的是采用不同的热处理(如二次灭菌和超高温处理)生产巧克力乳饮料,所使用的稳定剂类型及用量有所不同。

任务 2.7 调配型酸性含乳饮料的加工

2.7.1 配方

调配型酸性含乳饮料一般以鲜乳或乳粉为主要原料,添加乳酸或柠檬酸、糖、稳定剂、香精、色素等辅料,有时根据产品需要加入一些维生素和矿物质,如维生素 A、维生素 D 和钙盐等。典型的调配型酸性含乳饮料的配料见表 2.18。

表 2.18 调配型酸性含乳饮料配方

原材料名称	用 量	原材料名称	用 量
鲜乳(或乳粉)	30%(4.2%)	果汁或果味香精	适量
蔗糖	8% ~10%	色素	适量
稳定剂	0.35% ~0.6%	柠檬酸	调 pH 至 3.8 ~4.2
柠檬酸钠	0.5%		

2.7.2　工艺流程

调配型酸性含乳饮料具体的生产工艺流程如下：

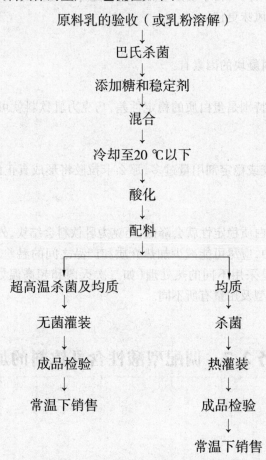

原料乳的验收（或乳粉溶解）

↓

巴氏杀菌

↓

添加糖和稳定剂

↓

混合

↓

冷却至20 ℃以下

↓

酸化

↓

配料

超高温杀菌及均质　　　　　均质

↓　　　　　　　　　　　↓

无菌灌装　　　　　　　　　杀菌

↓　　　　　　　　　　　↓

成品检验　　　　　　　　　热灌装

↓　　　　　　　　　　　↓

常温下销售　　　　　　　　成品检验

↓

常温下销售

2.7.3　操作要点

1)原料

（1）原料乳

同巧克力乳饮料，并将鲜乳或乳粉还原乳进行巴氏杀菌。

（2）水

水质状况对产品稳定性至关重要。用水一定要进行软化处理，否则水硬度过高，会引起蛋白质的凝固，影响产品的稳定性。

（3）稳定剂的添加

同巧克力乳饮料。

2)混合及冷却

将稳定剂溶液、糖溶液等加入巴氏杀菌乳中，混和均匀后，再冷却至20 ℃以下。

3）酸化

酸化过程是调配型酸性含乳饮料生产中最重要的步骤,成品的品质很大程度上取决于此调酸过程。生产过程中操作要点如下:

①为得到最佳的酸化效果,酸化前应将牛乳的温度降至20 ℃以下。

②为保证酸溶液与牛乳充分均匀地混合,混料罐应配备一只高速搅拌器(2 500 ~ 3 000 r/min)。同时,酸液应缓慢地加入到配料罐内的湍流区域,以保证酸液能迅速、均匀地分散于牛乳中。加酸过快会使酸化过程形成的酪蛋白颗粒粗大,产品易产生沉淀。若工厂有条件,可将酸液薄薄地喷洒到牛乳的表面,同时进行充分的搅拌,以保证牛乳的界面能不断更新,从而得到较缓和的酸化效果。

③为易于控制酸化过程,在使用前应先将酸配制成10% ~20%的稀酸溶液。

④同时在酸化前加入一些缓冲盐类如柠檬酸钠等,来增加盐类的平衡,提高蛋白的稳定性。

4）配料

酸化过程结束后,将香精、色素等配料加入到已酸化的牛乳中,同时对产品进行标准化。

5）杀菌、均质及灌装

由于调配型酸性含乳饮料的 pH 一般在3.8 ~4.2,属于高酸食品,其杀灭的对象菌为霉菌和酵母菌。故采用高温短时的巴氏杀菌即可达到商业无菌。理论上说,采用95 ℃, 30 s的杀菌条件即可,但考虑到各个工厂的卫生情况及操作情况,大多数工厂通常对无菌包装的产品采用105 ~ 115 ℃,15 ~ 30 s 的杀菌公式。也有一些厂家采用110 ℃,6 s 或 137 ℃,4 s 的杀菌公式。对包装于塑料瓶中的产品来说,通常在灌装后,再采用95 ~98 ℃, 20 ~ 30 min 的水浴杀菌。

杀菌设备中一般都有脱气和均质处理装置,均质也是防止蛋白质沉淀的一个重要因素,常用的均质压力为20 MPa。最后进行无菌灌装。

6）成品稳定性的检验

采用以下几种方式可以检测成品的稳定性是否良好:一是在玻璃杯的内壁上倒少量饮料成品,若形成了像牛乳似的细腻均匀的薄膜,则证明产品质量是稳定的;二是取少量产品放在载玻片上,用显微镜观察。若视野中观察到的颗粒很小且分布均匀,表明产品是稳定的;若观察到有大的颗粒,表明产品在贮藏过程中是不稳定的;三是取 10 mL 的成品放入带刻度的离心管内,经 2 500 r/min 转速离心 10 min。离心结束后,观察离心管底部的沉淀量。若沉淀量低于1%,证明该产品是稳定的,否则产品不稳定。

2.7.4 加工中的注意事项

1）原料乳及乳粉的质量

由于受酸的影响,调配型酸性含乳饮料对乳粉或原料乳的要求尤其高。酪蛋白要有较高的稳定性,乳粉的细菌总数应控制在 10 000 CFU/g。

2)稳定剂的种类和质量

由于果胶是一种聚半乳糖醛酸果胶,通常果胶对酪蛋白颗粒具有最佳的稳定性,是酸性蛋白饮料最适宜的稳定剂。它的分子链在 pH 为中性和酸性时带负电荷,因此当将果胶加入到酸乳中时,它会附着于酪蛋白颗粒的表面,使酪蛋白颗粒带负电荷。由于同性电荷互相排斥,可避免酪蛋白颗粒间相互聚合成大颗粒而产生沉淀。考虑到果胶分子在使用过程中的降解趋势以及它在 pH =4 时稳定性最佳,因此建议将配料的 pH 调整到 3.8~4.2。

但考虑到果胶成本较高,现国内厂家通常采用其他稳定剂与果胶的混合物作为稳定剂,如耐酸的羧甲基纤维素(CMC)、黄原胶和海藻酸丙二醇酯(PGA)等。在实际生产中,两种或三种稳定剂混和使用比单一使用效果好,使用量根据产品的酸度、蛋白质含量的增加而增加。在酸性含乳饮料中,稳定剂的用量一般控制在1%以下,并且要保证充分溶解。

3)水的质量

实际生产中要求使用软水,否则会影响饮料的口感,也易造成蛋白质沉淀、分层。有关水质要求详见软饮料用水标准。

4)酸的种类

调配型酸性含乳饮料可以使用柠檬酸、乳酸和苹果酸作酸味料,且以用乳酸生产出的产品的质量最佳。但由于乳酸为液体,运输不便,价格较高,因此一般采用柠檬酸与乳酸的混和酸溶液作酸味料。

2.7.5　常见的质量问题及解决办法

1)沉淀及分层

沉淀是调配型酸性含乳饮料生产中最为常见的质量问题,主要成因如下:

(1)选用的稳定剂不合适

选用的稳定剂不合适,即所选稳定剂达不到应有的效果。为解决此问题,可考虑采用果胶或果胶与其他稳定剂复配使用。一般采用纯果胶时,用量为 0.35%~0.6%,但具体的用量和配比必须通过实验来确定。

(2)酸液浓度过高

调酸时,若酸液浓度过高,就很难保证在局部牛乳与酸液能良好地混合,从而使局部酸度过大,导致蛋白质沉淀。解决的办法是酸化前,将酸稀释为 10%~20% 的溶液,同时,也可在酸化前加入柠檬酸钠等缓冲盐类。

(3)调配罐内搅拌器的搅拌速度过低

搅拌速度过低,就很难保证整个酸化过程中酸液与牛乳能均匀地混合,从而导致局部 pH 过低,产生蛋白质沉淀。因此,为生产出高品质的调配型酸性含乳饮料,车间内必须配备一台带高速搅拌器的配料罐。

(4)调酸过程加酸过快

加酸速度过快,可能导致局部牛乳与酸液混合不均匀,从而使形成的酪蛋白颗粒过大,就很难保持酪蛋白颗粒的悬浮性,因此整个调酸过程加酸速度不易过快。

2)产品口感过于稀薄

有时生产出来的酸性含乳饮料喝起来像淡水一样,给消费者的感觉是厂家偷工减料。造成此类问题的原因是乳粉的热处理不当或最终产品的总固形物含量过低,因此,生产前应确认是否采用了品质合适的乳粉及杀菌前检测产品的固形物含量是否符合标准。

2.7.6 含乳饮料国家质量标准(GB 21732—2008)

1)感官指标(见表2.19)

表2.19 含乳饮料感官指标

项 目	要 求
滋味和气味	特有的乳香滋味和气味或具有与加入辅料相符的滋味和气味;发酵产品具有特有的发酵芳香滋味和气味;无异味
色泽	均匀乳白色、乳黄色或带有添加辅料的相应色泽
组织状态	均匀细腻的乳浊液,无分层现象,允许有少量沉淀,无正常视力可见外来杂物

2)理化指标(见表2.20)

表2.20 含乳饮料理化指标

项 目	配制型含乳饮料	发酵型含乳饮料	乳酸菌饮料
蛋白质[a]/[g·(100 g)$^{-1}$] ≥	1.0	1.0	0.7
苯甲酸[b]/(g·kg^{-1}) ≤	—	0.03	0.03

注:a 含乳饮料中的蛋白质应为乳蛋白质。

b 属于发酵过程产生的苯甲酸;原辅料中带入的苯甲酸应按 GB 2760 执行。

3)乳酸菌指标

未杀菌(活菌)型发酵型含乳饮料及未杀菌(活菌)型乳酸菌饮料的乳酸菌活菌数指标应符合表2.21的规定。

表2.21 乳酸菌活菌数指标

检验时期	未杀菌(活菌)型发酵型含乳饮料	未杀菌(活菌)型乳酸菌饮料
出厂期	≥1×10^6 CFU/mL	
销售期	按产品标签标注的乳酸菌活菌数执行	

4)卫生指标

配制型含乳饮料的卫生指标应符合 GB 11673 的规定;发酵型含乳饮料及乳酸菌饮料的卫生指标应符合 GB 16321 的规定。

项目小结)))

液态乳是以指以新鲜牛(羊)乳或复原乳为主要原料,经有效杀菌和其他工艺处理后,以液体形式供消费者食用的液态乳制品。根据国际乳业联合会(IDF)的定义,液态乳是巴氏杀菌乳、灭菌乳和酸乳三类乳制品的总称,习惯上也将含乳饮料归属为此类产品。通过本章学习了解灭菌乳的加工原理、ESL乳的加工原理、复原乳的加工技术、无菌包装的概念及要求;掌握巴氏杀菌乳、超高温灭菌乳、中性含乳饮料以及调配型酸性含乳饮料的生产技术及质量控制。

复习思考题)))

1. 巴氏杀菌乳与灭菌乳的特点各是什么?
2. 巴氏杀菌乳生产的工艺及质量控制是什么?
3. 乳品工业中常用的杀菌方法有哪些?
4. 均质处理在液态乳的生产中有什么意义?
5. 灭菌乳生产的理论依据是什么?
6. 灭菌乳生产的工艺及质量控制是什么?
7. 怎样保证无菌灌装时的卫生性?
8. 含乳饮料的种类及其特点是什么?
9. 巧克力乳饮料加工要点是什么?
10. 调配型酸性含乳饮料的加工要点是什么? 怎样控制蛋白质沉淀?
11. 简述稳定剂正确的溶解方法。
12. 怎样检查酸性含乳饮料的稳定性?

项目3
冷冻乳制品的加工

知识目标

◎ 了解冰淇淋生产的原辅料及其作用；

◎ 掌握冰淇淋、雪糕、冰棍等冷饮的生产工艺流程和操作要点；

◎ 能够熟练使用加工冰淇淋、雪糕、冰棍等冷饮的相关仪器和设备；

◎ 掌握冰淇淋常见的质量缺陷及其控制方法。

技能目标

◎ 能完成常见冷冻乳品的生产方法，常见质量缺陷及其控制方法；

◎ 能够设计冰淇淋、雪糕、冰棍等冷饮的配方；

◎ 能够独立完成冰淇淋、雪糕、冰棍等冷饮的品质检验工作。

任务 3.1 知识链接

3.1.1 冷冻乳制品的概念及分类

冷冻乳制品简称冷饮,又称冷冻固态饮料,是以饮用水、甜味剂、乳制品、果品、豆品、食品油脂等为主要原料,加入适量的香精香料、着色剂、稳定剂、乳化剂等食品添加剂,经配料、均质、杀菌、凝冻而成的冷冻固态饮品。根据冷冻饮品的工艺及成品特点将其分为六大类:冰淇淋、雪糕、冰棍、雪泥、食用冰和甜味冰。

1)冰淇淋

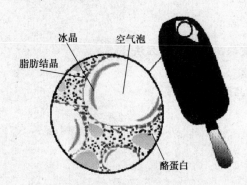

图 3.1 冰淇淋组织结构

冰淇淋又称冰激凌,是以饮用水、牛奶、奶粉、奶油(或植物油脂)、食糖等为主要原料,加入适量食品添加剂,经混合、灭菌、均质、老化、凝冻、硬化等工艺而制成的体积膨胀的冷冻饮品。

冰淇淋的物理结构(如图 3.1 所示)较为复杂,由液、气、固三相构成。气泡包围着冰的结晶连续向液相中分散,在液相中含有固态的脂肪、蛋白质、不溶性盐类、乳糖结晶、稳定剂、溶液状的蔗糖、乳糖、盐类等。

冰淇淋的种类很多,其分类方法各异,现将几种常见的分类方法介绍如下。

(1)按含脂率高低分类

高级奶油冰淇淋,含 14%～16% 脂肪,38%～42% 总固形物;奶油冰淇淋,含 10%～12% 脂肪,为中脂冰淇淋,34%～38% 总固形物;牛奶冰淇淋,含 6%～8% 脂肪,32%～34% 总固形物。

(2)按冰淇淋的组织结构分类

清型冰淇淋,指单一风味的冰淇淋,不含颗粒或块状辅料,如奶油冰淇淋、香草冰淇淋等;混合型冰淇淋,含有颗粒或块状辅料的制品,如葡萄干冰淇淋、菠萝冰淇淋等;组合型冰淇淋,与其他种类冷冻饮品或巧克力、饼坯等组合而成的制品,其中主体冰淇淋的比率不低于 50%,如白巧克力冰淇淋、蛋卷奶油冰淇淋等。

(3)按冰淇淋的组分分类

完全用乳制品制备的冰淇淋;含有植物油脂的冰淇淋;添加了乳脂肪和非脂乳固体的果汁制成冰淇淋;由水、糖和浓缩果汁生产的冰棍类,基本不含乳脂肪。

(4)按冰淇淋的外形形状分类

砖形冰淇淋,将冰淇淋包装在六面体纸盒中,冰淇淋外形如长方形砖状,有单色、双色和三色;圆柱形冰淇淋,长圆柱状,一般圆面直径和圆柱高度比例适宜,外形协调,同时也防止因环境温度升高而融化；锥形冰淇淋，将冰淇淋包装在如蛋筒状锥形容器中硬化而成；杯形冰淇淋，将冰淇淋包装在如倒立圆台形纸杯或塑料容器中硬化而成；异形冰淇淋，将冰淇淋包装在形状各异的异形容器中硬化而成。

（5）按冰淇淋的软硬度分类

①软质冰淇淋　冰淇淋经适度凝冻后，现制现售，供现食。在 $-3 \sim -5$ ℃下制造，因此含有大量的未冻结水，其脂肪含量和膨胀率相当低。一般膨胀率为 30%~60%，凝冻后不再速冻硬化。

②硬质冰淇淋　在 -25 ℃或更低的温度下搅拌凝冻的冰淇淋，经包装后再低温速冻而成。未冻结水的量少，因此它的质地很硬。通常使用小包装，有时包裹巧克力外衣。硬质冰淇淋有较长的货架期，一般可达数月之久，膨胀率为 100% 左右。

（6）按使用不同香料分类

按使用不同香料可分为香草冰淇淋、巧克力冰淇淋、咖啡冰淇淋、薄荷冰淇淋等。其中以香草冰淇淋最为普遍，巧克力冰淇淋其次。

（7）按所加的特色原料分类

按所加的特色原料可分为果仁冰淇淋、布丁冰淇淋、水果冰淇淋、糖果冰淇淋、巧克力冰淇淋、酸奶冰淇淋、豆乳冰淇淋、蔬菜冰淇淋、啤酒冰淇淋、果酒冰淇淋等。

（8）按添加物所处位置分类

①涂层冰淇淋　将凝冻后分装而未外包装的冰淇淋蘸于特制的物料中，可在冰淇淋外部包裹一种外层，如巧克力冰淇淋。

②夹心冰淇淋　将凝冻后分装硬化而中心未硬化的冰淇淋，通过吸料工艺，再加入其他浆料，再硬化而成。

2）雪糕

雪糕是以饮用水、乳品、蛋品、甜味料、食用油脂等为主要原料，添加适量增稠剂、香精、着色剂等食品添加剂，经混合、灭菌、均质、老化或轻度凝冻、注模、冻结等工艺制成的带棒或不带棒的冷冻产品。雪糕的总固形物、脂肪含量较冰淇淋低。

根据产品的加工工艺不同，雪糕可分为清型雪糕、混合型雪糕和组合型雪糕。清型雪糕是不含颗粒或块状辅料的制品，如橘味雪糕。混合型雪糕是含有颗粒或块状辅料的制品，如葡萄干雪糕、菠萝雪糕等。组合型雪糕是指与其他冷冻饮品或巧克力等组合而成的制品，如白巧克力雪糕、果汁冰雪糕等。按雪糕中脂肪含量不同，雪糕可分为高脂型雪糕、中脂型雪糕和低脂型雪糕。

3）冰棍

冰棍也称棒冰、冰棒和雪条，是以饮用水、甜味料为主要原料，加入适量增稠剂、着色剂、香料等食品添加剂，或再添加豆品、乳品等，经混合、杀菌、冷却、浇模、插扦、冻结、脱模、包装等工艺制成的带扦的冷冻饮品。

冰棍与雪糕的制造过程和生产设备基本上是相同的，只是其混合料成分不同，因此，所制成的产品在组织、风味上有所差别。雪糕总干物质含量较冰棍高 40%~60%，并含有 2% 以上的脂肪，因此，其所制成的产品风味与组织较冰棍肥美可口。

冰棍按其组织成分和风味可分为以下几类。

（1）果味冰棍

果味冰棍是用甜味剂、稳定剂、食用酸、香精及食用色素等配制冻结而成。有橘子、柠檬、香蕉、菠萝、苹果、杨梅、牛奶、咖啡、沙司等品质。

（2）果汁冰棍

果汁冰棍是用甜味剂、稳定剂、各种新鲜果汁或干果汁以及食用色素等配制冻结而成。有橘子、柠檬、菠萝、杨梅、山楂等品种。

（3）果泥冰棍

果泥冰棍是用甜味剂、稳定剂、果泥、香料以及食用色素等配制冻结而成。

（4）果仁冰棍

果仁冰棍是用甜味剂、稳定剂、磨碎的果仁、香料以及食品色素等配制冻结而成。有咖啡、可可、杏仁、花生等品种。

（5）豆类冰棍

豆类冰棍是用甜味剂、稳定剂、豆类、香料以及食用色素等配制冻结而成。有赤豆、绿豆、青豌豆等品种。

（6）盐水冰棍

盐水冰棍是在豆类或果味冰棍混合原料中，加入适量的精盐（一般为 0.1% ~ 0.3%）冻结而成，适用于夏季高温作业工人消暑解渴用。

冰棍按其加工工艺不同，可分为清型冰棍、混合型冰棍、夹心型冰棍、拼色型冰棍、涂布型冰棍等。

4）雪泥

雪泥（冰霜）是用饮用水、甜味剂、果汁、果品、少量牛奶、淀粉等为原料，添加适量的稳定剂、香料、着色剂等食品添加剂，经混合、灭菌、凝冻等工艺而制成的一种泥状或细腻冰屑状的冷冻饮品。其特殊加工工艺为杀菌与添加色素、冷却与添加香精及果汁、凝冻与加入果肉、包装储藏。

5）甜味冰

甜味冰是以饮用水、食糖等为主要原料，可添加适量食品添加剂，经混合、灭菌、灌装、硬化等工艺制成的冷冻饮品，如甜橙味甜味冰、菠萝味甜味冰等。

6）食用冰

食用冰是以饮用水为原料，经灭菌、注模、冻结、脱模，包装等工艺制成的冷冻饮品。

3.1.2 冷冻乳制品加工常用的原辅料

冷冻乳制品要求具有鲜艳的色泽、饱满自然的香气、润滑的口感和细腻的组织结构等特点，而这些与各种原辅料的质量有着很大的关系。用于冷冻乳制品生产的原辅料很多，主要有饮用水、甜味剂、乳制品、食用油脂、填充料、稳定剂、乳化剂、香料及其着色剂等。

1）水

水是冷冻乳制品生产中不可缺少的一种重要原料。冷冻乳制品一般含有 60% ~ 90% 的水，包括添加水和其他原料水，如鲜牛奶、植物乳、炼乳、稀奶油、果汁、鸡蛋等。冷冻乳制品用水要符合国家生活饮用水卫生标准(GB 5749)的要求。

2)脂肪

乳与乳制品是冷冻乳制品中脂肪和非脂乳固体的主要来源。配制冷冻乳制品所用的乳与乳制品主要包括鲜牛乳、脱脂乳、稀奶油、奶油、甜炼乳、全脂乳粉等。

脂肪能赋予冷冻乳制品特有的芳香风味、润滑的组织、良好的质构及保型性。脂肪含量高的冷冻制品,可以减少稳定剂的使用量,还可以增进冷冻乳制品的风味,抑制水分结晶的粗大化,使成品有柔润细腻的感觉,脂肪球经过均质处理后,比较大的脂肪球被破碎成许多细小的颗粒。由于这一作用,可使冷冻乳制品混合料的黏度增加,在凝冻搅拌时增加膨胀率。脂肪的品质与质量直接影响到冷冻乳制品的组织形体、口融性、滋味和稳定性。冷冻乳制品用脂肪最好是鲜乳脂,若乳脂缺乏,则可用奶油或人造奶油代替。在冰淇淋中,乳脂肪的用量一般为 6% ~ 12%,最高可达 16%。雪糕中含量在 2% 以上。如使用量低于此范围,不仅影响冰淇淋的风味,而且使冰淇淋的发泡性降低。若高于此范围,就会使冰淇淋、雪糕成品形体变得过软。乳脂肪的来源有稀奶油、奶油、鲜奶、炼乳、全脂奶粉等。但由于乳脂肪价格昂贵,多数生产企业为了降低成本,目前普遍使用相当量的植物脂肪来取代乳脂肪,主要有起酥油、人造奶油、棕榈油、椰子油等,其熔点性质应类似于乳脂肪,为 28 ~ 32 ℃。

3)非脂乳固体

非脂乳固体是牛乳总固形物除去脂肪而所剩余的蛋白质、乳糖及矿物质的总称。其中蛋白质对冷冻乳制品的特性有很大的影响,包括乳化性、搅打性和持水性。混合物料中蛋白质的乳化能力在于均质过程中它与乳化剂一同在小脂肪球表面形成稳定的薄膜,确保油脂在水中的乳化稳定性;蛋白质的搅打性有助于混合物料中初始气泡的形成,同时在凝冻过程中促使空气很好地混入;蛋白质的持水性能使混合料黏度增加,有助于提高冷冻乳制品的质构,增加其抗溶性和减小冰晶体的体积。乳糖的柔和甜味及矿物质的隐约盐味,将赋予制品显著的风味特征。一般非脂乳固体的推荐最大用量不超过制品中水分的 16.7%,限制非脂乳固体的使用量的主要原因在于防止其中的乳糖呈过饱和而逐渐结晶析出砂状沉淀。非脂乳固体可以由鲜牛乳、脱脂乳、乳酪、炼乳、乳粉、酸乳、乳清粉等提供,冷冻乳制品中的非脂乳固体,以鲜牛乳及炼乳为最佳。若全部采用乳粉或其他乳制品配制,由于其蛋白质的稳定性较差,会影响组织的细致性与冰淇淋、雪糕的膨胀率,易导致产品收缩,特别是溶解度不良的乳粉,则更易降低产品质量。

4)食用油脂

在冷冻乳制品生产中,为了降低生产成本可使用人造奶油、硬化油和其他植物油代替乳脂肪。

(1)人造奶油

人造奶油又称麦淇淋(margarin),外观和风味与奶油相似,是天然奶油的替代品。它是以精制食用油,添加水及其他辅料,经混合、杀菌、乳化等工艺,再经冷却、成熟而成的具有天然奶油特色的可塑性制品。一般以动植物油脂及硬化油以适当比例相混合,再加入适量色素、乳化剂、香精、防腐剂等经搅拌乳化制成。人造奶油脂肪含量在 80% 以上,水分在 16% 以下,食盐不超过 4%,具体指标见表 3.1。

表3.1　人造奶油质量指标

项　目		指　标	
		A 型	B 型
酸价/(mgkOH·g⁻¹)	≤	1.0	
过氧化值/(meq·kg⁻¹)	≤	10	10
脂肪含量/%	≥	80	75
水分/%	≤	16	20
食盐含量/%	<	3	3
熔点(油相)/℃		28	28

（2）硬化油

硬化油又称氢化油,是用不饱和脂肪酸含量较高的棉子油、鱼油等植物油,经过脱酸、脱色、脱臭等工序精炼,再经氢化而得。硬化油的熔点一般为38～46℃,不但自身的抗氧化性能提高,而且还具有熔点高、硬度好、气味纯正、可塑性强的优点,很适合用作提高冷冻乳制品含脂量的原料。

（3）棕榈油与棕榈仁油

棕榈油和棕榈仁油盛产于东南亚,马来西亚是棕榈果最大的种植基地。棕榈果一串串生长在棕榈树上,每一串上大约有2 000个棕榈果,通过加工可以在棕榈果中得到两种不同的产品——棕榈油与棕榈仁油。

棕榈油是由鲜棕榈果实中的果皮(脂肪含量30%～70%)经加工后取得的脂肪,色泽为深黄色,常温下呈半固态,经氢化或高温处理,油脂的颜色变浅。油脂中的脂肪酸主要是棕榈油与油酸。棕榈油经精致加工后可用于烹调或食品加工,营养成分见表3.2。由棕榈果中的果仁(脂肪含量40%～50%)加工后取得的脂肪称为棕榈仁油。棕榈仁油中所含的脂肪酸多为月桂酸、豆蔻酸。棕榈仁油经精制后也可用于烹调或食品加工。

表3.2　棕榈油的营养成分（100 g中）

项　目	成　分
水分	—
脂肪含量/%	100
视黄醇含量/μg	18
总维生素 E 含量/mg	15.24
钠含量/mg	1.3
铁含量/mg	3.1
锰含量/mg	0.01
锌含量/mg	0.08
磷含量/mg	8.00

由于棕榈油与棕榈仁油价格便宜、气味纯正,含有一定有利于人体生长发育、延缓衰老功用的维生素 E 和高含量的 β-胡萝卜素,具有一定的可塑性,在冷冻乳制品生产中广泛应用（在植脂冷冻乳制品中应用最多）。棕榈油的熔点为24～33℃。经过氢化工艺后制成的

氢化棕榈油熔点为 32 ~ 35 ℃。

（4）椰子油

椰子为棕榈科热带木本油料之一，原产于巴西、马来群岛和非洲，全世界有 80 多个热带国家都种植，我国分布在福建、广东、台湾和云南的部分地区。椰子油为椰子果的胚乳经碾碎烘蒸所榨取的油。椰子油中含有高达 90% 以上的饱和脂肪酸，可挥发性脂肪酸含量 15% ~ 20%。椰子油的熔点为 20 ~ 28 ℃，风味清淡，用于制作冷冻乳制品口感清爽，但其抗融性较差，可塑性范围很窄。但氢化后熔点提高到 34 ℃，可提高其保形性。具体见表 3.3。

表 3.3　椰子油的指标

相对密度 d(20 ℃/4 ℃)	0.920 0 ~ 0.926 0
折射率	约 1.450 0
熔点/℃	20 ~ 28
凝固点/℃	14 ~ 25
脂肪酸凝固点/℃	20.4 ~ 23.5
碘值/[$g_{碘}$ · (100 $g_{油}$)$^{-1}$]	8 ~ 11
皂化值/(mgKOH · $g_{油}$)	254 ~ 262
总脂肪酸含量/%	86 ~ 92
不皂化物含量/%	<0.5
脂肪酸平均相对分子质量	196 ~ 217

5）蛋与蛋制品

冷冻乳制品生产早期已采用蛋与蛋制品作为原料，主要因为这些原料富含卵磷脂，能使冷冻乳制品形成永久性的乳化能力，同时蛋黄亦可起稳定剂的作用。蛋与蛋制品能提高冷冻乳制品的营养价值，改善其组织结构、状态及风味。

（1）鸡蛋

鸡蛋由蛋壳、蛋白、蛋黄三部分组成，蛋壳大约占 11.5%，蛋白占 58.5%，蛋黄占 30% 左右。蛋白占鸡蛋中多半比例，鸡蛋白本身也是一种发泡性很好的物质，在冷冻乳制品生产中也能赋予料液较好的搅打性和蜂窝效果。蛋黄中卵磷脂能赋予冷冻乳制品较好的乳化能力。鸡蛋内各成分含量见表 3.4。

表 3.4　鸡蛋内各成分含量

项　目	水　分	脂　肪	蛋白质	糖　分	灰　分
全蛋	73	11.0 ~ 11.5	14.5 ~ 15.0	0.5	1.2
蛋白	84 ~ 86	0.2 ~ 0.4	11.0 ~ 12.5	0.8 ~ 0.9	0.6 ~ 0.8
蛋黄	49 ~ 52	31 ~ 32	16.0 ~ 16.7	0.2	1.0 ~ 1.5

蛋白溶于水后,加热会使蛋白质凝固成絮状,在冷冻乳制品使用中,首先需将鲜鸡蛋去壳后用搅拌器打发,完全水和后加入凉水或温水中,再进行加热、杀菌,禁止直接将去壳后的鲜鸡蛋或打发后的蛋液加入到55 ℃以上的料液中。

鲜鸡蛋在生产中难于运输及加工处理受到局限,冷冻乳制品生产中也经常会用到蛋制品,但用鲜鸡蛋制造冷冻乳制品成本比用蛋制品低,而且生产出来的冷冻乳制品膨胀率高、风味好,目前相当一部分厂家在用鲜鸡蛋。鲜鸡蛋常用量为1% ~2%,若用量过多,则有蛋腥味产生。

(2)蛋制品

蛋制品主要包括冰全蛋、冰蛋黄、全蛋粉和蛋黄粉。冰全蛋是由新鲜鸡蛋经照单质检、消毒处理、打蛋去壳、蛋液过滤、巴氏杀菌、冷冻制成的。冰蛋黄是用分离出来的蛋黄巴氏杀菌、冷冻制成的。全蛋粉和蛋黄粉系指由新鲜鸡蛋经照单质检、消毒处理、打蛋去壳、蛋液过滤、喷雾干燥而制成的蛋制品及用分离出来的鲜蛋黄经加工处理和喷雾干燥制成的蛋制品。蛋制品的常用量为0.3% ~0.5%。

6)甜味剂

冷冻乳制品生产中使用的甜味剂主要有蔗糖、淀粉糖浆、葡萄糖、果葡糖浆及糖精钠、环己基氨基磺酸钠、天冬酰苯胺酸甲酯、乙酰磺胺酸钾、三氯蔗糖等。这些甜味剂由于其功能特性不同,有的仅是给冷冻乳制品提供甜味的呈味物质;有的既是呈味物质,同时又是冷冻乳制品的主要组成成分物质,能影响冷冻乳制品的组织结构,比如蔗糖、淀粉糖浆、葡萄糖、果葡糖浆,它们使用的多少对冷冻乳制品的组织状态、口感、保形性都有很大的影响。

甜味剂甜味的高低称为甜度,甜度是衡量甜味剂的重要指标。通常对各种甜味剂甜度的衡量是以蔗糖为参照,一般将蔗糖的甜度定为100,它与其他甜味剂的甜度对比见表3.5。

表3.5 甜味剂的甜度对比

名　称	蔗　糖	三氯蔗糖	果葡糖浆	蛋白糖	高麦芽糖浆	环己基氨基磺酸钠
甜味	100	60 000	100	5 000	30	4 800
名　称	淀粉糖浆	葡萄糖粉	糖精钠	山梨糖醇	乙酰磺胺酸钾	天冬酰苯丙氨酸甲酯
甜味	40	70	30 000 ~50 000	50 ~80	20 000	20 000

(1)蔗糖

蔗糖也称白砂糖,白色颗粒状,相对密度为1.595,熔点185 ~186 ℃,易溶于水。冰淇淋生产中最常用的甜味剂是蔗糖,一般用量为12% ~16%,过少会使制品甜味不足,过多则缺乏清凉爽口的感觉,并使料液冰点降低(一般增加2%的蔗糖则其冰点相对降低0.22 ℃),凝冻时膨胀率不易提高,易收缩,成品容易融化。蔗糖还能影响料液的黏度,控制冰晶的增大。

(2)葡萄糖浆

葡萄糖浆也叫液体葡萄糖,是由玉米淀粉水解(酸解、酶解)后加工制成的一种无色透明、黏稠的液体,主要成分为葡萄糖、麦芽糖、糊精及水的混合物。冷冻乳制品生产中常用

DE 值为 42 的糖浆,通常使用量为 5.5%～10%。DE 值又称糖化率,是指玉米淀粉在生产过程中转化的程度。葡糖糖浆能增加冷冻乳制品混合料的黏度;同时,定量的还原糖是理想的抗结晶物质和填充料。但糖浆加入过多会使物料的冰点降低,影响冷冻乳制品的保形性及抗融性。

(3)果萄糖浆

果萄糖浆是由淀粉制成葡萄糖,再经异构化反应部分转变为果糖,为葡萄糖和果糖的混合糖浆,是一种无色、澄清、透明、甜味纯正的黏稠液体。果葡糖浆的甜度随其中果糖含量的多少而异。异构转化率为 40% 的果葡糖浆甜度与蔗糖相同,果糖和葡萄糖的相对分子质量比蔗糖小得多,具有较高的渗透压。果葡糖浆易于溶解,比蔗糖稳定,在冷冻乳制品生产中可部分替代蔗糖。

(4)葡萄糖粉

葡萄糖粉是葡萄糖的结晶体。结晶的葡萄糖易溶于水,口感清爽,但吸水性不强。

(5)高麦芽糖浆

高麦芽糖浆是一种麦芽糖含量高、葡萄糖含量低的中等转化糖浆。高麦芽糖浆是淀粉的深加工转化产品,浓缩商品高麦芽糖浆固形物浓度在 75% 以上。

(6)山梨糖醇

山梨糖醇又称山梨醇,由葡萄糖氢化还原制得,为白色吸湿性粉末或晶状粉末。山梨糖醇具有清凉的甜味,有吸湿性、保湿性、可防止糖、盐结晶析出,防止淀粉老化。

(7)糖精钠

糖精钠为无色或稍带白色的结晶性粉末,易溶于水,在热和酸性条件下具有不稳定性。价格便宜,甜度大,在食品中广泛使用,但在冰淇淋中很少采用,即使使用也不得超过 0.015%。

(8)环己基氨基磺酸钠(含苯丙氨酸)

环己基氨基磺酸钠又名甜蜜素,为白色结晶或结晶粉末,易溶于水,具有热稳定性,甜度大,无不良后味。在冷冻乳制品最大使用量不得超过 0.065%。

(9)天冬酰苯丙氨酸甲酯

天冬酰苯丙氨酸甲酯又称阿斯巴甜、甜味素,是由两种不同的氨基酸即天冬氨酸和苯丙氨酸所合成。白色粉末,具有蔗糖的纯净甜味,无异味,安全性高,ADI 为 0～40 mg/kg,是甜味最接近蔗糖的甜味剂,甜度为蔗糖的 200 倍。最大缺陷是在高温和碱性条件下不稳定,易分解失去甜味。

(10)乙酰磺胺酸钾

乙酰磺胺酸钾又称安赛蜜,白色结晶粉末,易溶于水,对热、酸性质稳定。乙酰磺胺酸钾与山梨醇混合物的甜味特性甚佳。

(11)三氯蔗糖

三氯蔗糖别名蔗糖素,是唯一的以蔗糖为原料的甜味剂,是蔗糖经氯代而制成的高甜度甜味剂,甜度为蔗糖的 600 倍,是一种新型、高质量、非营养型高效甜味剂。

(12)蛋白糖

蛋白糖是一种较有争议的产品,但目前使用广泛。它是由环己基氨基磺酸钠、糖精钠、天冬酰苯丙氨酸甲酯以及乙酰磺胺酸钾四种甜味剂复合,利用其相互之间的协同作用,并以葡萄糖粉为填充物生产的一种复合甜味剂。该产品甜味纯正,口感接近蔗糖,价格便宜,甜度以蔗糖的 50 倍居多,在冰淇淋中很少使用,主要应用在低档冰棒、雪糕中。

7)稳定剂与乳化剂

(1)稳定剂

稳定剂是一类能够分散在液相中大量结合水分子的物质,在冷冻乳制品生产中普遍采用。稳定剂具有亲水性,能提高冰淇淋的黏度和膨胀率,防止大冰晶的形成,使产品质地润滑,具有一定的抗融性。稳定剂在冰淇淋中的作用有:①增稠作用。提高混合料的黏度,与混合料中的自由水结合,减少自由水的数量;②赋形、保形作用。通过减少自由水的数量使凝冻的冰淇淋组织坚挺易成型,减少由于外部环境温度的变化对冰淇淋的影响,提高其抗融性、减少收缩;③提高搅拌性及膨胀率。改善混合料的搅拌发泡性及稳定发泡效果;④改善口感。使冰淇淋质地润滑、细腻,延缓或减少冰淇淋在储运中大冰晶的产生。稳定剂的种类很多,其添加量依原料成分组成而变化,尤其是依总固形物含量而异,一般为0.1% ~ 0.5%,常用稳定剂的特性及添加量见表 3.6。

表 3.6 稳定剂的特性及添加量

名 称	类 别	来 源	特 征	参考用量/%
明胶	蛋白质	蛋白质	热可逆性凝胶、可在低温时融化	0.5
CMC	改性纤维素	改性纤维素	增稠、稳定作用	0.2
海藻酸钠	有机聚合物	海带、海藻	热可逆性凝胶、增稠、稳定作用	0.25
卡拉胶	多糖	红色海藻	热可逆性凝胶、稳定作用	0.08
角豆胶	多糖	角豆树	增稠、和乳蛋白相互作用	0.25
瓜尔豆胶	多糖	瓜尔豆树	增稠作用	0.25
果胶	聚合有机酸	柑橘类果皮	胶凝、稳定作用、在 pH 较低时稳定	0.15
微晶纤维	纤维素	植物纤维	增稠、稳定作用	0.5
魔芋胶	多糖	魔芋块茎	增稠、稳定作用	0.3
黄原胶	多糖	淀粉发酵	增稠、稳定作用、pH 变化适应性强	0.2
淀粉	多糖	玉米制粉	提高黏度	3

①明胶。明胶为动物的皮、骨、软骨、韧带、肌膜等含有的胶原蛋白,经部分水解后得到的高分子多肽混合物。明胶不溶于冷水,但能吸 5 ~ 10 倍的冷水而膨胀软化,溶于热水,冷却后形成凝胶。明胶是应用于冰淇淋最早的稳定剂,其在凝冻和硬化过程中形成凝胶体,可以阻止冰晶增大,保持冰淇淋柔软、光滑细腻。使用量不超过 0.5%。用热水提前浸泡溶解后加入到混合原料中。由于明胶黏度低、老化时间长,目前很少使用。

②羧甲基纤维素钠。羧甲基纤维素钠简称 CMC,其水溶性好。冷水可溶,无凝胶作用,在冰淇淋中应用具有口感良好、组织细腻、不易变形、质地厚实、搅打性好等优点,但其风味释放差,易导致口感过黏,对储藏稳定性作用不大。但与海藻酸钠复合使用其亲水性可大大增强。

③海藻酸钠。海藻酸钠为亲水性高分子化合物,水溶性好,冷水可溶。海藻酸钠的水溶液与钙离子接触时形成热不可逆凝胶。通过加入钙离子的多少、海藻酸钠浓度来控制凝

胶的时间及强度。海藻酸钠可很好地保持冰淇淋的形态,防止体积收缩和组织砂状最为有效。常见的海藻酸钠为颗粒状,但也有粉末状的,生产中要注意其添加速度。

④卡拉胶。卡拉胶又名角叉菜胶,在冰淇淋中 K-型卡拉胶凝胶效果最好,不溶于冷水,其凝胶具有热可逆性,K-型卡拉胶与刺槐豆胶配合可形成有弹性和内聚力的凝胶;与黄原胶配合可形成有弹性、柔软和内聚力的凝胶;与魔芋胶配合可获得有弹性、对热可逆的凝胶。卡拉胶具有稳定酪原胶束的能力,具有防止脱水收缩,使产品质地厚实、提高抗融性的特点。

⑤角豆胶。角豆胶又称刺槐豆胶,在冷水中不溶解,无凝胶作用。对组织形体具有良好的保持性能,单独使用时,对冰淇淋混合原料有乳清分离的倾向,常与瓜尔豆胶、卡拉胶复配使用,使冰淇淋具有清爽口感、富奶油感,有良好的储藏稳定性、优良的风味释放性等,但价格较高,易造成收缩脱水。

⑥瓜尔豆胶。瓜尔豆胶是一种最高效的增稠剂,水溶性好,无凝胶作用,黏度高,价格低,是使用最广泛的一种增稠剂。在冰淇淋中使用瓜尔豆胶可使产品质地厚实,赋予浆料高黏度。使用量为 0.1% ~ 0.25%。

⑦果胶。果胶是一种碳水化合物,从柑橘皮、苹果皮等含胶质丰富的果皮中制得。果胶分为高甲氧基果胶和低甲氧基果胶。冰淇淋使用高甲氧基含量高的为好,可使冰淇淋润滑丰美、没有砂粒感,添加量为 0.03%。

⑧魔芋胶。魔芋胶又名甘露胶,是天然胶中黏度最高的亲水胶。魔芋胶有很高的吸水性,其亲水体积可获得 100 倍以上的膨胀,有很高的黏稠性和悬浮性,有较强的凝胶作用。与淀粉在高温下有良好的水和作用;与角豆胶、卡拉胶、海藻酸钠有很好的配伍作用,可改善凝胶的弹性和强度。

⑨黄原胶。黄原胶又称汉生胶或黄杆菌胶,易溶于水,耐酸、碱,抗酶解,且不受温度变化的影响。其特点是假塑流动性,即黏度随剪切速度的降低而迅速恢复,有良好的悬浮稳定性、优良的反复冷冻、解冻耐受性,与其他稳定剂协同性较好,与瓜尔豆胶复合使用可提高黏性,与角豆胶复合使用可形成弹性凝胶。

(2)乳化剂

乳化剂实际上是一种表面活性剂,能够降低液体的表面张力。其分子中具有亲水基和亲油基,当被加入到两液相体系中时,它可介于油和水之间,使一方能很好地分散于另一方中形成稳定的乳浊液。乳化剂在冰淇淋中的作用有:①使脂肪呈微细乳浊状态,并使之稳定化;②分散脂肪球以外的粒子并使之稳定化;③增加室温下产品的耐热性,也就是增强了其抗融性和抗收缩性;④防止或控制粗大冰晶形成,使产品组织细腻。乳化剂的添加量与混合料中脂肪含量有关,一般随脂肪量增加而增加,其范围为 0.1% ~ 0.5%,复合乳化剂的性能优于单一乳化剂。常用乳化剂的性能及添加量见表3.7。

①单硬脂酸甘油酯。单硬脂酸甘油酯又称分子蒸馏单甘酯,其价格便宜,使用方便,是生产中常用的一种乳化剂,它为油包水型(W/O),其乳化能力很强,也可作为水包油形乳化剂使用。HLB 值为 3.8。

②蔗糖脂肪酸酯。蔗糖脂肪酸酯简称 SE,有高亲水性和高亲油性等不同型号的产品,HLB 值范围为 3 ~ 16。高亲水性产品能使水包油乳液非常稳定,用于冰淇淋宜采用 HLB 值为 11 ~ 15 范围的产品,可与单硬脂酸甘油酯复合用于冰淇淋,改善乳化稳定性和搅拌性。

表 3.7 乳化剂的性能及添加量

名　称	来　源	性　能	参考添加量/%
单甘酯	油脂	乳化性强，抑制冰晶的生成	0.2
蔗糖酯	蔗糖脂肪酸	可与单甘酯(1:1)合用于冰淇淋	0.1~0.3
吐温(tween)	山梨糖醇脂肪酸	延缓融化时间	0.1~0.3
斯盘(span)	山梨糖醇脂肪酸	乳化作用，与单甘酯合用有复合效果	0.2~0.3
PG酯	丙二醇、甘油	与单甘酯合用，提高膨胀，保形性	0.2~0.3
卵磷脂	蛋黄粉中含10%	常与单甘酯合用	0.1~0.5
大豆磷脂	大豆	常与单甘酯合用	0.1~0.5

③三聚甘油硬脂酸酯。三聚甘油硬脂酸酯是一种高效乳化剂，HLB 值为 7.2，有很强的发泡、乳化作用，能提高食品的搅打性和发泡率，制成的冰淇淋产品膨胀率高、口感细腻、滑润，而且保形性好。

④山梨糖醇酐脂肪酸酯。山梨糖醇酐脂肪酸酯又称斯盘(span)，是亲油性乳化剂，HLB 值 4.7。斯盘系列产品都是非离子型乳化剂，有很强的乳化能力、较好的水分散性和防止油脂结晶性能，目前主要品种有山梨醇、单硬脂酸酯、山梨醇三硬脂酸酯、山梨醇单月桂酸酯、山梨醇油酸酯、山梨醇单棕榈油酸酯等，既溶于水又溶于油，适合制成水包油型和油包水型两种乳浊液。

⑤酪蛋白酸钠。酪蛋白酸钠由牛乳中的酪蛋白加 NaOH 反应制成，是优质的乳化剂、稳定剂和蛋白强化剂，有增稠、发泡和保泡的作用，使产品气泡稳定，防止反砂收缩。

⑥卵磷脂　是一种天然的乳化剂，存在于油料种子(大豆、花生等)和蛋黄中。

(3)复合乳化稳定剂

随着科技的进步，为了满足冰淇淋生产的需要，已广泛采用复合稳定剂来代替单体乳化剂和稳定剂的使用。不同品种由于其各种成分的差别，产品品质和组织结构要求也不同，生产工艺及包装形式的区别，使复合乳化稳定剂得到迅速的发展，现已成为食品添加剂行业中的新的门类。采用复合乳化稳定剂有以下优点:①经过高温处理，确保了该产品微生物指标符合标准要求;②避免了单体稳定剂、乳化剂的缺陷，得到整体协同效应;③充分发挥了每种亲水胶体的有效作用;④可获得良好的膨胀率、抗融性能、组织结构及良好口感的冰淇淋。常见的复合稳定剂配合类型有:CMC + 明胶 + 单甘酯;CMC + 卡拉胶 + 单甘酯 + 蔗糖酯;CMC + 明胶 + 卡拉胶 + 单甘酯;海藻酸钠 + 明胶 + 单甘酯等。目前，工业生产中使用复合乳化稳定剂已很普遍，添加量一般为 0.2% ~0.5%。

8)香精香料

在食品中香精、香料起到激发和促进食欲的作用，是冷饮食品中不可缺少的一部分。香精、香料在食品中可以起到画龙点睛、锦上添花的作用，在冷冻乳制品中添加香精可是使产品具有醇和的香味并保存该品种应有的天然风味，增进冷饮食品的使用价值。食用香精是参照天然食品的香味，采用天然和天然等同香料、合成香料经精心调配而成的具有天然风味的各种香型的香精。在冷冻乳制品中使用的香精有六大类，即乳化类香精、水溶性香精、油溶性香精、水油两溶性香精、粉末类香精和微胶囊香精。在这六大类香精中,油溶性香精和粉末香精在冰淇淋中应用很少,即使使用也主要起到赋香作用(将产品本身很弱或没有的香气增加或增浓);水质、乳化和水油两用香精在冰淇淋中应用较广泛。

香精在冷冻乳制品中的作用主要有:①辅助作用。食品本身已具有美好的香味,但由于其香味强度不足,需选用与其香气和香味对应的香精来辅助其向。②稳定作用。食品的香味因储藏、加工等会有所变化,通过添加与之对应的香精,对食品原有香气起到一定的稳定作用。③补充作用。本身具有较好的香气,由于生产加工中香气的损失或者自身香气浓度不足,通过选用香气与之相对应的香精、香料来进行补充。④赋香作用。本身并无香气或香气很微弱时,通过添加特定香型的香精、香料使产品具有一定类型的香气和香味。⑤矫味作用。某些产品在生产加工过程中产生不好气味时,通过加香来矫正其气味,使容易接受。⑥替代作用。由于原料成本、加工工艺有困难等原因,本身不具有香味,通过添加香精来替代,使其具有要求的香味。

要使冷冻乳制品得到清雅醇和的香味,除了注意香精香料本身的品质优劣之外,用量及调配也是极其重要的环节;香精香料用量过多,致使消费者饮用时有触鼻的刺激感觉,而失去清雅醇和近似天然香味的感觉;用量过少,则造成香味不足,不能达到应有的增香效果。一般冷冻乳制品中香精香料的添加总量为0.025%~0.15%。但实际用量尚需根据食用香精香料的品质及工艺条件而定。香精香料都有一定的挥发性,在老化后的物料中添加,以减少挥发损失。

香精香料选择要考虑3个方面的问题:①头香。产品具有鲜明特征的香气,选择具有较有诱发性的香精,如纯牛奶口味的冰淇淋需要加一些挥发性较好的鲜牛奶香精。②主香。又称体香,是在冰淇淋中起主要香味作用的香料,其香味与所配制产品的香型一致,如巧克力冰淇淋中主要添加了巧克力香精,奶油冰淇淋中主要添加了奶油香精。③尾香。尾香是为使香气达到更加饱满、润滑、厚实等效果而添加的香料,如在巧克力冰淇淋中加少许咖啡香精,如纯牛奶冰淇淋需要加少量的蛋黄香精。在冷冻乳制品生产中调香是香精取长补短、互相搭配的过程,需要通过闻香、调样理论与实践相结合。首先,需要闻香,看要选用的香精头香、体香及尾香是否饱满、厚重,如觉得头香不足则需要选择一个头香较好的香精作补充;其次,闻香选择好以后需要调制一个样品品尝验证,如果不完美有缺陷需继续选择、调整,直至达到要求为止。

9)着色剂

着色剂是以使物料着色为目的的一种食品添加剂。它使产品具有赏心悦目的色泽,给人以感官上美的享受,对食品的嗜好性及刺激食欲有重要意义。冷冻乳制品生产调色时,应选用与产品名称相适应的着色剂。选择使用着色剂时,应首先考虑食品添加剂卫生标准。冷冻乳制品的着色剂可分为3类。

(1)食用天然色素

食用天然色素有植物色素如胡萝卜素、叶绿素、姜黄素、红花黄素、栀子黄素;微生物色素如核黄素、红曲色素;动物色素如幼虫胶色素。食用天然色素对光、热及pH的敏感性高,对氧化的敏感性大,天然色素的成本原高于合成色素的,但人们对其安全性信赖较高。

（2）食品合成色素

天然色素因成本、稳定性等方面的原因,使用较少,合成色素使用普遍。食用合成色素有:苋菜红、胭脂红、柠檬黄、日落黄、靛蓝等。生产中根据需要选择 2~3 种基本色,拼配成不同颜色。常见的色调搭配见表3.8。

表3.8　常用的几种色调搭配

各种色素搭配比例	搭配后颜色
苋菜红 40%、柠檬黄 60%	杨梅红
胭脂红 40%、苋菜红 60%	橘红
靛蓝 60%、苋菜红 40%	紫葡萄
苋菜红 50%、胭脂红 50%	大红
靛蓝 55%、柠檬黄 45%	苹果绿
亮蓝 0.135%、柠檬黄 0.27%	薄荷
亮蓝 0.3%、柠檬黄 0.18%	甜瓜
亮蓝 0.04%、苋菜红 0.16%	紫葡萄

（3）其他着色剂

在冷冻乳制品生产中,还使用其他着色剂,如熟化红豆、熟化绿豆、可可粉、速溶咖啡等,不但体现天然植物的自然色泽,而且其制品独具风味。

10）酸味剂及酸味调节剂

冷冻乳制品常用的酸味剂主要有柠檬酸、苹果酸、乳酸、酒石酸等。柠檬酸的酸味柔和、爽口,入口后即达到酸感峰值,后味延续时间短,应用于各种水果冷饮;苹果酸酸味强度较柠檬酸略高,酸味圆润带敛,持续时间长,与柠檬酸合用可产生真实的果味口感;乳酸有微弱的酸味,用于酸乳冷饮酸度的调节;酒石酸酸味具有稍涩的收敛味,后味长,适用于葡萄香型。冰淇淋生产中使用的酸味调节剂主要为柠檬酸钠,它的使用可使酸味圆润绵长,改善其他酸味剂在使用中的不足。

11）果品与果浆

果品能赋予冷冻乳制品天然果品的香味,提高产品的档次。冷冻乳制品中的果品以草莓、柑橘、橙、柠檬、香蕉、菠萝、杨桃、葡萄、荔枝、椰子、山楂、西瓜、苹果、芒果、杏仁、核桃、花生等较为常见。一般冷冻乳制品工业应选用深度冻结果浆、巴氏杀菌果浆或冷冻干燥粉。

任务3.2 冰淇淋的加工

3.2.1 配方

1)配方设计

以制造冰淇淋为目的所调和的各种混合原料称为冰淇淋混合料或简称混料。混合料的配方设计是冰淇淋生产中十分重要的一个步骤,与成品的口感、硬度、质地等品质及生产成本直接相关。合理的配方设计有助于配料的平衡恰当并保证质量的一致。配方设计的依据:进行详细的市场调研,根据市场细分,了解不同地域的经济、文化、消费习惯心理、销售渠道、经销商利益、产品定价、宣传策划等因素,提出整体产品的方案。根据整体产品的方案进行小样试制,对不同初步设计产品的小样进行评价,再调整配方,进一步小样试制,经目标市场经销商和经营者品评确认开发潜力,确定产品配方。经过中试,产品在局部区域投放,根据反馈信息适当调整。实际生产时,根据市场调研可直接确定产品的目标市场、产品定位、价格定位、拿出产品的配方计划。根据各地消费习惯和所要生产的冰淇淋种类的不同,混合料中各组分要做具体的适当的调整,以满足不同的消费需求。一个好的配方设计应从以下5个方面进行:①根据标准计算乳及乳制品的用量或植物脂肪的用量;②从组织结构角度计算蔗糖和淀粉糖浆的用量;③根据总固形物的含量要求计算其他辅料的添加量;④根据脂肪含量和固形物计算乳化剂和稳定剂的用量;⑤根据口感和颜色计算香精和色素的用量。

冰淇淋的口味、硬度、质地和成本都取决于各种配料成分的选择及比例。设计配方时,原则上要考虑脂肪与非脂乳固体成分的比例、总固形物量、糖的种类和数量、乳化剂和稳定剂的选择等。由于冰淇淋的种类多,故所选用的原料也十分复杂,但在调配混合料时务必将各种原料做适当调配。不同品种的冰淇淋,有不同的配料组合。冰淇淋的配料组成如常见冰淇淋的配料组成见表3.9。冰淇淋的原料选定后,即可依据原料成分(见表3.10)计算各种原料的需要量。

表3.9 冰淇淋的配料组成 单位:%

组成成分	最低	最高	平均
乳脂肪	6.0	16.0	8.0~14.0
非脂乳固体	7.0	14.0	8.0~11.0
糖	13.0	18.0	14.0~16.0
稳定剂	0.3	0.7	0.3~0.5
乳化剂	0.1	0.4	0.2~0.3
总固形物	30.0	41.0	34.0~39.0

RUPIN JIAGONG JISHU

表3.10　冰淇淋常用原料的理论组成成分　　　　　单位:%

原　料		总固态	脂　肪	非脂乳固体
新鲜全脂牛乳		11.5	3.2~3.4	8.2~8.8
新鲜脱脂牛乳		9.3	0.06	9.24
稀奶油	（脂肪18%）	25.54	18	7.54
	（脂肪20%）	27.36	20	7.36
	（脂肪25%）	31.90	25	6.90
	（脂肪30%）	36.44	30	6.44
	（脂肪35%）	40.98	35	5.98
	（脂肪40%）	45.52	40	5.52
	（脂肪45%）	50.06	45	5.06
	（脂肪50%）	54.60	50	4.60
粗制奶油		83	82	1
冰淇淋用高脂奶油		99.8	99.8	—
脱水奶油		99.8	99.8	—
全脂炼乳		72.5	8.0	21.5
脱脂炼乳		20	—	20
		25	—	25
		30	—	30
		35	—	35
		72	—	30
40%加糖脱脂炼乳		28	0.5	27.5
40%加糖炼乳		28	8	20
炼乳		30	8	22
		33	8	25
全脂乳粉		97	26~40	71~57
脱脂乳粉		96.73	0.88	95.85
酪乳粉		91	7	84
乳清粉		95.5	1.5	94
超滤乳清粉		95	3	92
乳替代品		95	2	93
酪蛋白酸盐		94	1.5	92.5
细白砂糖		99.9	—	—

原　料	总固态	脂　肪	非脂乳固体
麦芽糊精 10DE	95	—	—
葡萄糖浆	80～82	—	—
转化糖	70～78	—	—
饴糖	95	—	—
全蛋(平均)	35	11	—
蛋黄粉	96	60	—
新鲜蛋黄	53	34	—
可可粉	95	20～22	—
可可脂	95	90～94	—
加糖杏仁浆	95	60	—
榛子浆	95	70	—

2)配方计算

由于冰淇淋所用的原料很多,共有八大类数百种之多,而能够提供某种成分的原料又有多种,这无疑给配方计算带来困难。通常在进行配方设计时,只对混合料中的主要成分,如脂肪、非脂乳固体、糖类、稳定剂、乳化剂和总固形物等进行控制。根据所设计的产品,用数学方法来计算其中各种原料的需用量。计算前首先必须知道各种原料和冰淇淋的组成,作为配方计算的依据。

【例】先备有脂肪含量 40%,非脂乳固体 5.4% 的稀奶油;含脂率 3.2%,非脂乳固体 8.3% 的牛乳;脂肪含量 8%,非脂乳固体 20%,含糖量 45% 的甜炼乳及蔗糖等原料。拟配制 1000 kg 脂肪含量 10%,非脂乳固体 11%,蔗糖含量 16%,明胶稳定剂 0.5%;乳化剂 0.4%,香味料 0.1% 的冰淇淋混合原料,试计算各原料的用量。

解:(1)列出配方成分表及需用量(kg)(见表 3.11)。

表 3.11　配方成分表

成分名称	含量/%	需要的数量/kg	成分名称	含量/%	需要的数量/kg
脂肪	10	1 000×10%=100	明胶稳定剂	0.5	1 000×0.5%=5
非脂乳固体	11	1 000×11%=110	乳化剂	0.4	1 000×0.4%=4
蔗糖	16	1 000×16%=160	香味料	0.1	1 000×0.1%=1

(2)列出原料成分表(见表 3.12)。

表 3.12　原料成分表

原料名称	配方成分	含量/%	原料名称	配方成分	含量/%
稀奶油	脂肪	40	甜炼乳	糖	45
稀奶油	非脂乳固体	5.4	蔗糖	糖	100
牛乳	脂肪	3.2	稳定剂	明胶	0.5
牛乳	非脂乳固体	8.3	乳化剂	乳化剂	0.4
甜炼乳	非脂乳固体	20	香味剂	香味剂	0.1
甜炼乳	脂肪	8			

(3)计算原料用量。

①依据表 3.11,稳定剂、乳化剂和香味料的需用量分别为 5 kg、4 kg 和 1 kg。

②计算乳与乳制品及蔗糖的需要量。设稀奶油的需要量为 A(kg),牛乳的需要量为 B(kg),甜炼乳的需要量为 C(kg),蔗糖的需要量为 D(kg)。列方程组如下:

$$A + B + C + D + 5 + 4 + 1 = 1\ 000(混合料总量)$$
$$0.4A + 0.032B + 0.08C = 100(脂肪总量)$$
$$0.054A + 0.083B + 0.2C = 110(非脂乳固体量)$$
$$0.45C + D = 160(蔗糖总量)$$

解方程得:

$$A = 150\ kg \quad B = 518\ kg \quad C = 294\ kg \quad D = 28\ kg$$

③本配方需要稀奶油 150 kg,牛乳 518 kg,甜炼乳 294 kg,蔗糖 28 kg。

(4)根据上述计算结果,列出所需原料数量表(见表 3.13)。

表 3.13　配料数量表

原料名称	配方数量/kg	成分含量/%			
		脂肪	非脂乳固体	糖	总固体
稀奶油	150	60	8.1	—	68.1
牛乳	518	16.58	43	—	59.58
甜炼乳	294	23.42	58.8	132	214.32
蔗糖	28	—	—	28	28
明胶	5	—	—	—	5
乳化剂	4	—	—	—	4
香味料	1	—	—	—	1
合计	1 000	100	110	160	380

3)冰淇淋配方实例

冰淇淋种类繁多,配方各异,一些配方见表 3.14。

表3.14 常见冰淇淋的配方(1 000 kg)　　　　　　　　　单位：kg

原料名称	冰淇淋类型					
	奶油型	酸奶型	花生型	双歧杆菌型	螺旋藻型	茶汁型
砂糖	120	160	195	150	140	150
葡萄糖浆	100	—	—	—	—	—
鲜牛乳	530	380	—	400	—	—
脱脂乳	—	200	—	—	—	—
全脂奶粉	20	—	35	80	125	1 000
花生仁	—	—	80	—	—	—
奶油	60	—	—	—	—	—
稀奶油	—	20	—	110	—	—
人造奶油	—	—	—	—	60	191
棕榈油	—	50	40	—	—	—
蛋黄粉	5.5	—	—	—	—	—
鸡蛋	—	—	—	75	30	—
全蛋粉	—	15	—	—	—	—
淀粉	—	—	34	—	—	—
麦芽糊精	—	—	6.5	—	—	—
复合乳化稳定剂	4	—	—	—	—	—
明胶	—	—	—	2.5	—	3
CMC	—	3	—	—	—	2
PGA	—	1	—	—	—	—
单甘酯	—	—	1.5	—	—	2
蔗糖酯	—	—	1.5	—	—	—
海藻酸钠	—	—	2.5	1.5	—	2
黄原胶	—	—	—	—	5	—
香草香精	0.5	1	—	1	0.2	—
花生香精	—	—	0.2	—	—	—
水	160	130	604	130	630	450
发酵酸奶	—	40	—	40	—	—
双歧杆菌酸奶	—	—	—	10	—	—
螺旋藻干粉	—	—	—	—	10	—
绿茶汁(1∶5)	—	—	—	—	—	100

注：花生仁需经烘焙、胶磨制成花生乳，杀菌后待用。

3.2.2　工艺流程

各种冰淇淋的加工工艺如图3.2所示。如图3.3所示为每小时生产500 L冰淇淋的生产线,如图3.4所示为可生产不同类型冰淇淋的生产线设备系统装置图。

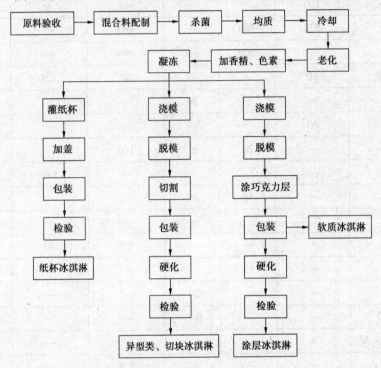

图3.2　冰淇淋的加工工艺图

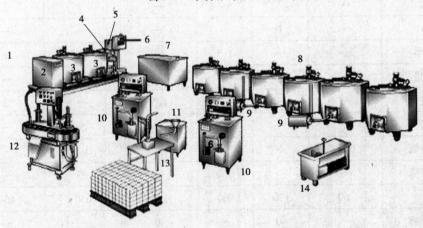

图3.3　冰淇淋生产工艺流程

1—混合料预处理;2—水加热器;3—混合罐和生产罐;4—均质;5—板式热交换器;6—控制盘;7—冷却水;
8—老化罐;9—排料泵;10—连续凝冻机;11—脉动泵;12—回转注料;13—灌注;14—CIP系统

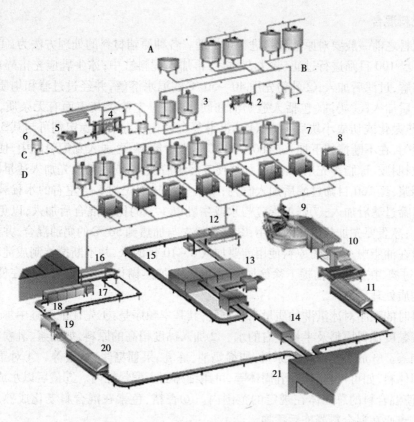

图3.4 冰淇淋生产线的设备系统装置图

A—原料储存工段;B—配料混合工段;C—巴氏杀菌、均质、标准化;D—凝冻工段;
1—混合;2、4—板式热交换器;3—混料罐;5—均质;6—奶油、植物油储罐;7—老化罐;
8—连续凝冻机;9—自动雪糕冻结机;10—包装机;11—装箱;12—灌装机;13—速冻隧道;
14—装箱;15—空杯回送输送带;16—连续挤出冰淇淋机;17—涂巧克力;18—冷冻隧道;
19—包装机;20—装箱机;21—冷库

3.2.3 冰淇淋生产的操作要点

1)原料的验收

生产冰淇淋的各种原辅料必须严格按照相关标准进行检验。查看原料是否有 QS 标志、编号及出厂检验报告、卫生许可证及生产许可证,否则原料不能入库和使用;查看包装是否完整,有没有包装破损或人为拆开二次封口等现象,如若发现即退回;进行感官检验,如外观有变色、异常结块、有异味、异物混入等都不得入库使用。同时检测原料理化指标和微生物指标是否符合相应标准。验收合格的原辅料要入库保存,要保持库房的温度、湿度正常,通风良好,防止产品受潮、结块、发霉。将液体物料和固体粉末分开,将新鲜水果、鸡蛋、稀奶油等易变质物料送冷库储存;固体粉末类物料堆放整齐于贮物隔板上,距四周墙壁 20 cm 左右,距地面保持在 12 cm 以上,库房还应有防鼠、防虫措施。

2）配料混合

在配料之前一般要对原辅材料进行预处理。各种原辅材料的处理方法为：①鲜牛乳在使用前要经100目筛进行过滤、除去杂质后，再加入配料缸中；冰牛乳应先击碎成小块，然后加热溶解，过滤后加入；②乳粉先用40～50 ℃的温水溶解，并经过滤和均质再与其他原料混合后加入；③奶油（包括人造奶油和硬化油）应先检查其表面有无杂质，若无杂质时，应加热融化或切成小块后加入；④冰淇淋复合乳化稳定剂或稳定剂可以与其5～10倍的砂糖干混匀，在不断搅拌下加入到80～90 ℃热水中溶解，再加入到配料缸中，使其充分溶解和分散；明胶、琼脂等先用水泡软，加热使其溶解后加入；⑤砂糖应先加入适量的水，加热溶解成糖浆，经160目筛过滤后加入缸内；⑥液体甜味剂先加5倍左右的水稀释、混匀，再经100目筛过滤后加入；⑦鲜鸡蛋应与水或牛乳以1:4的比例混合后加入，以免蛋白质变性凝成块；冰蛋要先加热溶化后使用；⑧蛋黄粉先与加热到50 ℃的奶油混合，并搅拌，使其混匀分散在油脂中；⑨淀粉原料使用前要加入8～10倍的水，并不断搅拌制成淀粉浆，通过100目筛过滤，在搅拌的前提下徐徐加入配料缸内，加热糊化后使用；⑩果汁在使用前应搅匀或经均质处理后加入。

配料时的顺序对冰淇淋的质量十分重要，其基本顺序是：①先往配料缸中加入鲜牛乳、脱脂乳等黏度低得原料及半量左右的水。②加入黏度稍高的原料，如糖浆、乳粉液、稳定剂和乳化剂等。③加入黏度高的原料，如稀奶油、炼乳、果葡糖浆、蜂蜜等。④对于一些数量较少的固体料，如可可粉、非脂乳固体等，可用细筛洒入配料缸内。⑤最后以水或牛乳作容量调整，使混合料的总固体在规定的范围内。⑥香精、色素在混合料老化成熟后添加；水果、果仁、点心在混合料凝冻后添加。

3）杀菌

杀菌的主要作用有杀灭混合料中的微生物，破坏微生物产生的毒素，钝化酶活性；增加混合料的黏度；挥发掉一些不利于产品的风味。通常低温长时间歇式杀菌的杀菌温度和时间为68 ℃,30 min或75 ℃,15 min；高温短时杀菌的杀菌温度和时间为80～83 ℃,30 s；超高温瞬时杀菌的杀菌温度和时间为100～130 ℃,2～3 s。

4）混合料的均质

均质的主要目的是将脂肪球的粒度减少到2 μm以下，使脂肪处于均匀的悬浮状态，通过均质可以提高料液的黏度，另外，均质也是对混合料液进行一个提前充气的过程，有助于搅打的进行、提高膨胀率、缩短老化期，从而使冰淇淋组织细腻，形体润滑松软，具有良好的稳定性和持久性。

均质压力和均质温度对冰淇淋的质量有较大的影响。一般均质压力为15～20 MPa，一级均质压力为15～18 MPa，二级均质压力为2～5 MPa。较合适的均质温度是65～70 ℃。

5）混合料的冷却与老化

（1）冷却

均质后的混合料温度在60 ℃以上，需要将其迅速冷却至老化温度2～4 ℃。冷却可以防止混合料中脂肪上浮；防止长期高温使料液酸度增加，防止微生物繁殖；有利于混合料的老化和凝冻的速度。

（2）老化

将冰淇淋混合料在2～4 ℃的低温下冷藏一段的时间,称为老化。老化的目的在于:①加强脂肪、蛋白质和稳定剂的水合作用,进一步提高混合料的稳定性和黏度,有利于凝冻时膨胀率的提高;②促使脂肪进一步乳化,防止脂肪上浮、酸度增加和游离水的析出;③游离水的减少可防止凝冻时形成较大的冰晶;④缩短凝冻时间,改善冰淇淋的组织状态。

老化操作的参数主要为温度和时间,随着温度的降低,老化的时间也将缩短。混合料的组成成分与老化时间有一定关系,干物质越多,黏度越高,老化时间越短。一般说来,老化温度控制在2～4 ℃,时间为6～12 h为佳。

为提高老化效率,可将老化分两步进行,首先,将混合料冷却至15～18 ℃,保温2～3 h,此时混合料中的稳定剂充分与水化合,提高水化程度;然后,冷却到2～4 ℃,保温3～4 h,可大大提高老化速度,缩短老化时间。

6）添加香料及色素

在老化终了的化合料中添加香精、色素等,通过强力搅拌使之混合均匀,而后进入凝冻工序。

7）凝冻

凝冻是将流体状的混合料置于低温下,在强制搅拌下进行冻结,使空气以极微小的气泡状态均匀分布于混合料中,使物料形成细微气泡密布、体积膨胀、凝结体组织疏松的过程。

（1）凝冻的目的

凝冻的目的主要有:①使混合料更加均匀。由于经均质后的混合料,还需添加香精、色素等,在凝冻时由于搅拌器的不断搅拌,使混合料中各组分进一步混合均匀。②使冰淇淋组织更加细腻。凝冻是在-6～-2 ℃的低温下进行的,此时料液中的水分会结冰,但由于搅拌作用,水分只能形成4～10 mm的均匀小结晶,而使冰淇淋的组织细腻。③使冰淇淋得到合适的膨胀率。在凝冻时,由于不断搅拌及空气的逐渐混入,使冰淇淋体积膨胀而获得优良的组织和形体,使产品更加适口、柔润和松软。④使冰淇淋稳定性提高。由于凝冻后,空气气泡均匀地分布于冰淇淋组织之中,能阻止热传导的作用,可使产品抗融化作用增强。⑤可加速硬化成型进程。由于搅拌凝冻是在低温下操作,因而能使冰淇淋料液冻结成为具有一定硬度的凝结体,即凝冻状态,经包装后可较快硬化成形。

（2）凝冻的过程

冰淇淋料液凝冻过程大体分为以下3个阶段:①液态阶段。料液经过凝冻机凝冻搅拌2～3 min后,料液的温度从进料温度（4 ℃）降低到2 ℃,此时料液温度尚高,未达到使空气混入的条件,称这个阶段为液态阶段。②半固态阶段。继续将料液凝冻搅拌2～3 min,此时料液的温度降至-2～-1 ℃,料液的黏度显著提高,空气大量混入,料液开始变得浓厚而体积膨胀,这个阶段为半固态阶段。③固态阶段。此阶段为料液即将形成软质冰淇淋的最后阶段。经过半固态阶段以后,继续凝冻搅拌料液3～4 min,此时料液的温度降低到-6～-4 ℃,在温度降低的同时,空气继续混入,不断被料液层层包围,这时冰淇淋料液内的空气含量已接近饱和,整个料液体积不断膨胀,料液最终成为浓厚、体积膨大的固态物质,此阶段即是固态阶段。

（3）凝冻设备与操作

凝冻机是混合料制成冰淇淋成品的关键设备,凝冻机按生产方式分为间歇式和连续式两种。

（4）冰淇淋的膨胀率

冰淇淋的膨胀率就是指冰淇淋体积增加的百分率,通常冰淇淋的膨胀率为80% ~ 100%。膨胀率的计算方法有两种:体积法和重量法,其中以体积法更为为常用。

①体积法。

$$B = \frac{V_2 - V_1}{V_1} \times 100\%$$

式中　B——冰淇淋的膨胀率,%;

　　　V_1——1 kg 冰淇淋的体积,L;

　　　V_2——1 kg 混合料的体积,L。

②重量法。

$$B = \frac{M_2 - M_1}{M_1} \times 100\%$$

式中　B——冰淇淋的膨胀率,%;

　　　M_1——1 L 冰淇淋的重量,kg;

　　　M_2——1 L 混合料的重量,kg。

8）成型灌装、硬化、贮藏

（1）成型灌装

凝冻后的冰淇淋必须立即成型灌装,以满足贮藏和销售的需要。冰淇淋的成型有冰砖、纸杯、蛋筒、锥形、巧克力涂层冰淇淋、异形冰淇淋切割线等多种成型灌装机。

（2）硬化

成型灌装后的冰淇淋为半流体状态,称为软质冰淇淋,一般现制现售。而多数冰淇淋需成为硬质冰淇淋才进入市场。硬化是将经成型灌装机灌装和包装后的冰淇淋迅速置于 -25 ℃以下的温度,经过一定时间的速冻,保持在 -18 ℃以下,使组织状态固定、硬度增加的过程。硬化的目的是固定冰淇淋的组织状态,完成在冰淇淋中形成极细小的冰结晶的过程,使冰淇淋保持预定的形状,保证产品的质量,便于储藏、销售和运输。

冰淇淋硬化可用速冻库(-25 ~ -23 ℃)、速冻硬化隧道(-40 ~ -35 ℃)或盐水硬化设备(-27 ~ -25 ℃)等。硬化时间一般为速冻库10 ~ 20 h,速冻硬化隧道30 ~ 50 min、盐水硬化设备20 ~ 30 min。在冰淇淋生产中常用速冻硬化隧道(如图3.5所示)进行硬化。

（3）贮藏

硬化后的冰淇淋产品,在销售前应保存在低温冷藏库中。冷藏库的温度为 -20 ℃,相对湿度为85% ~ 90%,贮藏库温度不可忽高忽低,贮存中温度变化往往导致冰淇淋中冰的再结晶,使冰淇淋质地粗糙,影响冰淇淋品质。

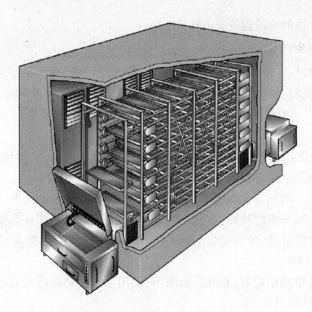

图 3.5 速冻硬化隧道

3.2.4 冰淇淋加工中的注意事项

1)配料混合

配料温度对混合料的配制效率和质量关系很大,通常温度要控制在 40～50 ℃。为使各种原料尽快地混合在一起,在配料时应不停地搅拌。冰淇淋的原辅料要按照从稀到浓的顺序添加。

混合料每次加入量一般为凝冻机容量的 52%～55%。在制造巧克力冰淇淋或各种果味冰淇淋时,则每次加入量为 50%～52%,当机内混合料开始凝冻时,即可加入香精和色素或巧克力糖浆、果汁等。在混合料凝冻至 35%～50% 程度后,可关闭冷冻阀门,待混合料膨胀率达 90%～100%(视配方及品质要求而定)后即可开启放料阀门,放出冰淇淋半成品。

此外,在制造啤酒冰淇淋时,啤酒必须预先冷却到 2～4 ℃。

2)杀菌

混合料的酸度及杀菌方法对产品风味影响较大。混合料的酸度以 0.18%～0.20% 为宜,酸度过高时可用小苏打或氢氧化钙预先进行中和。杀菌温度和时间的确定,主要看杀菌的效果,过高的温度与过长的时间不但浪费能源,而且还会使料液中的蛋白质凝固、产生蒸煮味和焦味、维生素受到破坏而影响产品的风味及营养价值。

3)均质

均质操作时,应适当压力的选择。压力过低时,脂肪粒没有被充分粉碎,影响冰淇淋的形体;压力过高时,脂肪粒过于微小,使混合料黏度过高,凝冻时空气难以混入,给膨胀率带来影响。

此外,均质温度对冰淇淋的质量也有较大的影响。当均质温度低于 52 ℃ 时,均质后混合料黏度高,对凝冻不利,形体不良;而均质温度高于 70 ℃ 时,凝冻时膨胀率过大,亦有损

于形体。一般较合适的均质温度是 65 ~ 70 ℃。

4) 冰淇淋膨胀率控制

冰淇淋膨胀率过高,组织松软,缺乏持久性;膨胀率过低,则组织坚实,口感不良。各种冰淇淋都有相应的膨胀率要求,如:奶油冰淇淋最适宜的膨胀率为 90% ~ 100%,果味冰淇淋则为 60% ~ 70%。控制冰淇淋的膨胀率,应从以下几个方面着手:

①原料方面。

a. 乳脂肪。乳脂肪含量越高,混合料的黏度越大,有利于膨胀,但乳脂肪含量过高时,则效果反之。一般乳脂肪含量以 6% ~ 12% 为好,此时膨胀率最好。

b. 非脂乳固体。增加混合料中非脂乳固体的含量,能提高膨胀率,但非脂乳固体含量过高时,乳糖结晶、部分蛋白质凝固会影响膨胀率。一般非脂乳固体含量为 10%。

c. 含糖量。含糖量高,冰点降低,凝冻搅拌时间延长。若含糖量过多,则会降低膨胀率,一般以 13% ~ 15% 为宜。

d. 稳定剂。适量的稳定剂,能提高膨胀率;但用量过多则黏度过高,空气不易进入而降低膨胀率,一般不宜超过 0.5%。

e. 无机盐。无机盐对膨胀率有影响。如钠盐能增加膨胀率,而钙盐则会降低膨胀率。

②均质。均质适度,能提高混合料黏度,空气易于进入,使膨胀率提高;但均质过度则黏度高,空气难以进入,膨胀率反而下降。

③老化。在混合料不冻结的情况下,老化温度越低,膨胀率越高。

④凝冻。空气吸入量合适能得到较佳的膨胀率。若凝冻压力过高则空气难以混入,膨胀率则下降。

5) 硬化

冰淇淋的硬化与产品品质有着密切的关系。硬化迅速,则冰淇淋融化少,组织中冰结晶细,成品细腻润滑;若硬化迟缓,则部分冰淇淋融化,冰的结晶粗而多,成品组织粗糙,品质低劣。

6) 运输

运输工具应符合卫生要求;运输作业应避免剧烈振荡、撞击,以避免成品外形损伤;运输冷藏车温度应不高于 - 18 ℃;运输过程中尽量减少温度变化,从而保证产品质量。

3.2.5 冰淇淋常见的质量缺陷及控制

1) 风味

(1) 甜味不适中

甜味是冰淇淋主要口味特征之一,过甜会使冰淇淋口感过腻;甜度不足会使冰淇淋的香气、口感不协调。出现这样的问题通常是由于配料发生差错,配料总量不足及使用蔗糖替代品时没有按甜度要求准确计算用量。只要配料总量准确、甜度倍数计数无误即可避免。

(2) 香气不正

冰淇淋会出现香气不足或香气不正。香气不足主要是由于香精未按要求加入或加入的量不够引起的;香气不正是误加入其他香精或加入太多,或更换了其他品牌的同名香精,香精品质不好造成的。更换香精品牌应慎重,应提前经过小试确定可以更换方可更换。因此,对香料的品牌、品质和用量要严格控制。另外,冰淇淋的吸附能力较强,易于吸收外来气味,应为专用贮存库,尤其不能与有强烈气味的物品放在一起。

（3）异味

冰淇淋有时会出现油哈味、烧焦味、蒸煮味、酸败味、咸味、氧化味等。

①油哈味。油哈味主要是脂肪氧化引起的,原料贮存时间过长或贮存温度过高致使脂肪氧化,同时,混合料液中含有较多的金属(如铜、铁等)会加速氧化过程,使用油脂或含油脂多的原料时必须把握好原料质量。

②烧焦味。烧焦味是由于对某些原料处理温度过高导致的,如花生冰淇淋或咖啡冰淇淋,由于加入烧焦的花生仁或咖啡而引起焦煳味。另外,混合料加热杀菌时温度过高、时间过长液会引起烧焦味,使用酸度过高的牛乳杀菌时也会出现烧焦味,只要控制好原料质量和杀菌就可避免。

③蒸煮味。在冰淇淋中,加入经高温处理的含有较高非脂乳固体的乳制品,或者混合原料经过长时间的热处理,均会产生蒸煮味。

④酸败味。酸败味主要是由细菌繁殖所产生。冰淇淋混合料杀菌不彻底,或混合料杀菌后放置过久,或灌装过程造成再污染,都会使微生物生长繁殖引起酸败味,严重时还可能产生腐臭味,严格工艺技术操作至关重要。另外,采用高酸度的乳制品,如乳酪、炼乳等,也可造成酸败味。

⑤咸味。冰淇淋中含有过高的非脂乳固体或者被中和过度,原料中采用含盐分较高的乳酪或乳清粉,均能产生咸味。另外,冰淇淋在加工过程中被盐水污染也会产生咸味,要注意模具是不是有破损或者盐水液面过高或盐水溅入模具。

⑥氧化味。在冰淇淋中,极易产生氧化味,这说明产品所采用的原料不够新鲜,其脂肪被氧化氧化产生气味。

2）形体

品质良好的冰淇淋,其形体应当滑润、柔软、紧密、无收缩现象。但由于诸多因素,造成了冰淇淋的形体不良,严重影响冰淇淋的外观和质量。冰淇淋的形体缺陷主要有以下几种类型。

（1）形体过黏

冰淇淋的黏度过大,其主要原因有:稳定剂使用量过多;均质时温度过低;料液中总干物质过高,或者是膨胀率过低。解决途径是控制原料用量和规范工艺操作。

（2）有乳酪粗粒

冰淇淋中有星星点点的乳酪粗粒,这主要是由于混合料中的脂肪含量过高;料液均质不够充分,均质条件有误;凝冻时温度过低。解决途径是控制脂肪含量、严格均质操作及凝冻温度。

（3）融化缓慢

造成融化是由于稳定剂用量过多、混合料过于稳定、混合料中含脂量过高以及使用较低的均质压力等所造成的。

（4）融化后有细小凝块

冰淇淋融化后有许多细小凝块出现，一般是由于混合料的酸度较高或钙盐含量过高，使冰淇淋中的蛋白质凝成小块。通过原辅料质量的控制，就可避免该现象的产生。

（5）融化后成泡沫状

冰淇淋融化后成泡沫状主要是由于混合料的黏度较低或者有较大的空气气泡分散在混合料中。还有一个原因是稳定剂用量不足或者没有完全稳定地成型。解决办法是选用合适稳定剂并融化彻底，降低生产线中机械作用的强度。

（6）砂砾现象

贮藏过程中，观察到冰淇淋中有很多小结晶物质，这就是砂砾现象。这种小结晶实质上是乳糖结晶体，因为乳糖较其他糖类难于溶解。在长期冷藏时，若混合料黏度适宜、存在晶核、乳糖浓度和结晶温度适当时，乳糖便在冰淇淋中形成晶体。解决办法有限制炼乳和乳清粉使用量；快速地硬化冰淇淋；硬化室的温度要低；从制造到消费的过程中尽量避免温度的波动。

（7）收缩

冰淇淋的收缩现象是冰淇淋生产中重要的工艺问题之一。冰淇淋收缩主要是由于冰淇淋硬化或贮藏温度变异，黏度降低和组织内部分子移动，从而引起空气泡的破坏，空气从冰淇淋组织内溢出，使冰淇淋发生收缩。另一方面，当冰淇淋组织内的空气压力较外界低时，冰淇淋组织陷落而形成收缩，影响冰淇淋收缩的因素主要有以下 5 个方面：

①膨胀率过高。冰淇淋膨胀率过高，则相对减少了固体的数量，因此，在适宜的条件下，容易发生收缩。

②蛋白质不稳定。蛋白质不稳定，容易形成冰淇淋的收缩。造成蛋白质不稳定的主要原因是乳固体采用了高温处理，或是由于牛乳及乳脂的酸度过高等。故原料应采用新鲜、质量好的牛乳和乳脂；混合料在低温时老化，能增加蛋白质的水解量，则冰淇淋的质量能有一定的提高。

③糖含量过高。冰淇淋中糖分含量过高，相对地降低了混合料的凝固点。砂糖含量每增加 2%，则凝固点一般相对地降低约 0.22 ℃。如果使用淀粉糖浆或蜂蜜等，则将延长混合料在冰淇淋凝冻机中搅拌凝冻的时间，其主要原因是相对分子质量低的糖类的凝固点较相对分子质量高者为低。

④细小的冰结晶体。在冰淇淋中，由于存在极细小的冰结晶体，因而产生细腻的组织，这对冰淇淋的形体和组织来讲是有利的。此外，针状冰结晶体能使冰淇淋组织凝冻得较为坚硬，它可抑制空气气泡的溢出。

⑤空气气泡。冰淇淋混合原料在搅拌凝冻时，形成许多很细小的气泡，扩大了冰淇淋的体积。由于空气气泡的压力与气泡本身的直径成反比，气泡小则压力大，同时，空气气泡周围的阻力则较小，细小空气气泡更容易从冰淇淋组织中溢出。

3）组织

（1）组织粗糙

组织粗糙是指在冰淇淋组织中产生较大的冰晶。混合料中总固体含量不足，蛋白质不足，蔗糖和非脂乳固体的比例配合不当，稳定剂的品质较差或用量不足，混合原料所用乳制品的溶解度差，均质压力低，混合料的成熟时间不足，混合料进入凝冻机的温度过高，机内刮刀的刀刃太钝,空气循环不良;硬化时间过长;冷藏温度不正常以及软化冰淇淋的再次冻结等因素均能导致冰淇淋组织粗糙及冰晶的产生。

为避免组织粗糙,应该调整配方,提高总干物质含量,尤其是非脂乳固体与蔗糖的比例,同时使用质量好的稳定剂,掌握好均质压力和温度,并经常抽样检查均质效果。

（2）组织松软

组织松软是指冰淇淋组织硬度不够,过于松软,主要与冰淇淋中含有大量的气泡有关。产生这种现象是因为混合料干物质含量不足,使用未经均质的混合料或膨胀率控制不良。

实际操作时,应在配料中选择合适的总固形物含量,控制好冰淇淋的膨胀率。（膨胀率过高或过低,均会影响产品组织状态,一般膨胀率控制在80% ~100%。

（3）组织坚实

组织坚实是指冰淇淋的组织过于坚硬。这是由于混合料干物质含量过高或膨胀率较低所致。应适当降低总干物质的含量,降低料液黏度,提高膨胀率。

（4）面团状组织

稳定剂用量过多或溶解搅拌不均匀,均质压力过高,硬化过程掌握不好等均能产生这种组织缺陷。因此,实际生产时,应严格稳定剂用量,并彻底溶解搅拌均匀,选用合适的均质压力。

（5）有较大冰晶

冰淇淋老化冷却过度,包装过程中冰淇淋有融化现象,或者未及时送入速冻室,在冰淇淋的表面就会出现较大的冰屑。因此,冰淇淋生产中要及时包装,包装后的产品要及时送入速冻室,老化温度应控制在2 ~5 ℃。

3.2.6　国家质量标准（SB/T 10013—2008）

本标准适用于定型预包装冰淇淋的生产、流通和检验,不适用于现制现售的软冰淇淋制品。

1）感官要求（见表3.15）

表3.15　冰淇淋的感观要求

项　目	要　求	
	清　型	组合型
色泽	具有该品种应有的色泽	
形态	形态完整,大小一致,无变形,无软塌,无收缩	
组织	细腻滑润,无明显粗糙的冰晶,无气孔	具有品种应有的组织特征
滋味气味	滋味协调,有乳脂或植脂香味,香气纯正	具有品种应有的滋味、气味,无异味
杂质	无肉眼可见杂质	

2)理化指标(见表3.16)

表3.16 冰淇淋的理化指标

项 目	指 标					
	全乳脂		半乳脂		植 脂	
	清 型	组合型ª	清 型	组合型ª	清 型	组合型ª
非脂乳固体ᵇ/% ≥	6.0					
总固形物/% ≥	30.0					
脂肪/% ≥	8.0		6.0	5.0	6.0	5.0
蛋白质/% ≥	2.5	2.2	2.5	2.2	2.5	2.2
膨胀率/%	10 ~ 140					

注:a 组合型产品的各项指标均指冰淇淋的主体部分;

　　b 非脂乳固体含量按原始配料计算。

3)微生物指标(见表3.17)

卫生指标应符合 GB 2759.1—2003 的规定。

表3.17 冷冻饮品微生物指标

项 目	指 标		
	菌落总数/(CFU · mL⁻¹)	大肠菌群/[(MPN · (100 mL)⁻¹]	致病菌ª
含乳蛋白冷冻饮品≤	25 000	450	不得检出
含豆类冷冻饮品≤	20 000	450	不得检出
含淀粉或果类冷冻饮品≤	3 000	100	不得检出
食用冰块≤	100	6	不得检出

注:a 致病菌值沙门氏菌、志贺氏菌和金黄色葡萄球菌。

任务3.3 雪糕的加工

3.3.1 配方

1)一般普通雪糕的配方

牛乳,32%左右;淀粉,1.25% ~ 2.5%;砂糖,13% ~ 14%;糖精,0.01% ~ 0.013%;精炼油脂,2.5% ~ 4.0%;麦乳精及其他特殊原料,1% ~ 2%;香精适量;着色剂适量。

2）花色雪糕配方

①可可雪糕。白砂糖,87.5 kg;甜炼乳,145.8 kg;淀粉 12.5 kg;糯米粉,12.5 kg;可可粉,10 kg;精油,30.8 kg;糖精,0.14 kg;精盐,0.125 kg;香草香精,0.75 kg;饮用水,704 kg。

②菠萝雪糕。白砂糖,145 kg;蛋白糖,0.4 kg;全脂奶粉,30 kg;乳清粉,40 kg;人造奶油,35 kg;鸡蛋,20 kg;淀粉 25 kg;明胶,2 kg;CMC,2 kg;菠萝香精,1 kg;栀子黄,0.3 kg;饮用水,699 kg。

③咖啡雪糕。白砂糖,150 kg;蛋白糖,0.6 kg;鲜牛乳,320 kg;乳清粉,38 kg;棕榈油,30 kg;鸡蛋,20 kg;淀粉,22 kg;麦精,8 kg;明胶,2 kg;CMC,2 kg;焦糖色素,0.4 kg;速溶咖啡,2 kg;水,405 kg。

④草莓雪糕。白砂糖,100 kg;葡萄糖浆,50 kg;甜蜜素,0.5 kg;全脂奶粉,30 kg;棕榈油,15 kg;复合乳化稳定剂,3.5 kg;草莓香精,0.8 kg;红色素,0.02 kg;草莓汁,15 kg;水,785 kg。

⑤香蕉雪糕。白砂糖,88.3 kg;甜炼乳,145.8 kg;淀粉 12.5 kg;糯米粉,12.5 kg;精油,33.3 kg;鸡蛋,30.8 kg;糖精,0.125 kg;精盐,0.125 kg;香蕉香精,0.5 kg;水,680 kg。

⑥柠檬雪糕。白砂糖,87.5 kg;甜炼乳,145.8 kg;淀粉,12.5 kg;糯米粉,12.5 kg;精油,33.3 kg;鸡蛋,30.8 kg;糖精,0.125 kg;精盐,0.125 kg;柠檬,0.95 kg;水,682 kg。

⑦橘子雪糕。白砂糖,112.5 kg;全脂奶粉,18.8 kg;甜炼乳,83.3 kg;淀粉,12.5 kg;糯米粉,12.5 kg;精油,33.3 kg;鸡蛋,30.8 kg;糖精,0.125 kg;精盐,0.125 kg;橘子香精,1.25 kg;水,697 kg。

3.3.2 工艺流程

雪糕加工工艺的流程如图 3.6 所示。

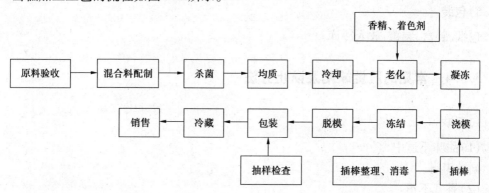

图 3.6 雪糕生产工艺流程图

3.3.3　操作要点

雪糕生产时,原料配制、杀菌、冷却、均质、老化等操作技术与冰淇淋基本相同。普通雪糕无需经过凝冻工序,直接经浇模、冻结、脱模、包装而成,膨化雪糕需要进行凝冻工序。

1)凝冻

首先对凝冻机进行清洗和消毒,而后加入料液,料液的加入量与冰淇淋生产有所不同,第一次的加入量约占机体容量的1/3,第二次则为1/2~2/3。膨化雪糕要进行轻度凝冻,膨胀率为30%~50%,出料温度一般控制在-3℃左右。

2)浇模

从凝冻机内放出的料液可直接放进雪糕模盘内,浇模时模盘要前后左右晃动,以便混合料在模内分布均匀,然后盖好带有扦子的模盖,轻轻放入冻结槽内冻结。浇模前要将模具(模盘)、模盖、扦子进行消毒,一般用沸水煮或用蒸气喷射消毒10~15 min。

3)冻结

雪糕的冻结有直接冻结法和间接冻结法。直接冻结法就是直接将模盘浸入盐水内进行冻结,间接冻结法是速冻库(管道半接触式冻结装置)与隧道式(强冷风冻结装置)速冻。冻结速度越快,产生的冰结晶就越小,质地越细;相反则产生的冰结晶大、质地粗。

4)插扦

要求插得整齐端正,不得有歪斜、漏插及未插牢现象。现在可以使用机械插扦。

5)脱模

脱模是指使冻结硬化的雪糕经瞬时加热由模盘脱下的过程。脱模时,在烫盘槽内注入盐水至规定高度后,开启蒸气阀将蒸气通入蛇形管,控制烫盘槽温度在48~54℃;将模盘置于烫盘槽中,轻轻晃动使其受热均匀、浸数秒钟后(以雪糕表面稍融为度),立即脱模。

6)包装

包纸、装盒、装箱、放入冷库。

3.3.4　常见的质量缺陷及防止方法

1)风味

(1)甜味不适中

同冰淇淋。

(2)香气不正

同冰淇淋。

(3)异味

雪糕有时会出现油哈味、烧焦味、酸败味、咸苦味、发酵味等质量问题。

①油哈味。油哈味主要是由于已经氧化的动植物油脂或乳制品等配制混合原料所造成。

②烧焦味。混合料杀菌方式不当或热处理时高温长时间加热,尤其在配制豆类雪糕时豆子在预煮过程中有烧焦现象,均可产生焦味。

③酸败味。同冰淇淋。

④咸苦味。在雪糕配方中加盐量过高,或在雪糕凝冻过程中,操作不当溅入盐水(氯化钙溶液)以及浇注模具漏损等,均能产生咸苦味。

⑤发酵味。在制造鲜果汁雪糕时由于果汁贮放时间过长,本身已发酵气泡,则所制成的雪糕有发酵味。

2)组织与形体

(1)组织粗糙

在制造雪糕时,如果采用的乳制品或豆制品原料溶解度差、酸度高、均质压力不适当等,均能让雪糕组织粗糙或有油粒存在。在制造果汁或豆类雪糕时,所采用的淀粉品质较差或加入的填充剂质地较粗糙等,也能影响其组织。

(2)组织松软

这主要是由于总干物质含量少,油脂用量过多,稳定剂用量不足,凝冻不够以及贮藏温度过高等因素造成的。

(3)空头

这主要是由于在制造雪糕时,冷量供应不足或片面追求产品,凝冻尚未完整即行出模包装所致。

(4)歪扦与断扦

这是由于雪糕模盖扦子夹头不正或模盖不正,扦子质量较差以及包装盒贮藏不妥等因素造成的。

3.3.5 **国家质量标准**(SB/T 10015—2008)

1)感官要求(见表3.18)

表3.18 雪糕的感观要求

项　　目	要　　求	
	清　型	组合型
色　泽	具有该品种应有的色泽	
形　态	形态完整,大小一致。插杆产品的插杆应整齐,无断杆,无多杆,无空头	
组　织	冻结坚实,细腻滑润	具有品种应有的组织特征
滋味气味	滋味协调,香味纯正,具有品种应有的滋味和气味,无异味	
杂　质	无肉眼可见外来杂质	

2）理化指标（见表3.19）

表3.19　冰淇淋的理化指标

项　目		指　标	
		清　型	组合型[a]
总固形物/%	≥	20.0	
总糖（以蔗糖计）/%	≥	10.0	
蛋白质/%	≥	0.8	0.4
脂肪/%	≥	2.0	1.0

注：a 组合型产品的各项指标均指雪糕主体部分。

3）卫生指标

卫生指标应符合 GB 2759.1—2003 的规定。具体内容参见任务3.2。

任务3.4　冰棍的加工

3.4.1　配方

几种主要冰棍的配方见表3.20。

表3.20　几种主要冰棍的配方（100 kg）　　　　单位：kg

原料名称	果汁冰棍			果味冰棍			豆类冰棍		果仁冰棍		盐水冰棍
	菠萝冰棍	橘子冰棍	柠檬冰棍	橘子冰棍	香蕉冰棍	菠萝冰棍	赤豆冰棍	绿豆冰棍	花生冰棍	芝麻冰棍	盐水冰棍
牛奶	19	19	—	5	5	—	—	—	26	30	—
白砂糖	9.5	9.5	23	8	8		13	12	13	13	12
精制淀粉	3	5.6	—	3	3	—	2	1	2.4	2.4	1.5
橘子香精	—	—	—	20 g	—	—	—	—	—	—	—
香蕉香精	—	—	—	—	18 g	—	—	—	—	—	—
菠萝香精	—	—	—	—	—	17 g	—	—	—	—	—

续表

原料名称	果汁冰棍			果味冰棍			豆类冰棍		果仁冰棍		盐水冰棍
	菠萝冰棍	橘子冰棍	柠檬冰棍	橘子冰棍	香蕉冰棍	菠萝冰棍	赤豆冰棍	绿豆冰棍	花生冰棍	芝麻冰棍	盐水冰棍
香草香精	适量	微量	—	—	—	—	—	—	—	—	—
薄荷香精	—	—	—	—	—	—	—	40 g	—	—	—
柠檬香精	—	—	—	—	—	—	—	—	—	—	80 g
桂花	—	—	—	—	—	—	70 g	—	—	—	—
糖精	—	—	—	15 g	15 g	15 g	—	—	适量	适量	—
阿斯巴甜	—	—	—	—	—	—	15 g	15 g	—	—	10 g
着色剂	—	—	—	适量	适量	适量	—	—	—	—	—
菠萝汁	19	—	—	—	—	—	—	—	—	—	—
橘子汁	—	19	—	—	—	—	—	—	—	—	—
柠檬汁	—	—	38	—	—	—	—	—	—	—	—
赤豆	—	—	—	—	—	—	4	—	—	—	—
绿豆	—	—	—	—	—	—	—	4.5	—	—	—
花生仁	—	—	—	—	—	—	—	—	16	—	—
芝麻	—	—	—	—	—	—	—	—	—	3	—
糯米粉	—	—	—	—	—	—	—	1	—	—	1.5
精盐	—	—	—	—	—	—	—	—	—	—	15 g

3.4.2　工艺流程

冰棍制作的工艺流程如图 3.7 所示。

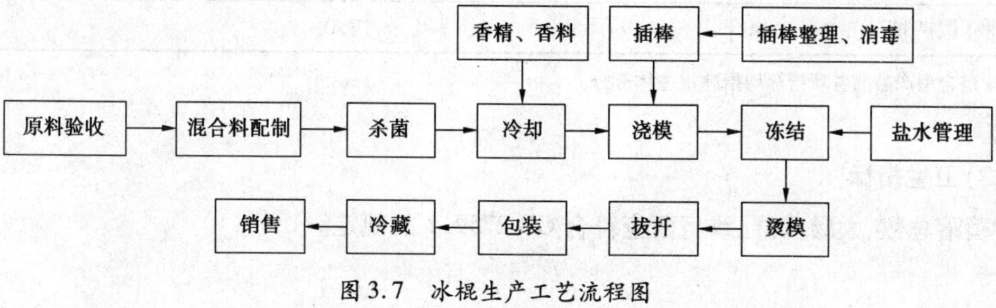

图 3.7　冰棍生产工艺流程图

3.4.3 操作要点

冰棍的制作工艺要点与雪糕相同。

3.4.4 加工中的注意事项

冰棍制作加工中的注意事项与雪糕相同。

3.4.5 常见质量问题及防止方法

冰棍制作加工中的常见质量问题及防止方法与雪糕相同。

3.4.6 国家质量标准(SB/T 10015—2008)

1)感官要求(见表3.21)

表3.21 冰棍的感观要求

项 目	要 求
色 泽	具有该品种应有的色泽
形 态	形态完整,大小一致。插杆产品的插杆应整齐,无断杆,无多杆,无空头
组 织	冻结坚实,且具有品种应有的组织特征
滋味和气味	滋味协调,香味纯正,具有品种应有的滋味和气味,无异味
杂 质	无肉眼可见的外来杂质

2)理化指标(见表3.22)

表3.22 冰棍的理化指标

项 目	指 标	
	清 型	组合型[a]
总固形物/% ≥	11.0	
总糖(以蔗糖计)/% ≥	7.0	

注:a 组合型产品的各项指标均指冰棍主体部分。

3)卫生指标

菌落总数、大肠菌群、致病菌应符合 GB 2759.1 的规定。

项目小结)))

本项目主要阐述了冰淇淋原辅料、质量标准、工艺要点及质量控制措施。另外简述了雪糕和冰棍的质量标准和工艺要点。

冰淇淋是以饮用水、牛奶、奶粉、奶油（或植物油脂）、食糖等为主要原料，加入适量食品添加剂，经混合、灭菌、均质、老化、凝冻、硬化等工艺而制成的体积膨胀的冷冻饮品。其加工工艺为产品的配方设计与计算、配料混合、混合料的杀菌、均质、冷却与老化、凝冻、成型灌装、硬化、贮藏。

雪糕是以饮用水、乳品、蛋品、甜味料、食用油脂等为主要原料，加入适量增稠剂、香精、着色剂等食品添加剂，或再添加可可、果汁等其他辅料，经混合、灭菌、均质、冷却、老化、凝冻、注模、冻结等工艺制成的带棒或不带棒的冷冻产品。其加工工艺为原料配制、杀菌、冷却、均质、老化等，操作技术与冰淇淋基本相同。普通雪糕不需经过凝冻工序，直接经浇模、冻结、脱模、包装而成，膨化雪糕则需要进行凝冻工序。

冰棍也称冰棍、冰棒和雪条，是以饮用水、甜味料为主要原料，加入适量增稠剂、着色剂、香料等食品添加剂，或再添加豆品、乳品等，经混合、杀菌、冷却、浇模、插杆、冻结、脱模等工艺制成的带杆的冷冻饮品。其加工工艺与雪糕相同。

复习思考题)))

1. 简述冰淇淋加工工艺及工艺要点。
2. 用于生产冰淇淋的脂肪原料主要有哪些？对产品质量有什么影响？
3. 冰淇淋配料中非脂乳固体采用哪些原料？其含量对产品质量的影响？
4. 在冰淇淋原料中加入乳化稳定剂的作用是什么？
5. 冰淇淋的配料顺序如何掌握？
6. 冰淇淋生产中老化有何重要意义？
7. 冰淇淋生产中凝冻工序有何意义。
8. 冰淇淋的膨胀有何意义？如何计算冰淇淋的膨胀率？
9. 冰淇淋的品质控制和缺陷防治办法有哪些？
10. 雪糕生产工艺与冰淇淋有哪些不同？
11. 按全脂奶粉 8%，白糖 15%，乳化稳定剂 0.5% 的配方生产冰淇淋，现有全脂奶粉 400 g，问配料需要白糖、乳品稳定剂和水各多少克？稳定剂怎么添加比较合理？试写出冰淇淋生产的工艺流程及其主要工艺参数。

项目4
酸乳的加工

任务 4.1 知识链接

4.1.1 酸乳的概念及分类

发酵乳的名称是由于牛奶中添加了发酵剂,使部分乳糖转化成乳酸而来的。据国际乳品联合会(IDF)1992年发布的标准,发酵乳的定义为乳或乳制品在特征菌的作用下发酵而成的酸性凝乳状产品。在保质期内该类产品中的特征菌必须大量存在,并能继续存活和具有活性。包括:酸乳、乳酸菌饮料、开菲尔乳、马奶酒、发酵酪乳、酸奶油和干酪等产品。

在所有发酵乳中,酸乳是最具盛名的,也是最受欢迎的。联合国粮食与农业组织(FAO)、世界卫生组织(WHO)与国际乳品联合会(IDF)于1977年给酸乳作出如下定义:酸乳是指在添加(或不添加)乳粉(或脱脂乳粉)的乳中(杀菌乳或浓缩乳),由于保加利亚乳杆菌和嗜热链球菌的作用进行乳酸发酵而制成的凝乳状产品,成品中必须含有大量的、相应的活性微生物。

酸乳中有益菌群能够维护肠道菌群生态平衡,从而形成生物屏障抑制有害菌群对人体的破坏。通过抑制腐生菌在肠道的生长,抑制了腐败所产生的毒素,使肝脏和大脑免受这些毒素的危害,防止衰老。通过产生大量的短链脂肪酸促进肠道蠕动及菌体大量生长改变渗透压而防止便秘。乳酸菌还可以产生一些增强免疫功能的物质,提高人体免疫力,防止疾病。

我国目前主要生产的酸乳分为两大类:凝固型酸乳和搅拌型酸乳。在此基础上还可添加果料、蔬菜或中草药等制成风味型或营养保健型酸乳。根据成品的组织状态、口味、原料中乳脂肪含量、生产工艺和菌种的组成,通常可以将酸乳分成如下不同种类。

1)按成品组织状态分类

(1)凝固型酸乳

凝固型酸乳是灌装后再发酵而成,发酵过程是在包装容器中进行的,因此成品呈凝乳状。目前市售瓶装酸奶、杯装老酸奶大部分属这种类型。

(2)搅拌型酸乳

搅拌型酸乳是发酵后再灌装而成,发酵后的凝乳在灌装前和灌装过程中搅碎而成黏稠状组织状态。目前市售的八连杯装的如草莓酸奶、黑加仑酸奶、哈密瓜酸奶等都属于搅拌型酸奶。

凝固型酸乳与搅拌型酸乳在口味上略有差异,凝固型酸乳口味更酸些,但营养价值没有区别。

2)按成品风味分类

(1)天然纯酸乳

天然纯酸乳由原料乳加菌种发酵而成,不含任何辅料和添加剂。

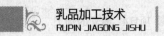

（2）加糖酸乳

加糖酸乳由原料乳和糖加入菌种发酵而成。国内市场上酸乳多半都属于加糖酸乳。糖的添加量一般为6%～7%。

（3）调味酸乳

调味酸乳是在天然酸乳或加糖酸乳中加入香料而成。

（4）果料酸乳

果料酸乳是由天然酸乳与糖、果料混合而成。

（5）复合型或营养型酸乳

这类酸乳通常在酸乳中强化不同的营养素（维生素、食用纤维素等）或在酸乳中加入不同的辅料（如谷物、干果等）而成。这种酸乳在西方国家非常流行，常在早餐中食用。

3）按原料中脂肪含量分类

根据原料中脂肪含量的高低分为全脂酸乳、部分脱脂酸乳和脱脂酸乳。据联合国粮食与农业组织（FAO）/世界卫生组织（WHO）规定，全脂酸乳的脂肪含量为3.0%以上，部分脱脂酸乳的脂肪含量为3.0%～0.5%，脱脂酸乳的脂肪含量为0.5%以下。酸乳的非脂乳固体含量为8.2%。

4）按发酵后的加工工艺分类

（1）浓缩酸乳

浓缩酸乳是将普通酸乳中的部分乳清除去而得到的浓缩产品。因其除去乳清的方式与加工干酪的方式类似，故又称其为酸乳干酪。

（2）冷冻酸乳

冷冻酸乳是在酸乳中加入果料、增稠剂或乳化剂，然后进行凝冻处理而得到的产品。冷冻酸乳可分为软、硬和奶油冻状3种类型。这类产品综合了冰淇淋的质地、性状和酸奶的风味等特点。

（3）充气酸乳

充气酸乳是乳发酵后，在酸乳中加入稳定剂和起泡剂（通常是碳酸盐），经均质处理而成。这类产品通常是以充二氧化碳（CO_2）的酸乳饮料形式存在，增强了普通酸乳的爽口性。

（4）酸乳粉

酸乳粉是将普通酸乳通过冷冻干燥法或喷雾干燥法将乳酸中约95%的水分除去而制成酸乳粉。

5）按菌种种类分

菌种的选择对酸乳的质量起着重要作用，应根据生产目的不同选择适当的菌种。选择时以产品的主要技术特性，如产香味、产酸力、产生黏性物质及蛋白水解作为发酵剂菌种的选择依据。

（1）酸乳

酸乳通常指仅用保加利亚乳杆菌和嗜热链球菌发酵而成的一类产品。

（2）双歧杆菌酸乳

双歧杆菌酸乳中含有双歧杆菌，如法国的"Bio"，日本的"Mil-Mil"。

（3）嗜酸乳杆菌酸乳

嗜酸乳杆菌酸乳中含有嗜酸乳杆菌。

（4）干酪乳杆菌酸乳

干酪乳杆菌酸乳中含有干酪乳杆菌。一般情况下酸乳制作很少使用单一菌种发酵，通常采用混合菌种发酵，即添加两种或两种以上的菌种，混合使用，相互产生共生作用。如嗜热链球菌和保加利亚乳杆菌配合常用作发酵乳的发酵剂菌种。大量的研究证明，混合菌种使用的效果比单一使用的效果要好。

4.1.2 乳酸菌饮料的概念及分类

乳酸菌饮料是一种发酵型的酸性含乳饮料，以乳或乳与其他原料混合经乳酸菌发酵后，经搅拌，加入稳定剂、糖、酸、水及果蔬汁调配后通过均质加工而成的液态酸乳制品，成品中蛋白质含量不低于 7 g/L。市面上乳酸菌饮料种类繁多，总结分类如下：

1）根据加工处理的方法不同分类

（1）酸乳型乳酸菌饮料

酸乳型乳酸菌饮料是在酸凝乳的基础上将其破碎，配入白糖、香料、稳定剂等通过均质而制成的均匀一致的液态饮料。

（2）果蔬型乳酸菌饮料

果蔬型乳酸菌饮料是在发酵乳中加入适量的浓缩果汁（如草莓、柑橘、红枣汁等）或在原料中配入适量的蔬菜汁浆（如番茄、胡萝卜、玉米、南瓜等）共同发酵后，再通过加糖、加稳定剂或香料等调配、均质后制作而成。

2）根据产品中是否存在活性乳酸菌分类

（1）活性乳酸菌饮料

加工过程中配料后未经后杀菌，具有活性乳酸菌的饮料。按要求，每毫升活性乳中活乳酸菌的数量不应少于 100 万个。当人们饮用了这种饮料后，乳酸菌便沿着消化道到大肠，由于它具有活性，乳酸菌在人体的大肠内迅速繁殖，同时产酸，从而有效抑制腐败菌和致病菌的繁殖和成活，而乳酸菌则对人体无害。这种饮料要求在 2～10 ℃下贮存和销售，密封包装的活性乳保质期为 15 天。

（2）非活性乳酸菌饮料

加工过程中配料后经后杀菌，不具有活性乳酸菌的饮料。其中的乳酸菌在生产过程中的加热无菌处理阶段时已被杀灭，不存在活性乳酸菌的功效，但因为经过后杀菌，此饮料保质期长，可在常温下贮存和销售。

活性乳酸菌与非活性乳酸菌饮料在加工过程的区别主要在于配料后是否杀菌。活性乳酸菌饮料在加工过程中工艺控制要求较高，且需无菌灌装，加之在销售过程中需冷藏销售，我国虽早有生产，但产量较低。目前我国销量最大的品种仍然是经后杀菌的非活性酸乳饮料。本项目以非活性酸乳饮料为例来介绍这类产品生产工艺。

4.1.3 发酵剂的制备

1)发酵剂的概念、种类

发酵剂(starter)是指生产发酵乳制品时所用的特定微生物培养物。发酵剂中的乳酸菌发酵,可使牛乳中的乳糖转变成乳酸,乳的 pH 降低,产生凝固和形成风味;发酵剂中的明串珠菌、丁二酮链球菌等与风味有关的微生物能使乳中所含柠檬酸分解生成丁二酮、羟丁酮、丁二醇等化合物和微量的挥发酸、酒精、乙醛等风味物质;发酵剂中的乳酸链球菌和乳油链球菌中的个别菌株,能产生乳酸链球菌素(nisin)和乳油链球菌素(diplococcin),可防止杂菌和酪酸菌的污染。

通常用于乳酸菌发酵的发酵剂可按下列方式分类。

(1)根据发酵剂的生产阶段分类

①乳酸菌纯培养物 乳酸菌纯培养物是含有纯乳酸菌的用于生产母发酵剂的牛乳菌株发酵剂或粉末发酵剂,即一级菌种,一般由科研院所或专业院校生产。主要接种在脱脂乳、乳清、肉汤等培养基中使其繁殖,现多用升华法制成冷冻干燥粉末或浓缩冷冻干燥来保存菌种,能较长时间保存并维持活力。

②母发酵剂 母发酵剂是指在无菌条件下扩大培养的用于制作生产发酵剂的乳酸菌纯培养物。即一级菌种的扩大再培养,是生产发酵剂的基础。母发酵剂的质量优劣直接关系到生产发酵剂的质量。

生产单位或使用者购买乳酸菌纯培养物后,用脱脂乳或其他培养基将其溶解活化,接代培养来扩大制备的发酵剂,并为生产发酵剂作基础。

③生产发酵剂 生产发酵剂又称工作发酵剂是直接用于生产的发酵剂。即母发酵剂的扩大再培养,是用于发酵乳实际生产的发酵剂。应在密闭容器内或易于清洗的不锈钢缸内进行生产发酵剂的制备。

(2)根据菌种种类构成分类

①混合发酵剂 含有两种或两种以上菌种的发酵剂。如保加利亚乳杆菌和嗜热链球菌按 1:1 或 1:2 比例混合的酸乳发酵剂。

②单一发酵剂 只含有一种菌的发酵剂,生产时可以将各菌种混合。

(3)根据使用的形态分类

①液态发酵剂 液态发酵剂是以全脂乳、脱脂乳、酪乳、乳清等作为培养基的液状发酵剂。

②粉末状发酵剂 粉末状发酵剂是将液态发酵剂经低温干燥、喷雾干燥或冷冻干燥所获得的粉末状发酵剂。

2)发酵剂的作用及其选择

(1)发酵剂的主要作用

①乳酸发酵 乳酸菌发酵使牛乳中的乳糖转变成乳酸,pH 降低,产生凝固和形成酸味,防止杂菌污染,并为乳糖不耐受患者提供不含乳糖的乳制品。

②产生风味 明串珠菌、丁二酮链球菌等菌株能分解柠檬酸生成丁二酮、丁二醇、乙

醛、微量的挥发酸等风味物质,使酸乳具有典型的风味。

③产生细菌素 乳酸链球菌和乳油链球菌中的个别菌株,能产生乳酸链球菌素和乳油链球菌素等细菌素,可防止杂菌污染,抑制部分致病菌的生长。

④分解蛋白质和脂肪 使酸乳更容易消化吸收。

(2)发酵剂的选择

在实际生产过程中,应根据所产酸乳的品种、口味及消费者需求来选择合适的发酵剂。选择时以产品的主要技术特性,如产酸力、产香性、产黏性及蛋白质的水解性作为发酵剂菌种的选择依据。

①产酸力

不同的发酵剂产酸能力会有很大的不同。判断发酵剂产酸能力的方法有两种,即产酸曲线和测定酸度。同样条件下测的发酵酸度随时间的变化关系即产酸曲线。从曲线上就可以判断这几种发酵剂产酸能力的强弱。此外,判断发酵及菌种产酸能力还可通过测定酸度的方法。酸度检测实际上也是常用的活力测定方法,活力就是在规定时间内,发酵过程的酸生成率。

产酸能力强的发酵剂在发酵过程中容易导致产酸过度和后酸化过强(在冷却和冷藏时继续产酸)。生产中一般选择产酸能力中等或弱的发酵剂,即 2% 接种量,在 42 ℃ 条件下发酵 3 h 后,滴定酸度为 90～100°T。

后酸化是指酸乳酸度达到一定值,终止发酵,进入冷却和冷藏阶段后仍继续缓慢产酸。后酸化过程包括 3 个阶段:冷却过程产酸,即从发酵终点(42 ℃)冷却到 19 ℃ 或 20 ℃ 时酸度的增加,产酸能力强的菌种,此过程产酸量较大,尤其在冷却比较缓慢时;冷却后期产酸,即从 19 ℃ 或 20 ℃ 冷却至 10 ℃ 或 12 ℃ 时酸度的增加;冷藏阶段产酸,即在 0～6 ℃ 冷库中酸度的增加。

应选择后酸化尽可能弱的发酵剂,以便于控制产品质量。后酸化的选择应符合以下要求:选择自发酵结束到冷却的产酸强度,应尽可能弱地产酸;选择冷链中断时的产酸化(10～15 ℃),应尽可能地弱产酸。

目前我国冷链系统尚不完善,从酸乳产品出厂到消费者饮用之前,冷链经常被打断,因此在酸乳生产中选择产酸较温和的发酵剂显得尤为重要。

②产香性

优质酸乳必须具有良好的滋味、气味和芳香味,与酸乳特征风味相关的芳香物质主要有乙醛、双乙酰、丁二酮、丙酮和挥发酸等,因此选择能产生良好滋味、气味和芳香味的发酵剂很重要。评估方法有:

a.感官评定 评估方法首选三角实验,即进行感官评定应考虑样品的温度、酸度和存放时间对品评的影响。品尝时样品温度应为常温,因低温对味觉有阻碍作用;酸度不能过高,酸度过高对口腔黏膜刺激过强;样品要新鲜,以生产后 24～48 h 内的酸乳进行品评为佳,因为该阶段是滋味、气味和芳香味形成阶段。

b.测定挥发酸 通过测定挥发酸的量来判断芳香物质的生成量。挥发酸含量越高,意味着生成芳香物质的含量越高。

c.测定乙醛 酸乳的典型风味是由乙醛(主要由保加利亚乳杆菌产生)形成的,不同菌株生成乙醛的能力不一样,因此乙醛产生能力是选择优良菌株的重要指标之一。

③产黏性

酸乳发酵过程中产生微量的黏性物质,有助于改善酸乳的组织状态和黏稠度,这对固形物含量低的酸乳尤为重要。但一般情况下,产黏性菌株通常对酸乳的其他特性如酸度、风味等有不良影响,其发酵产品风味都稍差些。因此在选择这类菌株时,最好和其他菌株混合使用。生产过程中,如正常使用的发酵剂突然产黏,则可能是发酵剂变异所致应引起注意。

④蛋白质的水解性

乳酸菌的蛋白水解活性一般较弱,如嗜热链球菌在乳中只表现很弱的蛋白水解活性,保加利亚乳杆菌则可表现较高的蛋白水解活性,能将蛋白质水解,产生大量的游离氨基酸和肽类。乳酸菌的蛋白质水解作用可能对发酵剂和酸乳产生一定的影响,如刺激嗜热链球菌的生长、促进酸的生成、增加了酸乳的可消化性,但也带来产品黏度下降、出现苦味等不利影响。所以若酸乳保质期短,蛋白质水解问题可不予考虑;若酸乳保质期长,应选择蛋白质水解能力弱的菌株。

影响发酵剂蛋白质水解活性的因素主要有:

a. 温度　低温(如3℃冷藏)蛋白质水解活性低,常温下增强。

b. pH　不同的蛋白水解酶具有不同的最适 pH。pH 过高易积累蛋白质水解的中间产物,给产品带来苦味。

c. 菌种与菌株　嗜热链球菌和保加利亚乳杆菌的比例和数量会影响蛋白质的水解程度。不同菌株其蛋白质水解活性也有很大的不同。

d. 贮藏时间　贮藏时间长短对蛋白质水解作用也有一定的影响。

3)发酵剂的制备

(1)菌种纯培养物的活化及保存

通常购买或取来的菌种纯培养物都装在试管或安瓿中,由于保存、寄送等影响,活力减弱,需进行多次接种活化,以恢复其活力,即在无菌操作条件下接种到灭菌的脱脂乳试管中多次传代、培养。

菌种若是粉剂,首先应用灭菌脱脂乳将其溶解,而后用灭菌铂耳或吸管吸取少量的液体接种于预先已灭菌的培养基中,置于恒温箱或培养箱中培养。待凝固后再取出 1% ~3% 的培养物接种于灭菌培养基中,反复活化数次。待乳酸菌充分活化后,即可调制母发酵剂。以上操作均需在无菌室内进行。在正式应用于生产时,应按上述方法反复活化。

纯培养物作维持活力保存时,需保存在 0 ~4 ℃冰箱中,每隔 1 ~2 周移植一次,但长期移植过程中,可能会有杂菌的污染,造成菌种退化或菌种老化、裂解。因此,还应进行不定期的纯化处理,以除去污染菌和提高活力。

(2)母发酵剂的制备

母发酵剂制备时将脱脂乳 100 ~300 mL,装入三角瓶中,以 121 ℃,15 min 高压灭菌,并迅速冷却至发酵剂最适生长温度 40 ℃左右进行接种。接种时取脱脂乳量 1% ~3% 的充分活化的菌种,接种于盛有灭菌脱脂乳的容器中,混匀后,放入恒温箱中进行培养。凝固后再移入另外的灭菌脱脂乳中,如此反复接种 2 ~3 次,使乳酸菌保持一定活力,制成母发酵剂,然后用于制备生产发酵剂。

（3）工作发酵剂的制备

工作发酵剂室最好与生产车间隔离，要求有良好的卫生状况，最好有换气设备。每天要用 200 mg/L 的次氯酸钠溶液喷雾，在操作前操作人员要用 100～150 mg/L 的次氯酸钠溶液洗手消毒。氯水由专人配置并每天更换。

工作发酵剂制备可在小型发酵罐中进行，整个过程可全部自动化，并采用 CIP 清洗。其工艺流程如下：

原料乳→加热至 90 ℃，保持 30～60 min→冷却至 42 ℃（或菌种要求的温度）→接种母发酵剂（接种 1%～3%）→发酵到酸度 0.8% 以上→冷却至 4 ℃→工作发酵剂。

为了不影响生产，发酵剂要提前制备，可在低温条件下短时间贮藏。发酵剂常用乳酸菌的形态、特性、培养条件等见表 4.1。

表 4.1　发酵剂常用乳酸菌的形态、特性、培养条件

细菌名称	细菌形状	菌落形状	发育最适温度 ℃	最适温度下凝乳时间/h	凝块性质	滋味	组织状态	适用的乳制品
乳酸链球菌	双球菌	光滑、微白、有光泽	30～35	12	均匀稠密	微酸	针刺状	酸乳、酸稀奶油、牛乳酒、酸性奶油、干酪
乳油链球菌	链状	光滑、微白、有光泽	30	12～24	均匀稠密	微酸	酸稀奶油状	酸乳、酸稀奶油、牛乳酒、酸性奶油、干酪
嗜热链球菌	链状	光滑、微白、有光泽	37～42	12～24	均匀	微酸	酸稀奶油状	酸乳、干酪
嗜热性乳酸杆菌、保加利亚乳杆菌、干酪杆菌、嗜酸杆菌	长杆状、有时呈颗粒状	无色的小菌落如絮状	42～45	12	均匀稠密	酸	针刺状	酸牛乳、马奶酒、干酪、乳酸菌制剂
双歧杆菌、两歧双歧杆菌、长双歧杆菌、婴儿双歧杆菌、短双歧杆菌	多形性杆菌，呈Y、V形弯曲状、勺状、棒状等	中心部稍突起，表面灰褐色或乳白色，稍粗糙	37	17～24	均匀	微酸有醋酸味	酸稀奶油状	酸乳、乳酸菌制剂

4）发酵剂的贮藏

（1）液态发酵剂

一般生产厂家普遍使用液体发酵剂作为工作发酵剂。根据细菌的生长繁殖规律，连续的培养会产生变异现象，如保加利亚杆菌和嗜热链球菌一般只能扩大培养 15～20 次。发酵剂的活性与培养后冷却的速度、发酵终了的酸度及时间的关系很大。冷却对控制发酵菌的代谢活性是非常重要的。用于乳酸菌纯培养物的液体保藏，一般采用下列的培养基较好：脱脂乳 10%～12%；5% 石蕊溶液 2%；右旋糖 1.0%；碳酸钙遮住试管底部；卵磷脂（pH7）1.0%；酵母浸提液 0.3%。培养后存放在 0～5 ℃的条件下，每 3 个月活化 1 次即可。上述培养基在高压灭菌器中，121 ℃灭菌 30 min。

（2）粉末发酵剂

为克服液态发酵剂保藏的困难，在有条件的情况下，可采用干燥方法保藏发酵剂。干燥发酵剂可减少液态发酵剂制备的许多工作，还可延长发酵剂的保藏期，使其保藏和分发更容易。

①喷雾干燥　喷雾干燥可得到粉末状发酵剂，但经干燥后发酵剂活力降低，一般活菌率只有 10%～50%。如在缓冲培养基中加入谷氨酸钠和维生素 C，在一定程度上可以保护细菌的细胞。经喷雾干燥后可在 21 ℃下贮存 6 个月。也可在浓缩脱脂乳中（18%～24% 总固体）加入维生素 B_{12}、赖氨酸和胱氨酸再进行接种培养，其中球菌与杆菌一般比例为 2∶3 或 3∶2，干燥温度 75～80 ℃。

②冷冻干燥　为避免在冷冻干燥工艺中损害细菌的细胞膜，可在冷冻干燥前加入一些低温化合物，使损害降到最低限度。这些保护物质通常是氢结合物或电离基团，它们在保藏中通过稳定细胞膜的成分来保护细胞不受伤害。为确保发酵剂的活力，可随不同的菌种改变培养基的添加物。如添加苹果酸钠的脱脂乳对嗜热链球菌较适合；乳糖和精氨酸水胶体溶液对保加利亚杆菌、谷氨酸对明串珠菌起较大的保护作用。

（3）冷冻发酵剂

液态发酵剂（母发酵剂和中间发酵剂）在 -40～-20 ℃的温度下冷冻，可贮藏数月，而且可直接作生产发酵剂使用。但在 -40 ℃下冷冻和较长时间的贮藏都会导致杆菌的活力降低。如果使用含有 10% 的脱脂乳、5% 的蔗糖、0.9% 的氯化钠或 1% 明胶的培养基可以提高活力。

在 -196 ℃的液氮中保存发酵剂是最成功发酵剂保存方法，在此温度下水分子不能形成小体积的结晶，而且细胞内的生物化学过程停止。改进了菌种间的平衡关系，较好的控制噬菌体，有效地改善了产品的质量。但酸奶发酵时间延长了，而且此产品过分依赖发酵剂生产商，生产厂家选用的不是很多。

5）发酵剂的质量控制

（1）发酵剂的质量要求

发酵剂是酸乳生产的关键，其质量要求比较严格，必须符合下列各项要求：

①凝块需有适当的硬度，均匀而细滑，富有弹性，组织均匀一致，表面无变色、龟裂、产生气泡及乳清分离等现象。

②凝块全粉碎后，质地均匀，细腻滑润，略带黏性，不含块状物。

③需具有良好的酸味和风味,不得有腐败味、苦味、饲料味和酵母味等异味。

④接种后,在规定的时间内产生凝固,无延长现象。活力测定时(酸度、感官、挥发酸、滋味)合乎规定指标。

(2)发酵剂的质量检验

发酵剂质量的好坏直接影响成品的质量,故在使用前应对发酵剂进行质量检查和评定。

①感官检查 首先观察发酸剂的质地、组织状况、色泽及乳清分离等,其次用触觉或其他方法检查凝块的硬度、黏度及弹性等;然后品尝酸味是否过高或不足,有无苦味和异味等。良好的发酵剂应凝固均匀细腻,组织致密而富有弹性,乳清析出少,具有一定酸味和芳香味,无异味,无气泡,无变色现象。

②化学检查 化学检查的方面很多,最主要检查酸度和挥发酸。酸度一般用滴定酸度表示,以乳酸度 0.8% ~1% 或 90 ~110°T 左右为宜。测定挥发酸时,取发酵剂 250 g 于蒸馏瓶中,用硫酸调整 pH 至 2.0,用水蒸气蒸馏,收集最初的 1 000 mL 用 0.1mol/L 氢氧化钠滴定。

③微生物检查 用常规方法测定总菌数和活菌数,必要时选择适当的培养基测定乳酸菌等特定的菌群。在生产中应对连续繁殖的母发酵剂进行定期污染检验,在透明的玻璃皿中看其在凝结后气体的条纹及其表面状况,作为判定污染与否的指标。如果气体条纹较大或表面有气体产生,要用镜检法判定污染情况,也可用平板培养法进行检测污染情况。平板培养基可用马铃薯右旋糖琼脂来测定酵母和霉菌,也可用平皿计数琼脂检验污染情况。污染检验项目:纯度可用催化酶试验,乳酸菌催化酶试验应呈阴性,阳性反应是污染所致;阳性大肠菌群试验检测粪便污染情况;检查是否污染酵母、霉菌,乳酸发酵剂中不允许出现酵母或霉菌;检查噬菌体的污染情况。

④发酵剂活力测定 发酵剂的活力是指该菌种的产酸能力,即产酸力,可利用乳酸菌的繁殖而产生酸和色素还原等现象来评定。活力测定的方法,必须简单而迅速,可选择下列两种方法。

a. 酸度测定法 在高压灭菌后的脱脂乳中加入 3% 的发酵剂,置于 37.8 ℃ 的恒温箱中培养 3.5 h,测定其乳酸度。酸度达 0.4% 则认为活力较好,并以酸度的数值(此时为 0.4)来表示。

b. 刃天青还原试验 脱脂乳 9 mL 中加入发酸剂 1 mL 和 0.005% 刃天青溶液 1 mL,在 36.7 ℃ 的恒温箱中培养 35 min 以上,如完全褪色则表示活力良好。

任务 4.2 凝固型酸乳的加工

4.2.1 概念

凝固型酸乳(setyoghurt)是灌装后再发酵而成,发酵过程是在包装容器中进行的,因此成品呈凝乳状。

4.2.2　工艺流程

凝固型酸乳的加工工艺流程如下所示。

蔗糖、添加剂等　乳酸菌纯培养物→母发酵剂→生产发酵剂

原料乳预处理→标准化→配料→预热→均质→杀菌→冷却→加发酵剂接种→装瓶→发酵→冷却→后熟→冷藏

4.2.3　操作要点

1）原料乳

原料乳直接影响酸乳和所有发酵乳的质量,必须选用符合质量要求的新鲜乳、脱脂乳或再制乳为原料。用于制作发酵剂的乳和生产酸乳的原料乳必须是高质量,要求酸度在18°T以下,杂菌数不高于500 000个/mL,乳中全乳固体不低于11.5%,抗菌物质检查应为阴性,因为乳酸菌对抗生素极为敏感,乳中微量的抗生素都会使乳酸菌不能生长繁殖。

2）配料

为提高干物质含量,可添加脱脂乳粉,并可配入果料、蔬菜等营养风味辅料。某些国家允许添加少量的食品稳定剂,其加入量为0.1%~0.3%。根据国家标准,酸乳中全乳固体含量应为11.5%左右。蔗糖加入量为5%。有试验表明,适当的蔗糖对菌株产酸是有益的,但浓度过量,不仅抑制了乳酸菌产酸,而且增加生产成本。

3）均质

原料配料后,进行均质处理。均质处理可是原料充分混匀,有利于提高酸乳的稳定性和稠度,并使酸乳质地细腻,口感良好。均质前预热至55 ℃左右可提高均质效果。均质压力为20~25 MPa。

4）杀菌及冷却

均质后的物料以90 ℃进行30 min杀菌,其目的是杀灭原料乳中的病原菌及其他杂菌,确保乳酸菌的正常生长和繁殖;钝化原料乳中对发酵菌有抑制作用的天然抑制物;使牛乳中的乳清蛋白变性,以达到改善组织状态,提高黏稠度和防止成品乳清析出的目的。杀菌条件为:90~95 ℃,5 min。杀菌后的物料应迅速冷却到45 ℃左右,以便接种发酵剂。

5）加发酵剂接种

将活化后的混合生产发酵剂充分搅拌,根据按菌种活力、发酵方法、生产时间安排和混合菌种配比等,以适当比例加入原料乳中。一般生产发酵剂,产酸活力在0.7%~1.0%,此时接种量应为3%~5%。加入的发酵剂应事先在无菌操作条件下搅拌成均匀细腻的状态,不应有大凝块,以免影响成品质量。

制作酸乳常用的发酵剂为保加利亚乳杆菌和嗜热链球菌的混合菌种,其比例通常为

1:1。也可用保加利亚乳杆菌与乳酸链球菌搭配,但研究证明,以前者搭配效果较好。此外由于菌种生产单位不同,其杆菌与球菌的活力也不同,在使用时其配比应灵活掌握。

根据国内外的研究,单一发酵剂的使用其口感往往较差,两种或两种以上的发酵剂混合使用能产生良好的效果。此外混合发酵剂还可缩短发酵时间,因为乳杆菌在发酵过程中产生的物质是链球菌生长的基本因素。开始时球菌生长得比杆菌快,当球菌产一定酸时抑制其生长,此时,杆菌迅速生长。

6)装瓶

凝固型酸乳灌装时,可据市场需要选择玻璃瓶或塑料杯以及瓶的大小和形状,在装瓶前需对玻璃瓶进行蒸气灭菌,一次性塑料杯可直接使用。

目前,酸乳的包装多种多样,砖形的、杯状的、圆形的、袋状的、盒状的、家庭经济装的等;其包装材质也种类繁多,复合纸的、PVC材料的、瓷罐的、玻璃的等。不同的包装材料和包装形式,为消费者提供了多种的选择,以满足不同层次消费者的需求和繁荣酸乳市场。但不论哪种形式和材质的包装物都必须无毒、无害、安全卫生,以保证消费者的健康。酸乳在出售前,其包装物上应有清晰的商标、标识、保质期限、产品名称、主要成分的含量、食用方法、贮藏条件以及生产商和生产日期。

7)发酵

发酵时间随菌种而异。用保加利亚杆菌和嗜热链球菌的混合发酵剂时,温度保持在41~44 ℃,培养时间2.5~4.0 h(3%~5%的接种量)。达到凝固状态即可终止发酵。

发酵终点可依据如下条件来判断:①滴定酸度达到80°T以上;②pH低于4.6;③表面有少量水痕;④乳变黏稠。

发酵过程中应注意避免震动,否则会影响其组织状态;发酵温度应恒定,避免忽高忽低;掌握好发酵时间,防止酸度不够、过度以及乳清析出。

8)冷却与后熟

发酵好的凝固酸乳,应立即移入0~4 ℃的冷库中,迅速抑制乳酸菌的生长,以免继续发酵造成酸度过高。在冷藏期间,酸度仍会有上升,同时风味物质双乙酰含量也会增加。试验表明冷却24 h,双乙酰含量达到最高,超过24 h又会减少。因此,发酵凝固后须在0~4 ℃储藏24 h再出售,该过程也称为后成熟。一般最大冷藏期为7~14 d。

4.2.4 常见产品质量缺陷及防止方法

凝固型酸乳生产中,由于各种原因,常会出现一些质量缺陷问题,如凝固性差、乳清析出、风味不好等。

1)凝固性差

凝固性是凝固型酸乳质量的一个重要指标。一般牛乳在接种乳酸菌后,在适宜温度下发酵2.5~4.0 h便会凝固,表面光滑、质地细腻。但酸乳有时会出现凝固性差或不凝固现象,黏性很差,出现乳清分离。造成的原因较多,如原料乳的质量、发酵时间和温度、菌种的使用以及加糖量等。

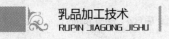

（1）原料乳质量

生产酸乳的原料乳应符合国家标准。当乳中含有抗生素、磺胺类药物以及防腐剂时，都会抑制乳酸菌的生长。实验证明原料乳中含微量青霉素（0.01 IU/mL）时，对乳酸菌便有明显的抑制作用。原料乳消毒前，污染有能产生抗生素的细菌，杀菌处理虽除去了细菌，但产生的抗生素不受热处理影响，会在发酵培养中起抑制作用，这一点引起的发酵异常往往会被忽视。另外使用乳腺炎乳由于其白血球含量较高，对乳酸菌也有不同的噬菌作用。

此外，原料乳掺假，特别是掺碱、掺水对酸乳凝固型影响很大。掺碱使发酵所产的酸消耗于中和，而不能积累达到凝乳要求的 pH，从而使乳不凝或凝固不好。牛乳中掺水，会使乳的总干物质降低，也会影响酸乳的凝固性。

因此，原料乳的选择非常重要，要排除上述诸因素的影响，必须把好原料验收关，应采用新鲜牛乳，严格检测各项指标，杜绝使用含有抗生素、磺胺类药物以及防腐剂的牛乳生产酸乳。必要时先进行培养凝乳试验，样品不凝或凝固不好者不能进行生产。对由于掺水而使干物质降低的牛乳，可适当添加脱脂乳粉，使干物质含量达 11% 以上，以保证质量。

（2）发酵温度和时间

发酵温度依所采用乳酸菌种类的不同而异。若发酵温度低于最适温度，乳酸菌活力则下降，凝乳能力降低，使酸乳凝固性降低。发酵时间短，也会造成酸乳凝固性降低。此外，发酵室温度不均匀也是造成酸乳凝固性降低的原因之一。因此，在实际生产中，应尽可能保持发酵室的温度恒定，并控制发酵温度和时间。

（3）噬菌体污染

发酵剂噬菌体是造成发酵缓慢、凝固不完全的原因之一。可通过发酵活力降低，产酸缓慢来判断。国外采用经常更换发酵剂的方法加以控制。此外，由于噬菌体对菌的选择作用，两种以上菌种混合使用也可噬菌体危害减少。

（4）发酵剂活力

发酵剂活力弱或接种量太少会造成酸乳的凝固性下降。对一些灌装容器上残留的洗涤剂（如氢氧化钠）和消毒剂（如氯化物）也要清洗干净，以免影响菌种活力，确保酸乳的正常发酵和凝固。

（5）加糖量

生产酸乳时，加入适当的蔗糖可使产品产生良好的风味，凝块细腻光滑，提高黏度，并有利于乳酸菌产酸量的提高。若加糖量过大，会产生高渗透压，抑制了乳酸菌的生长繁殖，造成乳酸菌脱水死亡，相应活力下降，使牛乳不能很好凝固；而加糖量过小，会使酸乳发酵的乳酸度不够，风味不正。

2）乳清析出

酸乳在生产、销售、贮存时有时出现乳清析出的现象，酸乳的国家标准规定酸乳允许有少量的乳清析出，但大量的乳清析出是属于不合格产品。乳清析出是常见的质量缺陷，其主要原因有以下几种。

（1）原料乳热处理不当

热处理温度偏低或时间不够，就不能使大量乳清蛋白变性，而变性乳清蛋白可与酪蛋白形成复合物,能容纳更多的水分,并且具有最小的脱水收缩作用。一般原料乳的最佳热处理条件是 90～95 ℃,5 min。

(2)发酵温度和时间

发酵温度过高和过低,都不适宜乳酸菌的生长,造成不好控制乳酸菌生长繁殖,可能产酸量过大。而且若发酵时间过长,乳酸菌继续生长繁殖,产酸量不断增加。酸性的增强破坏了原来已形成的胶体结构,使其容纳的水分游离出来形成乳清上浮。发酵时间过短,乳蛋白质的胶体结构还未充分形成,不能包裹乳中原有的水分,也会形成乳清析出。

因此,酸乳发酵时,应抽样检查,发现牛乳已完全凝固,就应立即停止发酵;若凝固不充分,应继续发酵,待完全凝固后取出。

(3)其他因素

原料乳中总干物质含量低、乳中有氧气、酸乳凝胶机械振动、乳中钙盐不足、发酵剂加量过大等也会造成乳清析出,在生产时应加以注意,乳中添加适量的 $CaCl_2$ 既可减少乳清析出,又可赋予酸乳一定的硬度。

3)风味不正

正常酸乳应有发酵乳纯正的风味,但在生产过程中常出现以下不良风味:

(1)酸乳无芳香味

酸乳无芳香味主要是由于原料乳不新鲜、菌种选择及操作工艺不当所引起。生产酸奶用的原料乳要特别挑选,牛奶要选用新鲜的纯牛奶。而且正常的酸乳生产应保证两种以上的菌混合使用并选择适宜的比例,任何一方占优势均会导致产香不足,风味变劣。高温短时发酵和固体含量不足也是造成芳香味不足的因素。芳香味主要来自发酵剂酶分解柠檬酸产生的丁二酮物质。所以原料乳中应保证足够的柠檬酸含量。

(2)酸乳的酸甜度不合理

酸乳过酸、过甜导致酸甜不合理,特别是酸感较刺激,极不柔和是酸乳常见的质量缺陷问题。加糖量较低、接种量过多、发酵过度、后熟过长、冷藏时温度偏高等会使酸乳偏酸,而加糖量过高、接种量过少、发酵不足等又会导致酸乳偏甜。

因此,应严格控制加糖量,尽量避免发酵过度或不足现象。工作发酵剂的接种量为3%～5%,一次性投菌种的添加量按其厂家要求添加。选择后酸化弱的菌种,或者在酸奶发酵后添加一些能够抑制乳酸菌生长的物质来控制酸奶的后酸化。确定合理的冷却时间,并应在0～4 ℃条件下冷藏,防止温度过高,后熟过长。

(3)酸乳异味

酸乳呈现有奶粉味,有时还有苦味、塑胶味、异臭味、不洁味。原料乳的干物质含量低,用奶粉调整原料奶的干物质和蛋白质时,添加的奶粉量过大从而影响酸乳的口味,是生产的酸乳呈现奶粉味;接种量过大或菌种选用不好,会使酸乳呈现苦味;包装材料选用不当会给酸乳带来塑胶味;原料乳的牛体臭、氧化臭味及由于过度热处理或添加了风味不良的炼乳或乳粉等制造的酸乳会使酸乳呈现异臭味;而不洁味主要由发酵剂或发酵过程中污染杂菌引起。污染丁酸菌可使产品带刺鼻怪味,污染酵母菌不仅产生不良风味,还会影响酸乳的组织状态,使酸乳产生气泡。

因此,增加乳的干物质和蛋白质含量时,尽量少加乳粉,如果达不到干物质和蛋白质含量的要求时,可采用将奶闪蒸或浓缩来提高乳干物质和蛋白质含量;工作发酵剂的接种量

为 3% ~5% ,一次性直接菌种的添加量按其厂家要求添加,如仍有苦味应改换菌种;对包装材料进行检验,使用合格的包装材料;并选用优质的原料乳,严格控制生产工艺,防止污染杂菌。

4)口感差

优质酸乳柔嫩、细滑,清香可口。但有些酸乳口感粗糙,有砂状感。这主要是由于生产酸乳时,采用了高酸度的乳或劣质的乳粉。

因此,生产酸乳时,应采用新鲜牛乳或优质乳粉,并采取均质处理,使乳中蛋白质颗粒细微化,达到改善口感的目的。

5)表面有霉菌生长

酸乳贮藏时间过长或温度过高时,往往在表面出现有霉菌。黑斑点易被察觉,而白色霉菌则不易被注意。这种酸乳被人误食后,轻者有腹胀感觉,重者引起腹痛下泻。污染霉菌的主要原因是菌种污染霉菌、接种过程中有霉菌污染;生产过程中有霉菌污染;包材被霉菌污染。

因此,要严格保证卫生条件。如果使用传代菌种,菌种在传代过程中要严格控制污染,确保无菌操作,保证免受霉菌污染;生产中一定要控制好环境卫生,生产环境要严格进行消毒、杀菌,确保生产环境中霉菌数合格,一般生产环境空气中酵母、霉菌数为≤50/平板;包材在进厂之前一定要严格检验,确保合格,存放于无菌环境中,使用时用紫外线杀菌;并根据市场情况控制好贮藏时间和贮藏温度。

4.2.5 凝固型酸乳国家质量标准(GB 19302—2010)

1)感官指标

感官指标应符合表 4.2 的规定。

表 4.2　凝固型酸乳感官指标

项　目	要求		检验方法
	发酵乳	风味发酵乳	
色泽	色泽均匀一致,呈乳白色或微黄色	具有与添加成分相符的色泽	取适量试样置于 50 mL 烧杯中,在自然光下观察色泽和组织状态。闻其气味,用温开水漱口,品尝滋味
滋味、气味	具有发酵乳特有的滋味、气味	具有与添加成分相符的滋味和气味	
组织状态	组织细腻、均匀,允许有少量乳清析出;风味发酵乳具有添加成分特有的组织状态		

2)理化指标

理化指标应符合表 4.3 的规定。

表 4.3　凝固型酸乳理化指标

项　目		指　标		检验方法
		发酵乳	风味发酵乳	
脂肪[a]/[g·(100 g)$^{-1}$]	≥	3.1	2.5	GB 5413.3
非脂乳固体/[g·(100 g)$^{-1}$]	≥	8.1	—	GB 5413.39
蛋白质/[g·(100 g)$^{-1}$]	≥	2.9	2.3	GB 5009.5
酸度/°T	≥	70.0		GB 5413.34

注:a 仅适用于全脂产品。

3)微生物指标

微生物指标应符合表 4.4 的规定。

表 4.4　凝固型酸乳微生物指标

项　目	采样方案[a]及限量(若非指定,均以 CFU/g 或 CFU/mL 表示)				检验方法
	n	c	m	M	
大肠菌群	5	2	1	5	GB 4789.3 平板计数法
金黄色葡萄球菌	5	0	0/25 g(mL)	—	GB 4789.10 定性检验
沙门氏菌	5	0	0/25 g(mL)		GB 4789.4
酵母　　≤	100				GB 4789.15
霉菌　　≤	30				

注:a 样品的分析及处理按 GB 4789.1 和 GB 4789.18 执行。

另外污染物限量:应符合 GB 2762 的规定。真菌毒素限量:应符合 GB 2761 的规定。

4)乳酸菌数

乳酸菌数应符合表 4.5 的规定。

表 4.5　凝固型酸乳乳酸菌数

项　目		限量/[CFU/g(mL)]	检验方法
乳酸菌数	≥	1×10^6	GB 4789.35

注:发酵后经热处理的产品对乳酸菌数不作要求。

任务 4.3　搅拌型酸乳的加工

搅拌型酸乳是发酵后再灌装而成,发酵后的凝乳在灌装前和灌装过程中搅碎而成黏稠

状组织状态。

4.3.1 工艺流程

搅拌型酸乳的加工工艺流程的如下所示。

蔗糖、添加剂等　乳酸菌纯培养物→母发酵剂→生产发酵剂
↓　　　　　　　　　　　　　　　　↓

原料乳预处理→标准化→配料→预热→均质→杀菌→冷却→加发酵剂接种→发酵→冷却→搅拌混合→灌装→冷却→成熟

4.3.2 操作要点

搅拌型酸乳的加工工艺及技术要求基本与凝固型酸乳相同,其不同点主要是搅拌型酸乳多了一道搅拌混合工艺,这也是搅拌型酸乳的特点。另外,根据在加工过程中是否添加了果蔬料或果酱,搅拌型酸乳可分为天然搅拌型酸乳和加料搅拌型酸乳。本节只对与凝固型酸乳不同点加以说明。

1)发酵

搅拌型酸乳的发酵是在发酵罐或缸中进行,而发酵罐是利用罐周围夹层的热媒来维持恒温,热媒的温度可随发酵参数而变化。若在大缸中发酵,则应控制好发酵间的温度,避免忽高忽低。发酵间上部和下部温差不要超过 1.5 ℃。同时,发酵缸应远离发酵间的墙壁,以免过度受热。

2)冷却

冷却的目的是快速抑制细菌的生长和酶的活性,以防止发酵过程产酸过度,及搅拌时脱水。酸乳完全凝固(pH4.6~4.7)时开始冷却,冷却过程应稳定进行。冷却过快将造成凝块收缩迅速,导致乳清分离;冷却过慢则会造成产品过酸和添加果料的脱色。冷却可采用片式冷却器、管式冷却器、表面刮板式热交换器、冷却缸(槽)等冷却。一般温度控制在0~7 ℃为宜。

3)搅拌

搅拌是搅拌型酸乳生产的一道重要工序,通过机械力破坏凝胶体,使凝胶体的粒子直径达到0.01~0.4 mm,并使酸乳的硬度和黏度及组织状态发生变化。

(1)搅拌的方法

①凝胶体搅拌法　不是采用搅拌方式破坏胶体,而是借助薄板(薄的圆板或薄竹板)或用粗细适当的金属丝制的筛子,使凝胶体滑动。凝胶体搅拌法有机械搅拌法和手动搅拌法两种。

机械搅拌使用宽叶片搅拌器、螺旋桨搅拌器、涡轮搅拌器等。叶片搅拌器具有较大的构件和表面积,转速慢,适合于凝胶体的搅拌;螺旋桨搅拌器每分钟转数较高,适合搅拌较大量的液体,涡轮搅拌器是在运转中形成放射线形液流的高速搅拌器,也是制造液体酸乳常用的搅拌器。

手动搅拌是在凝胶结构上,采用损伤性最小的手动搅拌以得到较高的黏度。手动搅拌一般用于小规模生产,如 40 ~ 50 L 桶制作酸乳。

②均质法 这种方法一般多用于制作酸乳饮料,在制造搅拌型酸乳中不常用。搅拌过程中应注意,搅拌既不可过于激烈,又不可过长时间。搅拌时应注意凝胶体的温度、pH 值及固体含量等。

通常用两种速度进行搅拌,开始用低速,以后用较快的速度。

(2)搅拌时的质量控制

①温度 搅拌的最适温度 0 ~ 7 ℃,此时适于亲水性凝胶体的破坏,可得到搅拌均匀的凝固物。既可缩短搅拌时间,还可减少搅拌次数。若在 38 ~ 40 ℃进行搅拌,凝胶体易形成薄片状或砂质结构等缺陷。

②pH 酸乳的搅拌应在凝胶体的 pH4.7 以下时进行,若在 pH4.7 以上时搅拌,则因酸乳凝固不完全、黏性不足而影响其质量。

③干物质 合格的乳干物质含量对搅拌型酸乳防止乳清分离能起到较好的作用。

4)混合、灌装

果蔬、果酱和各种类型的调香物质等可在酸乳自缓冲罐到包装机的输送过程中加入,这种方法可通过一台变速的计量泵连续加入到酸乳中。果蔬混合装置固定在生产线上,计量泵与酸乳给料泵同步运转,保证酸乳与果蔬混合均匀。一般发酵罐内用螺旋搅拌器搅拌即可混合均匀。酸乳可根据需要,确定包装量和包装形式及灌装机。

搅拌型酸乳灌装时,注意对果料杀菌,杀菌温度应控制在能抑制一切有生长能力的细菌,而又不影响果料的风味和质地的范围内。

5)冷却、后熟

将罐装好的酸乳置于 0 ~ 7 ℃冷库中冷藏 24 h 进行后熟,进一步促使芳香物质的产生和改善黏稠度。

4.3.3 常见产品质量缺陷及防止方法

搅拌型酸乳生产中,由于各种原因,也常会出现一些质量缺陷问题,如下所示:

1)组织状态不细腻,具有砂状组织

搅拌型酸乳在组织外观上有许多砂状颗粒存在,不细腻,饮用时有沙粒感。砂状组织的产生有多重原因:均质效果不好;搅拌时间短;乳中干物质含量;菌种的原因;稳定剂选择得不好或添加量过大。

因此,应控制均质条件,均质温度设在 65 ~ 70 ℃,压力为 15 ~ 20 MPa。经常检验乳的均质效果,定期检查均质部件,如有损坏及时更换;确定合理的搅拌工艺条件,应选择适宜的发酵温度,避免原料受热过度,较高温度下的搅拌;减少乳粉用量,避免干物质过多;更换菌种,搅拌型酸奶所用的菌种应选用产黏度高的菌种;选择适合的稳定剂及合理的添加剂,根据具体的设备情况确定合理的配方。

2)口感偏稀,黏稠度偏低

搅拌型酸乳会出现口感偏稀,黏稠度偏低质量缺陷。主要原因是:乳中干物质含量偏低,特别是蛋白质含量低;没有添加稳定剂或稳定剂添加量少,稳定剂选用不好;热处理或均质效果不好;酸乳的搅拌过于激烈;加工过程中机械处理过于激烈;搅拌时酸乳的温度过低,发酵期间凝胶遭破坏;菌种的原因。

因此,应调整配方,使乳中干物质含量增加,特别是蛋白质含量提高,乳中干物质含量,特别是蛋白质含量对乳的质量起主要作用;添加一定量的稳定剂来提高酸乳的黏度,可改善酸乳的口感;调整工艺条件,控制均质温度,均质温度设在 65 ~ 75 ℃,压力为 15 ~ 20 MPa,经常检查乳的均质效果,定期检查均质机部件,如有损伤应及时更换;调整酸乳的搅拌速度及搅拌时间;发酵期间保证乳处于静止状态,检查搅拌是否关闭;搅拌型酸乳的菌种应选用高黏度菌种。

3)风味不正

除了与凝固型酸乳相同的因素外,在搅拌过程中因操作不当而混入大量空气,造成酵母和霉菌的污染,也会严重影响风味。酸乳较低的 pH 虽然抑制几乎所有的细菌生长,但却适于酵母和霉菌的生长,造成酸乳的变质、变坏和不良风味。

4)乳清分离

酸乳搅拌速度过快、过度搅拌或泵送造成空气混入产品,将造成乳清分离。此外,酸乳发酵过度、冷却温度不适及干物质含量不足也可造成乳清分离现象。因此,应选择合适的搅拌器搅拌并注意降低搅拌温度。同时可选用适当的稳定剂,以提高酸乳的黏度,防止乳清分离,其用量为 0.1% ~0.5% 。

5)色泽异常

在生产中因加入的果蔬处理不当而引起变色、褪色等现象时有发生。应根据果蔬的性质及加工特性与酸乳进行合理的搭配和制作,必要时还可添加抗氧化剂。

6)出现胀包

乳在贮存及销售过程中,特别是在常温下销售及贮存很容易出现胀包。产气菌作用于酸乳,使酸乳变质的同时也使酸乳的包装气胀。污染搅拌型酸乳而使酸乳产气的产气菌主要是酵母菌和大肠杆菌,其污染途径主要在以下几方面:菌种被产气菌污染(主要是酵母菌污染);生产过程中酸乳被酵母菌和大肠杆菌污染;酸乳包装材料被酵母菌和大肠杆菌污染;包材本身不合格使外界微生物侵入而造成的污染;杀菌不彻底有产气菌未杀死的污染;生产工艺中杀菌机杀菌参数设定不正确而残留产气菌的污染;在灌装时破坏无菌环境使外界微生物侵入而造成的污染。

因此,菌种在传代过程中要严格控制环境卫生,确保无菌操作,可用一次性直接干粉菌种来解决继代菌种存在的一些弊病;严格控制生产过程中可能存在的污染点和一些清洗不到的死角,如设备杀菌、发酵罐、酸奶缓冲罐、进出料管、灌装设备、配料设备等一定要清洗彻底,以后再进行杀菌,杀菌温度一般为 90 ℃以上(设备出口温度)并且保证 20 ~40 min,杀菌效果的验证可采取涂抹试验来检验杀菌效果,生产环境用空降来检测空气中酵母菌是否超标,若超标可采取二氧化氯喷雾、乳酸薰蒸、空气过滤等措施来解决空气污染,采取空气降落法来检验空气中酵母、霉菌数,一般生产环境空气中酵母、霉菌数为 ≤50 个/平板,另外严格控制人体卫生,进车间前一定要严格消毒,生产过程中经常对工作服、鞋及人手进行涂抹试验,确保人体卫生合格,加强车间环境、设备等方面的消毒、杀菌工作,确保大肠杆菌无论是在工序还是成品中的检验都是未检出的状态;包材在使用前涂抹方法检测微生物的数量,在生产时可用紫外线杀菌或双氧水灭菌等方法来控制,并且要严格控制好包材贮存的环境质量;也可采取在酸奶中添加一定量的抑制酶(抑制酵母和霉菌)来解决此问题;杀菌要彻底,杀菌机参数设定要达到在保质期内不发生任何变质;严格按无菌操作要求规程操作。

4.3.4 搅拌型酸乳国家质量标准(GB 19302—2010)

搅拌型酸乳质量标准也严格按照食品安全国家标准 GB 19302—2010《发酵乳》要求执行,具体要求见任务 4.2 凝固型酸乳国家质量标准章节。

任务 4.4 乳酸菌饮料的加工

4.4.1 乳酸菌饮料的配方

乳酸菌饮料的配方见表 4.6。

表 4.6 乳酸菌饮料的配方

酸乳型乳酸菌饮料		果蔬型乳酸菌饮料	
原 料	配合比例/%	原 料	配合比例/%
发酵脱脂乳	40.00	发酵脱脂乳	5.00
香 料	0.05	蔗 糖	14.00
蔗 糖	14.00	果 汁	10.00
色 素	适量	稳定剂	0.20
稳定剂	0.35	柠檬酸	0.15
水	45.60	维生素 C	0.05
		香 料	0.10
		色 素	少量
		水	75.50

4.4.2 工艺流程

乳酸菌饮料的加工工艺流程如下所示。

柠檬酸、稳定剂、水→杀菌→冷却　果汁、糖溶液
↓　　　　　↓
原料乳预处理→混合→杀菌→冷却→发酵→冷却→搅拌→混合调配→预热→均质→杀菌→冷却→灌装→成品

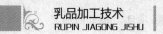

4.4.3　操作要点

1)混合调配

先将经过巴氏杀菌冷却至 20 ℃左右的稳定剂、水、糖溶液加入发酵乳中混合并搅拌，然后再加入果汁、酸味剂与发酵乳混合并搅拌，最后加入香精等。

在乳酸菌饮料中最常使用的稳定剂是纯果胶或与其他稳定剂的复合物。通常果胶对酪蛋白颗粒具有最佳的稳定性，这是因为果胶是一种聚半乳糖醛酸，在 pH 为中性和酸性时带负电荷，将果胶加入到酸乳中时，它会附着于酪蛋白颗粒的表面，使酪蛋白颗粒带负电荷。由于同性电荷相互排斥，可避免酪蛋白颗粒之间相互聚合成大颗粒而产生沉淀。考虑到果胶分子在使用过程中的降解趋势以及它在 pH＝4 时稳定性最佳的特点，因此，杀菌前一般将乳酸菌饮料的 pH 调整为 3.8～4.2。一般糖的添加量为 11% 左右。

2)均质

通常用胶体磨或均质机进行均质，使其液滴微细化，提高料液黏度，抑制粒子的沉淀，并增强稳定剂的稳定效果。乳酸菌饮料较适宜的均质压力为 20～25 MPa，温度 53 ℃左右。

3)后杀菌

发酵调配后的杀菌目的是延长饮料的保存期。经合理杀菌。无菌灌装后的饮料，其保存期可达 3～6 个月。由于乳酸菌饮料属于高酸食品，故采用高温短时巴氏消毒即可得到商业无菌，也可采用更高的杀菌条件如 95～105 ℃或 110 ℃，4 s。生产厂家可根据自己的实际情况，对以上杀菌制度作相应的调整，对塑料瓶包装的产品来说，一般灌装后采用 95～98 ℃，20～30 min 的杀菌条件，然后进行冷却。

4)果蔬预处理

在制作蔬菜乳酸菌饮料时，要首先对果蔬进行加热处理，以起到灭酶作用。通常在沸水中处理 6～8 min。经灭酶后打浆或取汁，再与杀菌后的原料乳混合。

4.4.4　常见产品质量缺陷及防止方法

乳酸菌饮料在生产和贮藏过程中由于种种原因常会出现如下一些质量缺陷问题。

1)沉淀现象

沉淀是乳酸菌饮料最常见的质量问题。乳蛋白中 80% 为酪蛋白，其等电点为 pH4.6。通过乳酸菌发酵，并添加果汁或加入酸味剂而使饮料的 pH 为 3.8～4.4。此时，酪蛋白处于高度不稳定状态，任其静置，势必造成分层、沉淀等现象。

此外，在加入果汁、酸味剂时，若酸浓度过大，加酸时混合液温度过高或加酸速度过快及搅拌不匀等均会引起局部过度酸化而发生分层和沉淀。对于出现的沉淀问题除了加工工艺正确操作外，通常采用物理(均质)和化学(稳定剂)两种方法来解决。

(1)均质

均质可使酪蛋白粒子微细化，抑制粒子沉淀并可提高料液黏度，增强稳定效果。均质压力通常选择在 20~25 MPa。均质时的温度对蛋白质稳定性影响也很大。试验表明,在 51.0~54.5 ℃均质时稳定性最好。当均质温度低于 51 ℃时,饮料黏度大,在瓶壁上出现沉淀,几天后有乳清析出。当温度高于 54.5 ℃时,饮料较稀,无凝结物,但易出现水泥状沉淀,饮用时口感有粉质或粒质。均质温度保持在 51.0~54.5 ℃,尤其在 53 ℃左右时效果最好。

（2）稳定剂

采用均质处理,还不能达到完全防止乳酸菌饮料的沉淀。经均质后的酪蛋白微粒,因失去了静电荷、水化膜的保护,使粒子间的引力增强,增加了碰撞的机会,容易聚成大颗粒而沉淀。因此,均质同时使用化学方法才可起到良好作用。常用的化学方法是添加亲水性和乳化性较高的稳定剂,二者配合使用,方能达到较好效果。稳定剂不仅能提高饮料的黏度,防止蛋白质粒子因重力作用而下沉,更重要的是它本身是一种亲水性高分子化合物,在酸性条件下与酪蛋白形成保护胶体,防止凝集沉淀。

此外,由于牛乳中含有较多的钙,在 pH 降到酪蛋白等电点以下时以游离钙状态存在,Ca^{2+} 与酪蛋白之间易发生凝集而沉淀。故添加适当的磷酸盐使其与 Ca^{2+} 形成螯合物,起到稳定作用。目前,常使用的乳酸菌饮料稳定剂有羧甲基纤维素（CMC）、藻酸丙二醇酯（PGA）等,两者以一定比例混合使用效果更好。

（3）添加蔗糖

添加 10% 左右的蔗糖不仅使饮料酸中带甜,而且糖在酪蛋白表面形成被膜,可提高酪蛋白与其他分散介质的亲水性,并能提高饮料密度,增加黏稠度,有利于酪蛋白在悬浮液中的稳定。

（4）添加有机酸

增加柠檬酸等有机酸类是引起饮料产生沉淀的因素之一。因此,需在低温条件下添加,添加速度要缓慢,搅拌速度要快。

（5）发酵乳的搅拌温度

为了防止沉淀产生,还应注意控制好搅拌发酵乳时的温度。高温时搅拌,凝块将收缩硬化,造成蛋白胶粒的沉淀。

2）饮料中活菌数的控制

乳酸菌活性饮料要求每毫升饮料中含活的乳酸菌 100 万个以上。欲保持较高活力的菌数,发酵剂应选用耐酸性强的乳酸菌种（如嗜酸乳杆菌、干酪乳酸菌）。为了弥补发酵本身的酸度不足,可补充柠檬酸,但是柠檬酸的添加会导致活菌数下降,所以必须控制柠檬酸的使用量。苹果酸对乳酸菌的抑制作用较小,与柠檬酸并用可以减少活菌数的下降,同时又可以改善柠檬酸的涩味。

3）杂菌污染

乳酸菌饮料中的营养成分丰富,除大量乳酸菌生长繁殖外,还可促进酵母菌、霉菌等杂菌的生长繁殖。酵母菌繁殖会产生二氧化碳,并形成酯臭味和酵母味等令人不愉快的风味;霉菌耐酸性很强,也容易在乳酸中繁殖并产生不良影响。受杂菌污染的乳酸菌饮料会产生气泡和异常凝固,不仅外观和风味受到破坏,甚至完全失去商品价值。酵母菌、霉菌的耐热性弱,通常在 60 ℃,5~10 min 加热处理时即被杀死,制品中出现的污染主要是二次污

染所致。为了有效地防止酵母菌、霉菌等杂菌在乳酸菌饮料产品内的生长繁殖,乳酸菌饮料加工车间的卫生条件、加工机械的清洗消毒以及灌装时的环境卫生等必须符合相关标准要求,以避免制品二次污染,降低坏包、沉淀、酸包等腐坏的现象。

4)脂肪上浮

在采用全脂乳或脱脂不充分的脱脂乳作原料时,由于均质处理不当等原因引起脂肪上浮,应改进均质条件,如增加压力或提高温度,同时可添加酯化度高的稳定剂或乳化剂如卵磷脂、单硬脂酸甘油酯、脂肪酸蔗糖酯等。做好采用含脂率较低的脱脂乳或脱脂乳粉作为乳酸菌饮料的原料,并注意进行均质处理。

5)果蔬料的质量控制

为了强化饮料的风味与营养,常常加入一些果蔬原料,由于这些物料本身的质量或配制饮料时预处理不当,使饮料在保存过程中也会引起感官质量的不稳定;如饮料变色、褪色、出现沉淀、污染杂菌等。因此,在选择及加入这些果蔬物料时应多做试验,保存期试验至少应在 1 个月以上。

4.4.5　乳酸菌饮料国家质量标准(GB 16321—2003)

1)感官指标

(1)色泽

呈均匀一致的乳白色,稍带微黄色或相应的果类色泽。

(2)滋味和气味

口感细腻、甜度适中、酸而不涩,具有该乳酸菌饮料应有的滋味和气味,无异味。

(3)组织状态

呈乳浊状,均匀一致不分层,允许有少量沉淀,无气泡、无异味。

2)理化指标

理化指标应符合表4.7 的规定。

表4.7　乳酸菌饮料的理化指标

项　目		指　标
蛋白质/[g·(100 g)$^{-1}$]	≥	0.70
总砷(以 As 计)/(mg·L^{-1})	≤	0.2
铅/(mg·L^{-1})	≤	0.05
铜/(mg·L^{-1})	≤	5.0
尿酶试验		阴性

3)微生物指标

微生物指标应符合表4.8 的规定。

表4.8　乳酸菌饮料的微生物指标

项　目	指　标	
	未杀菌乳酸菌饮料	杀菌乳酸菌饮料
乳酸菌/(CFU·mL^{-1}) 出厂 销售　　　　　　　≥	1×10^6 有活菌检出	— —
菌落总数/(CFU·mL^{-1})　　　≤	—	100
霉菌数/(CFU·mL^{-1})　　　　≤	30	30
酵母数/(CFU·mL^{-1})　　　　≤	50	50
大肠菌群/[MPN·(100 mL)$^{-1}$]　≤	3	
致病菌(沙门氏菌、志贺氏菌、金黄色葡萄球菌)	不得检出	

项目小结)))

　　酸乳是指添加(或不添加)乳粉(或脱脂乳粉)的乳中(杀菌乳或浓缩乳),在发酵剂的作用进行乳酸发酵制成的凝乳状产品,成品中含有大量的、相应的活性微生物。根据酸乳的组织状态,酸乳可分为凝固型酸乳和搅拌型酸乳两类。酸乳具有其独特的营养价值:酸乳中的蛋白质更易被机体合成细胞时所利用,具有更好的生化可利用性;含有更多的易于吸收的钙质和丰富的维生素;同时,酸乳可减轻"乳糖不耐受症"、调节人体肠道中的微生物菌群平衡、有效降低胆固醇水平以及预防白内障的形成等。本项目介绍了凝固、搅拌型酸乳及乳酸菌原料的概念、种类,生产方法和工艺操作要求以及国家标准对于产品的规定。通过本项目学习能够掌握生产基本工艺,并能解决酸乳加工中常见的质量问题。

复习思考题)))

1.简述酸乳的种类及其特点。
2.简述发酵剂的种类和作用。
3.简述搅拌型酸乳生产工艺流程。
4.简述凝固性酸乳操作要点。
5.简述乳酸菌饮料的生产的常见质量问题及防止方法。

项目5
乳粉的加工

◎了解乳粉的种类及其组成；

◎掌握全脂乳粉、脱脂乳粉、配方乳粉和速溶乳粉的生产工艺流程；

◎了解乳粉生产的原理，了解生产设备的原理、类型及其使用方法。

◎能独立完成全脂乳粉、脱脂乳粉、速溶乳粉、配方乳粉的加工；

◎能解决乳粉生产中常见质量问题。

任务5.1 知识链接

5.1.1 乳粉的概念

乳粉系用新鲜牛乳或以新鲜牛乳为主,添加一定数量的植物蛋白质、植物脂肪、维生素、矿物质等原料,经杀菌、浓缩、干燥等工艺过程而制得的粉末状产品。

乳粉具有在保持乳原有品质及营养价值的基础上,产品含水量低,体积小、质量轻,储藏期长,食用方便,便于运输和携带等特点,更有利于调节地区间供应的不平衡。品质良好的乳粉加水复原后,可迅速溶解恢复原有鲜乳的性状。因而,乳粉在中国的乳制品结构中仍然占据着重要的位置。

5.1.2 乳粉的种类

乳粉的种类很多,但主要以全脂乳粉、脱脂乳粉、速溶乳粉、婴儿配方乳粉、调制乳粉等为主。

1)全脂乳粉

全脂乳粉是新鲜牛乳经标准化、杀菌、浓缩、干燥而制得的粉末状产品。根据是否加糖其又分为全脂淡乳粉和全脂甜乳粉。全脂乳粉保持了乳的香味和色泽。

2)脱脂乳粉

脱脂乳粉是用新鲜牛乳经预热、离心分离获得的脱脂乳,然后再经杀菌、浓缩、干燥而制得的粉末状产品。由于脂肪含量很低(不超过1.25%),耐保藏,不易引起氧化变质。

脱脂乳粉一般多用于食品工业作为原料,如饼干、糕点、面包、冰淇淋及脱脂鲜干酪等都用脱脂乳粉。目前广泛要求速溶脱脂乳粉,因其大量使用时非常方便。这种乳粉是食品工业中的一项非常重要的蛋白质来源。

3)乳清粉

将生产干酪排出的乳清经脱盐、杀菌、浓缩、干燥而制成的粉末状产品即乳清粉。乳清粉含有大量的乳清蛋白、乳糖,适用于配制婴幼儿食品、牛犊代乳品。

4)酪乳粉

酪乳粉是将酪乳干制成的粉状物,其含有较多的卵磷脂。酪乳粉富含磷脂及蛋白质、可作为冷食、面包、糕点等的辅料,改善产品品质。

5)干酪粉

干酪粉是用干酪制成的粉末状制品。干酪粉可有效改善干酪在贮存过程中出现膨胀变质等质量问题。

6)加糖乳粉

加糖乳粉是新鲜牛乳中加入一定量的蔗糖或葡萄糖,经杀菌、浓缩、干燥而制成的粉末状制品。加糖乳粉可保持牛乳风味并可带有适口甜味。

7)麦精乳粉

麦精乳粉是鲜乳中添加麦芽、可可、蛋类、饴糖、乳制品等经干燥加工而成。麦精乳粉富含丰富营养成分。

8)配方乳粉

配方乳粉是在牛乳中添加目标消费对象所需的各种营养素,经杀菌、浓缩、干燥而制成的粉末状产品,如婴幼儿配方乳粉、中小学生乳粉、中老年乳粉等。

9)特殊配方乳粉

特殊配方乳粉是将牛乳的成分按照特殊人群营养需求进行调整,然后经杀菌、浓缩、干燥而制成的粉末状产品。如降糖乳粉、降血脂乳粉、降血压乳粉、高钙助长乳粉、早产儿乳粉、孕妇乳粉、免疫乳粉等。

10)速溶乳粉

速溶乳粉是在制造乳粉过程中采取特殊的造粒工艺或喷涂卵磷脂而制成的溶解性、冲调性极好的粉末状产品。速溶乳粉较普通乳粉颗粒大、易冲调、使用方便。

11)冰淇淋粉

冰淇淋粉是在新鲜乳中添加一定量的稀奶油、蔗糖、蛋粉、稳定剂、香精等,经混合后制成的粉末状制品,复原后可以直接制作冰淇淋。冰淇淋粉便于保藏和运输。

12)奶油粉

奶油粉是在稀奶油中添加少量鲜乳制成的制品。奶油粉常温下可长时间保藏,便于食品工业使用。

5.1.3 乳粉的化学组成

乳粉中富含蛋白质、脂肪、糖类、无机盐等营养成分,其含量随原料乳的种类和添加物的不同而变化。表5.1为几种主要乳粉制品中营养物质的含量。

表5.1 乳粉化学成分的平均含量

品　　种	水　分	脂　肪	蛋白质	乳　糖	无机盐	乳　酸
全脂乳粉	2.00	27.00	26.50	38.00	6.05	0.16
脱脂乳粉	3.23	0.88	36.89	47.84	7.80	1.55
乳油粉	0.66	65.15	13.42	17.86	2.91	—
甜性酪乳粉	3.90	4.68	35.88	47.84	7.80	1.55
酸性酪乳粉	5.00	5.55	38.85	39.10	8.40	8.62

品 种	水 分	脂 肪	蛋白质	乳 糖	无机盐	乳 酸
干酪乳清粉	6.10	0.90	12.5	72.25	8.97	—
干酪素乳清粉	6.35	0.65	13.25	68.90	10.50	—
脱盐乳清粉	3.00	1.00	15.00	78.00	2.90	0.10
婴儿乳粉	2.60	20.00	19.00	54.00	4.40	0.17
麦精乳粉	3.29	7.55	13.19	72.40*	3.66	

注:＊包括蔗糖、麦精及糊精。

任务5.2 全脂乳粉的加工

5.2.1 工艺流程

全脂乳粉的加工工艺流程如下所示。

原料乳验收→预处理→乳的标准化→杀菌→真空浓缩→喷雾干燥→出粉冷却→过滤→包装→检验→装箱→检验→成品

5.2.2 操作要点

1)原料乳的验收及预处理

(1)原料乳的验收

原料乳应符合国家标准规定,进厂后应立即进行检验,其检验项目包括风味、色泽、酒精试验、乳温测定、相对密度、杂质度、酸度、脂肪、细菌数等感官指标、理化指标及微生物指标,检验合格者方可投入使用。

(2)原料乳的预处理

原料乳的预处理是乳制品生产中必不可少的一个环节,也是保证产品质量的关键工段。原料乳要通过乳秤或乳槽车,以记录称重,作为经济核算的依据。同时要经过净乳(过滤、离心)、冷却至5 ℃以下,送入奶罐储存。具体要求及方法参见项目1。

2)原料乳的标准化

通过净乳机的离心作用对乳进行净化,同时还能对乳中脂肪进行标准化。一般工厂将成品的脂肪含量控制在27%左右,全脂加糖乳粉中脂肪含量应控制在20%以上。具体方法参见项目1。

3）杀菌

（1）杀菌的目的

牛乳中含有脂酶、过氧化物酶及微生物等会影响乳粉的保藏性，因此经过标准化处理的牛乳必须在预热杀菌过程中将其破坏。此外预热杀菌还可提高牛乳的热稳定性；提高浓缩过程中牛乳的进料温度，使牛乳的进料温度超过浓缩锅内相应牛乳的沸点，杀菌乳进入浓缩锅后即自行蒸发，从而提高了浓缩设备的生产能力，并可减少浓缩设备加热器表面的结垢现象。

（2）杀菌方法

杀菌温度及保持时间对乳粉的溶解度及保藏性的影响很大，低温长时间杀菌方法的杀菌效果不理想，所以已经很少应用。一般认为高温杀菌可防止或推迟脂肪的氧化，对乳粉的保藏性有利。但高温长时间加热会严重影响乳粉的溶解度，因此以高温短时间杀菌为好。现在大多采用高温短时（HTST）杀菌或超高温瞬时（UHT）杀菌法。高温短时灭菌法通常采用管式或板式杀菌机，杀菌条件为86～94 ℃，24 s或80～85 ℃，15 s，该方法具有牛乳的营养成分损失较少，乳粉的理化特性较好等优点。超高温瞬时灭菌法通常采用UHT灭菌机，杀菌条件为125～150 ℃，1～2 s，这样的杀菌条件不仅可以达到杀菌要求，对制品的营养成分破坏也小，而且能够减少蛋白质的变性，有利于提高乳粉的溶解性，为目前生产广泛采用。实际操作中，不同的产品可根据本身的特性选择合适的杀菌方法。牛乳常见的杀菌方法见表5.2。

表5.2　牛乳常见的杀菌方法

杀菌方法	杀菌温度/时间	杀菌效果	所用设备
低温长时间杀菌法	60～65 ℃/30 min	可杀死全部病原菌，但不能破坏所有的酶类，杀菌效果一般	容器式杀菌器
	70～72 ℃/15～20 min		
	80～85 ℃/5～10 min	效果较以上两种好	
高温短时间杀菌法	85～87 ℃/15 s	杀菌效果较好	板式、列管式杀菌器
	94 ℃/24 s		
超高温瞬间灭菌法	120～140 ℃/2～4 s	微生物几乎全部杀死	板式、管式、蒸气直接喷射式杀菌器

4）均质

均质的作用主要是将较大的脂肪球变成细小的脂肪球，均匀的分散在脱脂乳中，从而形成均一的乳浊液，经均质处理生产出的乳粉脂肪球变小，冲调复原性好，易于消化吸收。生产全脂乳粉、全脂甜乳粉以及脱脂乳粉时，一般不必经过均质操作，但若乳粉的配料中加入了植物油或其他不易混匀的物料时，就需要进行均质操作。均值操作一般压力控制在14～21 MPa，温度以60～65 ℃为宜。

5）加糖

生产加糖全脂乳粉时，蔗糖的添加一般在浓缩工序前进行。根据成品最终的含糖量，将所需蔗糖加热溶解成一定浓度的糖浆,经杀菌、过滤后,与杀菌乳混匀,同时进行浓缩。乳粉的加糖需按照国家标准规定,所使用的蔗糖应符合相应国家标准。

（1）加糖量的计算

为保证乳粉含糖量符合国家规定标准,需预先经过计算。根据标准化乳中蔗糖含量与标准化中干物质含量之比,必须等于加糖乳粉中蔗糖含量与乳粉中乳干物质含量之比,则牛乳中加糖量可按下述公式计算。

$$A = T \times \frac{A_1}{W} \times C$$

式中　A——牛乳中加糖量,kg;

　　　A_1——标准化要求含糖量,%;

　　　W——乳粉中干物质含量,%;

　　　T——乳的总干物质含量,%;

　　　C——原料乳的总量,%。

（2）加糖方法

常用的加糖方法有以下4种:

①将糖投入原料乳中溶解加热,同牛乳一起杀菌。

②将糖投入水中溶解,制成含量约为65%的糖浆溶液进行杀菌,再与杀菌过的牛乳混合。

③将糖粉碎杀菌后,再与喷雾干燥好的乳粉混匀。

④预处理时加入一部分糖,包装前再加一部分的蔗糖细粉。

前两种属于先加糖法,制成的产品能明显改善乳粉的溶解度,提高产品的冲调性。后两种属于后加糖法,采用该方法生产的乳粉体积小,从而节省了包装费用。蔗糖具有热熔性,在喷雾干燥塔中流动性较差,因此,生产含糖含量低于20%的产品时,采用前两种方法;含糖量高于20%时,一般采用后加糖法。带有流化床干燥的设备采用第三种方法。

6）蒸发（浓缩）

乳浓缩是利用设备的加热作用,使乳中的水分在沸腾时蒸发汽化,并将汽化产生的二次蒸气不断排出,从而使制品的浓度不断提高,直至达到要求的浓度的工艺过程。为了节约能源和保证产品质量,喷雾干燥前必须对杀菌乳进行浓缩。随着科学技术及生产的发展,浓缩已趋向低温、快速、连续的方向发展。

（1）浓缩的基本原理

乳的蒸发操作经常在减压下进行,即真空浓缩。它是利用真空状态下,液体的沸点随环境压力降低而下降的原理,使牛乳温度保持在40~70 ℃之间沸腾,可使加热过程中的损失降到最小程度。当牛乳中的某些水分子获得的动能超过其分子间的引力时,就在牛乳液面汽化,而牛乳中的干物质数量保持不变,汽化的分子不断移去并使汽化过程持续进行,从而使牛乳的干物质含量不断提高达到预定的浓度。

（2）浓缩的作用

浓缩作为干燥的预处理,可降低产品的加工热耗,节约能源;提高乳中物质的含量,喷雾后使乳粉颗粒粗大,具有良好的分散性和冲调性。同时能提高乳粉的回收率,减少损失;使其密度提高,可减少粉尘飞扬,便于包装;经过真空浓缩,使存在于乳中的空气和氧气

的含量降低,一方面可除去不良气味,另一方面可减少对乳脂肪的氧化,因而可提高产品的品质及储藏性。

(3)乳浓缩

①乳浓缩方法及特点

方法:工业上主要采用常压蒸发和减压蒸发法进行乳的浓缩。实际生产中多采取减压蒸发法,即真空浓缩,是利用抽真空设备使蒸发过程在一定的负压状态下进行,溶液的沸点低,蒸发速率高。压力越低溶液的沸点就越低,整个蒸发过程都是在较低的温度下进行的,特别适合热敏性物料的浓缩。

特点:真空浓缩的操作方法避免了牛乳高温处理,减少了蛋白质的变性及维生素的损失,对保全牛乳的营养成分,提高乳粉的色、香、味及溶解度有益;减少牛乳中空气及其他气体的含量,起到一定的脱臭作用,有利于改善乳粉的品质及提高乳粉的保存期;加大了加热蒸气与牛乳间的温度差,提高了设备在单位面积单位时间内的传热量,加快了浓缩进程,提高了生产能力;真空浓缩味使用多效浓缩设备及配置热泵创造了条件,可部分地利用二次蒸气,节省了热能及冷却水的消耗量;低温下进行操作,设备与室温间的温差小,设备的热量损失少。

②真空浓缩的设备

真空浓缩设备种类繁多,按加热部分的结构可分为盘管式、直管式和板式 3 种;按其二次蒸气利用与否,可分为单效和多效浓缩设备。

一般小型乳品厂多用单效真空浓缩锅,较大型的乳品厂则都用双效或三效真空蒸发器,也有的采用片式真空蒸发器。

③真空浓缩的技术条件

浓缩锅中的真空度应保持在 81 ~ 90 kPa,乳温为 50 ~ 60 ℃;多效蒸发室末效内的真空度应保持在 83.8 ~ 85 kPa,乳温为 40 ~ 45 ℃。加热蒸气的压力应控制在 0 ~ 1 kg/cm^2。

a. 连续式蒸发器　对于连续式蒸发器来说,浓缩过程必须控制各项条件的稳定. 主要包括进料流量、浓缩与温度;蒸气压力与流量;冷却水的温度与流量;真空泵的正常状态等条件的稳定,即可实现正常的连续进料与出料。

b. 间歇式盘管真空浓缩锅　清洗消毒设备后,开放冷凝水和启动真空泵,真空度达 6.666×10^4 Pa(500 mmHg)时进料浓缩。待乳液面浸过加热盘管后,顺次开启各排盘管的蒸气阀。待乳形成稳定的沸腾状态时,再缓慢提高蒸气压,否则乳中空气突然形成泡沫而导致乳损失。控制蒸气压及进乳量,使真空度保持在$(8.40 ~ 8.53) \times 10^4$ Pa(630 ~ 640 mmHg),乳温保持在 51 ~ 56 ℃,形成稳定的沸腾状态,使乳液面略高于最上层加热盘管,不使沸腾液面过高而造成雾沫损失。随着浓缩的进行,乳的相对密度和黏度逐渐升高,使蒸发速度逐渐减慢。在乳吸完后,继续浓缩 10 ~ 20 min 即可。

蒸气压力的控制可分 5 个阶段:第一,乳进料初期要控制较低的压力,防止跑乳;第二,进料 2/3 以前,乳处于稳定的沸腾期,采用 9.8×10^4 Pa(1 kgf/cm^2)左右的压力,以保持较快的蒸发速度;第三,进料 2/3 以后,黏度上升,压力可降到 8×10^4 Pa(0.8 kgf/cm^2);第四,进糖后,压力再降到 6×10^4 Pa(0.6 kgf/cm^2);第五,浓缩后期,应采用不高于 5×10^4 Pa(0.5 kgf/cm^2)的压力,并随着浓缩终点的接近而逐渐关小乃至关闭蒸气阀。

④浓缩乳终点控制

原料乳经杀菌后,应立即进行真空浓缩。牛乳浓缩的程度如何将直接影响到乳粉的质量,牛乳浓缩的程度视各厂的干燥设备、浓缩设备、原料乳的性状、成品乳粉的要求等而异。

在浓缩到接近要求浓度时,浓缩乳黏度升高,沸腾状态滞缓,微细的气泡集中在中心,表面稍呈光泽,根据经验观察即可判定浓缩的终点。为准确起见,可迅速取样,测定其相对密度、黏度或折射率来确定浓缩终点。一般要求原料乳浓缩至原体积的1/4,乳干物质达到38%～48%,浓缩后的乳温一般为47～50 ℃,其相对密度为1.089～1.100。

a. 全脂乳粉为11.5～13 °Bé,相应乳固体含量为38%～42%。

b. 脱脂乳粉为20～22 °Bé,相应乳固体含量为35%～40%。

c. 全脂甜乳粉为20～22 °Bé,相应乳固体含量为35%～40%。大颗粒乳粉可相应提高浓度。

7)喷雾干燥

干燥是乳粉生产中很关键的一道工序。牛乳经浓缩再过滤,然后进行干燥,最终制成粉末状的乳粉。浓缩乳中一般含有50%～60%的水分,为满足乳粉生产的质量要求,必须将其所含的绝大部分水分除去,为此必须对浓缩乳进行干燥。目前,乳粉的干燥方法一般有3种:喷雾干燥法、滚筒干燥法和冷冻干燥法。其中喷雾干燥的物料受热时间短,营养成分的破坏程度较小,制品在风味、色泽和溶解性等方面具有较好的品质,在乳粉干燥中占绝对优势。

（1）喷雾干燥的原理

喷雾干燥法是乳和各种乳制品生产中最常见的干燥方法。其原理是使浓缩乳在机械压力高速离心力)的作用下,在干燥室内通过雾化器将乳分散成极细小的雾状微滴(直径为10～100 μm),使牛乳表面积增大。雾状微滴与通入干燥室的热空气直接接触,从而大大地增加了水分的蒸发速率,瞬间(0.01～0.04 s)使微滴中的水分蒸发,乳滴干燥成乳粉,降落在干燥室底部。

（2）喷雾干燥的工艺流程

目前广泛采用喷雾干燥法使浓缩乳与干燥介质(热空气)进行强烈的热量交换和质量交换,使浓缩乳中的绝大部分水被干燥介质不断地带走而除去,得到符合标准要求的乳粉。喷雾干燥的基本流程见图5.1。

喷雾干燥工艺这主要有一段干燥、二段干燥及三段干燥这几种干燥工艺方式。目前普遍采用二段干燥法(又称为二次干燥)进行乳粉的干燥。其主要工艺包括喷雾干燥(第一段)和流化床干燥(第二段)。第一段(一段干燥):浓缩乳通过喷雾装置形成乳滴,乳滴经热风干燥后落入干燥室底部,由气流输送装置冷却后进行包装,旋风分离器收集干燥水蒸气中所携带的乳粉颗粒,返回包装处。该过程采取降低排风温度,提高乳粉离开干燥器时的含水量,再由第二段即二次干燥流化床中干燥乳粉至规定含水量。一般要求乳粉第一段干燥的湿度比最终规定要求高2%～3%。

一般生产时干燥室的水分蒸发强度一般为2.5～4.0 kg/(m³·h),为了保证乳粉含水量,须严格控制产品干燥时排风(废气)的相对湿度。一般乳粉生产排风的相对湿度为10%～13%。乳粉二段喷雾干燥生产工艺设备示意见图5.2。

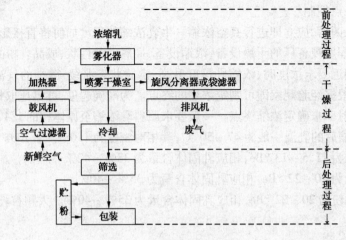

图 5.1　喷雾干燥的基本流程

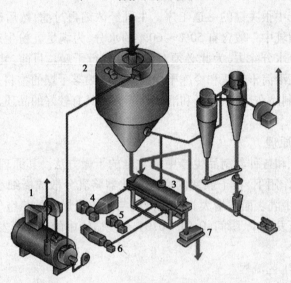

图 5.2　乳粉二段喷雾干燥生产工艺设备示意图
1—空气加热器;2—干燥室;3—振动流化床;
4—流化床空气加热器;5—用于冷却流化床的空气;
6—流化床除湿冷却气;7—过滤筛

（3）喷雾干燥雾化方法

乳粉喷雾干燥设备类型很多,其主要雾化方法有压力喷雾与离心喷雾两大类。

①压力式喷雾　压力式喷雾干燥主要是通过高压泵和喷嘴完成雾化工序。一般高压泵的压力控制在 7~20 MPa,通过喷枪使浓缩乳雾化成直径在 0.5~1.5 mm 的雾状微粒喷入干燥室。浓缩乳在高压泵的作用下通过一狭小的喷嘴后,瞬间得以雾化成无数微细的小液滴,将雾化乳送入吹有热风的塔内,使水分蒸发,在很短的时间内即被干燥成球状颗粒,沉降于塔底,从而完成浓缩乳的干燥。一般压力喷雾干燥时,压力越高,喷嘴孔径越小,则雾化乳滴越细。压力喷雾干燥的生产工艺控制条件可参见表 5.3。

表5.3　　压力喷雾干燥法生产乳粉的工艺条件

项　目	全脂乳粉	全脂加糖乳粉	项　目	全脂乳粉	全脂加糖乳粉
浓缩乳浓度/°Bé	11.5～13	15～20	喷嘴角/rad	1.04～1.571	1.22～1.394
乳固体含量/%	38～42	45～50	进风温度/℃	140～180	140～180
浓缩乳温度/%	45～60	45～50	排风温度/℃	75～85	75～85
高压泵工作压力/MPa	10～20	10～20	排风相对湿度/%	10～13	10～13
喷嘴直径/mm	2.0～-3.5	2.0～-3.5	干燥室负压/Pa	98～196	98～196
喷嘴数量/个	3～6	3～6			

②离心式喷雾　离心喷雾干燥是利用在水平方向做高速旋转的圆盘产生的离心力来完成的。浓缩乳在泵的作用下进入高速旋转的离心盘中央时,将浓乳水平喷出,由于受到很大的离心力及与周围空气摩擦力的作用而以高速被摔向四周,形成液膜、乳滴,并在热空气的摩擦、撕裂作用下分散成微滴,微滴在热风的作用下完成干燥。离心喷雾盘如图5.3所示。离心喷雾干燥法生产乳粉的工艺控制条件参见表5.4。

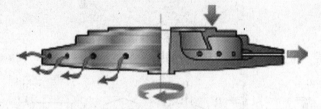

图5.3　离心喷雾盘

表5.4　　离心喷雾干燥法生产乳粉的工艺条件

项　目	全脂乳粉	全脂加糖乳粉	项　目	全脂乳粉	全脂加糖乳粉
浓缩乳浓度/°Bé	12～15	14～16	转盘数量/个	1	1
乳固体含量/%	45～50	45～50	进风温度/℃	140～180	140～180
浓缩乳温度/%	45～55	45～55	排风温度/℃	75～85	75～85
转盘转速/(r·min^{-1})	2 000～5 000	2 000～5 000			

浓缩乳的黏度和雾化方式决定着乳粉的粒径大小。乳粉粒径对产品的感官、复原性和流动性有明显的影响。采用压力喷雾和较低的浓缩乳黏度,可以减少粒径尺寸。当乳粉粒径在150～200 μm时,复原过程中分散的速度最快。从表5.5中可以看出,压力喷雾干燥的乳粉较离心式的颗粒小。

表5.5　乳粉颗粒大小的分布

颗粒分布/μm		0～60	80～120	120～180	180～240	＞240
喷雾方法	压力式/%	85.5～8.0	10～14.5	2.5～6.0	2.9～5.0	3.6～5.5
	离心式/%	20	31.2	24.0	18.6	24.0

（4）喷雾干燥设备

喷雾干燥设备类型虽然很多,但都是由干燥室(Drying Chamber)、雾化器(Atomizer)、高压泵(High Pressure Pump)、空气过滤器、空气加热器、进风机、排风机、捕粉装置及气流调节装置组成。乳粉喷雾干燥设备如图5.4所示。

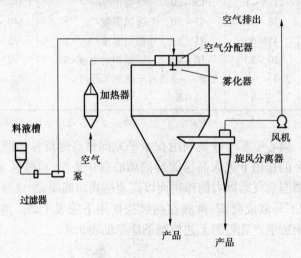

图5.4 喷雾干燥设备组成

①喷雾干燥器 常见喷雾干燥器类型如图5.5所示。

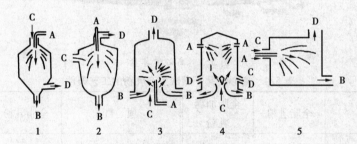

图5.5 喷雾干燥器示意图

1—垂直顺流型;2—垂直混流型;3—垂直上升顺流型;4—垂直上升对流行;

5—水平顺流型;A—浓缩乳入口;B—成品出口;C—热风入口;D—排风口

②空气过滤器 鼓风机吸入的空气需经过过滤器除尘,以保证进入喷雾干燥室的热风为清洁的空气。通过过滤器的风压控制在147 Pa,风速为2 m/s,其性能为100 m³/(m²·min)。

③空气加热器 通过空气加热器可将过滤后的空气加热至150~200 ℃。空气加热器多为紫铜管或者钢管材质。

④进风机、排风机 进风机主要负责将加热好的空气吸入干燥室内,并与牛乳乳滴接触从而完成干燥。此外,排风机主要是将牛乳干燥过程中产生的水蒸气及时排掉,以保持干燥室的湿度,从而保证干燥过程正常进行。实际生产中,应根据喷雾干燥设备蒸发水分的能力来确定风量,进风机应考虑增加10% ~20%的风量,排风机应增加15% ~30%的风量,一般情况下,排风机的风量较进风机风量大20% ~40%。

⑤捕粉装置 捕粉装置主要是负责回收干燥室排风废气中的乳粉颗粒。常见设备有旋风分离器、布袋过滤器。旋风分离器主要是收集湿空气中所携带的细小颗粒;布袋过滤

器可将旋风分离器分离不掉的微粉进行二次分离。因此,为加强分离效果可将二者结合使用,也可将旋风分离器两级串联并用。旋风分离器结构如图5.6所示。

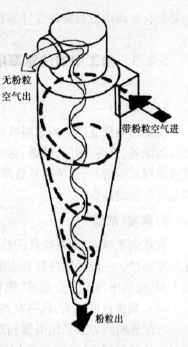

无粉粒
空气出

带粉粒空气进

粉粒出

图5.6　旋风分离器

⑥气流调节装置　气流调节装置主要是保证热风进入干燥室时气流均匀、无涡流,从而保证热风与乳滴接触良好,避免出现局部积粉、焦粉或潮粉等质量问题。

8)出粉、冷却、包装

(1)出粉及冷却

在喷雾干燥中,对已干燥好的乳粉应从干燥室内卸出并迅速冷却,尽量缩短乳粉的受热时间。一般干燥室下部的温度在 60~65 ℃,若乳粉在干燥室内停留时间过长,会导致全脂乳粉中游离脂肪的含量增加,从而使乳粉在储藏期间,易发生脂肪的氧化变质,降低储藏性。并影响乳粉的溶解性和乳粉的品质。因此,喷雾干燥的乳粉要及时冷却到 30 ℃以下。

目前,卧式干燥室采用螺旋输粉器出粉,而平底或锥底的立式圆塔干燥室则都采用气流输粉或流化床式冷却床出粉。实际生产时,应尽可能避免气流输粉过程中剧烈的摩擦,采用流化床式冷却床出粉方式生产的乳粉其流动性更佳。采用流化床出粉冷却,既可将乳粉冷却至 18 ℃以下,又能使乳粉颗粒大小均匀,因为该法采用高速气流的摩擦,故产品质量不受损坏,大大减少微粉的生成。

(2)筛粉

筛粉是将较大的乳粉团块分散开,使得产品具有较高的均匀度,并除去混入乳粉中的杂质。一般连续出粉生产中常采用机械振动筛粉器来进行筛粉,筛网规格为 40~60 目,由不锈钢材料制成。

(3)储粉

储粉(也称为晾粉)是指新生产的乳粉应经过 12~24 h 的贮存,可使其表观密度提高15%左右,从而有利于装罐。一般要求储粉仓应有良好的条件,应防止吸潮、结块和二次污染。如果流化床冷却的乳粉达到了包装的要求,也可以及时进行包装。

(4)包装

良好的包装不仅能增强产品的商品特性,也能延长产品的货架寿命。乳粉包装常使用的容器有马口铁罐、玻璃瓶、聚乙烯塑料袋等。全脂乳粉较理想的包装方式之一是采用马口铁罐抽真空充氮,规格有 454 g(1 lb),1 135 g(2.5 lb),2 270 g(5 lb)。短期内销售的产品,多采用聚乙烯塑料复合铝箔袋包装,规格有 454 g(1 lb),500 g 或 250 g。此外,大包装产品一般供应特殊用户,如出口或食品工厂用于制作糖果、面包、冰淇淋等工业原料。可分为罐装和袋装两种,罐装产品有规格为 12.5 kg 的方罐和圆罐两种。袋装时可由聚乙烯薄膜作为内袋,外面用 3 层牛皮纸套装,规格为 12.5 kg 和 25 kg 两种。

全脂乳粉中约有 26%的脂肪,与空气接触后容易被氧化,此外乳粉颗粒疏松,吸湿性很强,因此,一般温度控制在 18~20 ℃,相对湿度应在 60%以下。包装车间要密闭、干燥;室

内要装有空调设备及紫外线灯等设施。

5.2.3 加工中的注意事项

1)杀菌

使用污染程度严重的原料乳杀菌效果差;选用的杀菌方法不恰当或操作不规范;杀菌工段的设备、管路、阀门、储罐、滤布等器具清洗消毒不彻底;杀菌器的传热效果不良,如板式杀菌器水垢增厚,使传热系数降低;杀菌器本身的故障等因素均会影响杀菌效果,从而影响最终产品的品质。

2)蒸发(浓缩)

加热面积越大,则供给乳的热量越多,浓缩速度越快。加热蒸气与乳之间温差越大,蒸发速度越快。一般采取提高真空度,降低牛乳沸点、增加蒸气压力,提高蒸气温度的方法来加大温差,但压力过大会出现"焦管"现象,影响产品质量。因此,一般压力控制在 $0.05 \sim 0.2$ MPa,翻滚速度越大,乳热交换效果越好。

浓缩乳时压力宜采用由低到高并逐渐降低的步骤,这样可以适应黏度的变化。不宜采用过高的蒸气压力,一般不宜超过 1.5×10^5 Pa(1.5 kgf/cm^2)。压力过高,加热器局部过热,不仅影响乳质量,而且焦化结垢,影响传热效率,反而降低蒸发速度。此外,加糖可提高乳的黏度,延长浓缩时间,一般把乳浓缩到接近所需浓度时再将糖浆加入。

3)干燥

实际生产中,应注意对于排风机的风量控制。主要包括:计算进风机风量时应以新鲜空气的温度计,若排风机是以排风温度计,则温度升高体积增大,排风量增大;排出的废气中不仅有进入的风,而且还有蒸发的水蒸气需要排出;保证塔内具有一定的负压。

此外,生产过程应注意定期清洗空气过滤层,以防其长期运行造成污染,使进风阻力增大。

5.2.4 常见产品的质量缺陷及防止方法

乳粉应具有与鲜乳同样的优良风味,但在保存中容易产生酸败味和氧化味,因而使乳粉的风味变坏,使乳粉产生各种质量缺陷。

1)脂肪分解味(腐败味)

脂肪分解味是一种类似丁酸的酸性刺激味。主要是由于乳中解脂酶的作用,使乳粉中的脂肪水解而产生游离的挥发性脂肪酸。牛乳中所含脂酶如果未能在预热杀菌时彻底破坏,则在其后的浓缩、喷雾干燥的受热温度下,就更难将脂酶破坏。

防止方法:乳粉生产时,采用高温短时间的预热杀菌条件,不仅能使脂酶破坏,而且还能将过氧化物酶破坏,有利于提高乳粉的保藏性。此外,应严格控制原料乳的质量。

2)氧化味(哈喇味)

乳制品产生氧化味的主要因素:空气、光线、重金属(特别是铜)、酶(主要是过氧化物酶)和乳粉中的水分及游离脂肪等。

（1）空气（氧）

由于氧作用于不饱和脂肪酸的双键,易使产品产生氧化臭味。喷雾干燥时,尽量避免乳粉颗粒中含有大量气泡;浓缩时,要尽量提高浓度;在制造和成品乳粉保藏过程中,应避免长时间与空气接触,可采用抽真空充氮的方式包装。

（2）光线和热

光线和热能促进乳粉氧化,以 30 ℃时更为显著。因此,喷雾干燥时,如乳粉在烘箱内存放时间过长,乳粉颗粒受热时间过长,易导致脂肪渗透到颗粒表面,从而诱发氧化。乳粉保藏应尽量注意避光、低温。

（3）重金属

重金属特别是二价铜离子极易诱发氧化。含有 1 mg/kg 时就会发生影响,超过1.5 mg/kg则显著地促进氧化。其他重金属如三价铁也有促进氧化的作用。因此,一般加工时应使用不锈钢设备,并注意避免铜等金属离子的混入。

（4）原料乳的酸度

凡是能使乳酸度升高的因素都会促进乳粉氧化,因此对原料乳的酸度应进行严格控制。

（5）原料乳中的过氧化物酶

过氧化物酶也是诱发氧化的重要因素之一。在预热杀菌操作中应将该酶灭活,从而避免氧化的发生。

（6）乳粉中的水分含量

乳粉中的水分含量过高,会促使乳粉中残存微生物生长产酸,从而使蛋白质变性导致产品的溶解度下降。此外,乳粉含水量过低,会产生氧化味等质量缺陷,一般乳粉中水分若低于1.88%就易产生氧化味。

防止方法:采用高温短时预热杀菌条件,保证将乳中脂酶灭活;对喷雾干燥过程中进料量、进风温度、排风量、排风温度等工艺条件进行严格控制,以保证乳粉获得适当含水量;雾化乳滴粒径适当(若雾化乳滴过大则不易干燥),保证良好的雾化效果,从而保证乳粉的含水量;控制冷却冷风和包装车间湿度,防止乳粉吸湿,一般包装车间的湿度控制在50%～60%;保证产品包装具有良好的密封性。

3）褐变及陈腐味

乳粉在保藏过程中,发生褐变同时产生一种陈腐的气味。乳粉的褐变主要是由于美拉德反应所造成的。这一变化主要是与乳粉中的含水量和保藏温度有关。如含水量3%～4%的乳粉,高温保藏时,虽然不会诱发褐变,但产品香味会逐渐降低,甚至产生陈腐气味。若含水量达到5%以上,且在高温下保藏,很快就会引起褐变并产生陈腐气味,并使其溶解度、pH、游离氨态氮及可溶性乳糖含量降低。伴随着褐变及产生陈腐气味,还会降低乳粉的营养价值、消化性,甚至还会生成某些有毒物质和抑制代谢的物质。

防止方法:控制乳粉的含水量,一般在室温下含水量低于5%时,产品不易发生褐变。

4）吸潮结块

乳粉中的乳糖呈无水的非结晶的玻璃状态,因此乳粉吸湿性很强,易吸收空气中的水

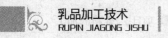

分。当乳糖吸水后,蛋白质粒子于彼此粘结而使乳粉形成块状。干燥过程操作不当,造成产品含水量偏高;简单的非密封包装,或者食用时开罐后的存放过程,均会使乳粉有显著的吸湿现象。

防止方法:严格控制干燥工艺条件,乳粉采取密封罐装,控制乳粉的含水量。

5)细菌性变质

水分含量在5%以下的乳粉经密封包装后,一般不会有细菌繁殖。若乳粉含细菌(如乳酸链球菌、小球菌、八叠球菌及乳杆菌、金黄色葡萄球菌等)时,乳粉开罐之后放置时间过长,则会逐渐吸收水分,超过5%以上时则细菌容易繁殖,而使乳粉变质。

防止方法:控制原料乳质量,避免使用污染严重的原料乳进行乳粉生产;严格控制杀菌的温度和时间;防止生产过程中的二次污染;乳粉开罐后,应尽快食用,避免放置的时间过长。

6)乳粉溶解性差

乳粉的溶解度是指乳粉与水按一定的比例混合,使其复原为均一的鲜乳状态。乳粉的溶解度与一般盐类的溶解度的含义是不同的。乳粉溶解度的高低反映了乳粉中蛋白质的变性状况。

乳粉溶解度差的主要原因:原料乳的质量差,酸度高,蛋白质热稳定性差,受热易变性;牛乳在热加工(杀菌、浓缩及干燥)时,受热过度导致蛋白质变性;喷雾干燥时,乳滴过大导致乳粉含水量偏高;包装形式、储存条件及时间等。

防止方法:不同的生产技术对乳粉的溶解性具有很大影响,严格按工艺规程进行操作,防止热加工操作导致蛋白质过度变性,并保持乳粉的正常含水量,乳粉的溶解度是可以保证的。

7)奶粉色泽异常

正常的奶粉呈现淡黄色,但是当原料乳的酸度过高或脂肪含量过高时,则生产出的奶粉颜色较深。此外,奶粉热处理过度或没有及时进行冷却,也会造成奶粉颜色较深。

防止方法:控制原料乳质量;定期更换或清洗空气过滤设备;避免过度热处理,可以有效防止奶粉颜色异常。

5.2.5 国家安全标准(GB 19644—2010)

1)感官要求(参见表5.6)

表5.6 感官要求

项 目	要 求		检验方法
	乳 粉	调制乳粉	
色泽	呈均匀一致的乳黄色	具有应有的色泽	取适量试样置于50 mL烧杯中,在自然光下观察色泽和组织状态。闻其气味,用温开水漱口,品尝滋味
滋味、气味	具有纯正的乳香味	具有应有的滋味、气味	
组织状态	干燥均匀的粉末		

2)理化指标(参见表5.7)

表5.7 理化指标

项 目	要 求		检验方法
	乳 粉	调制乳粉	
蛋白质/% ≥	非脂乳固体[a]的34%	16.5	GB 5009.5
脂肪[b]/% ≥	26.0	—	GB 5413.3
复原乳酸度/(°T) 牛乳 ≤ 羊乳	18 7~14	— —	GB 5413.34
杂质度/(mg·kg^{-1}) ≤	16		GB 5413.30
水分/% ≤	5.0		GB 5009.3

注:a 非脂乳固体的(%)=100% - 脂肪(/%) - 水分(%);

　　b 仅适用于全脂乳粉。

3)微生物限量(参见表5.8)

表5.8 微生物限量

项 目	采用方案[a]及限量(若非指定,均以 CFU/g)				检验方法
	n	c	m	M	
菌落总数[b]	5	2	50 000	20 000	GB 4789.2
大肠菌数	5	1	10	100	GB 4789.3 平板计数法
金黄色葡萄球菌	5	2	10	100	GB 4789.10 平板计数法
沙门氏菌	5	0	0/25 g	—	GB 4789.4

注:a 样品的分析处理按 GB 4789.1 和 GB 4789.18 执行;

　　b 不适用于添加活性菌种(好氧和兼性厌氧益生菌)的产品。

任务5.3 脱脂乳粉的加工

5.3.1 工艺流程

脱脂乳粉的加工工艺流程如下所示。

稀奶油
↑

原料乳验收→过滤→牛乳预热→分离→脱脂乳→冷却→贮存→预热杀菌→浓缩→喷雾干燥→乳粉冷却→过滤→包装

5.3.2 操作要点

1)牛乳的预热与分离

原料乳经过验收后,通过过滤,然后加温到 35~38 ℃即可进行分离。用牛乳分离机经过离心分离可同时获得稀奶油和脱脂乳。控制脱脂乳的含脂率不超过 0.1%。

2)预热杀菌

脱脂乳中所含乳清蛋白(白蛋白和球蛋白)热稳定性差,在杀菌和浓缩时易引起热变性,使乳粉制品溶解度降低。乳清蛋白中含有巯基,热处理时易使制品产生蒸煮味。为尽量减少产品的蒸煮味,同时又能达到杀菌、灭酶的效果,一般脱脂乳的预热杀菌温度控制在 80 ℃,15 s 为宜,乳清蛋白质变性程度应控制在不超过 5%。

脱脂乳粉的预热杀菌条件可以根据其用途而异。如生产冰淇淋的原料乳粉要求其溶解性能良好而又没有蒸煮气味,因此在预热杀菌时宜采用高温短时间或超高温瞬间杀菌法进行杀菌。如果用于面包生产的脱脂乳粉,则可以采用 85~88 ℃,30 min 的杀菌条件,使用此种方式灭菌的乳粉添加于面包中有利于面包体积增大。用于制造脱脂鲜干酪的脱脂乳粉,则多要求采用速溶脱脂乳粉。

3)真空浓缩

为了避免的乳清蛋白质变性,脱脂乳的蒸发浓缩温度应控制在不超过 65.5 ℃为宜,若浓缩温度高于 65.5 ℃,则乳清蛋白质变性程度会超过 5%。实际生产中多采用真空浓缩,乳温一般不会超过 65.5 ℃,且由于受热时间很短,因此对乳清蛋白质变性影响不大。此外,浓缩乳的浓度应控制在 15~17°Bé,乳固体含量应达到 36%以上。

4)喷雾干燥

将脱脂浓乳按照任务 5.2 中介绍的方法进行喷雾干燥,即可得到普通脱脂乳粉。但是,普通脱脂乳粉因其乳糖呈非结晶型的玻璃状态,即 α-乳糖和 β-乳糖的混合物,有很强的吸湿性,极易结块。为克服上述缺点,并提高脱脂乳粉的冲调性,采取速溶奶粉的干燥方法生产速溶脱脂乳粉,可改善乳粉的品质。

5)出粉、冷却、包装

对于脱脂乳粉的冷却、筛粉、包装等工艺请参见任务 5.2 中的全脂乳粉的生产。

5.3.3 加工中的注意事项

脱脂乳粉的生产工艺流程及设备与全脂乳粉基本相同。整个加工过程中如果温度的调节和控制不适当,将引起脱脂乳中的热敏性乳清蛋白质变性,从而影响乳粉的溶解度。因此,生产脱脂乳粉时应注意控制其热处理条件。

5.3.4 常见产品的质量缺陷及防止方法

对于脱脂乳粉的常见产品的质量缺陷及防止方法,请参见任务 5.2 中的全脂乳粉的生产。

5.3.5　国家质量标准

对于脱脂乳粉的常见产品的质量缺陷及防止方法,请参见任务5.2中的全脂乳粉的生产。

任务5.4　婴儿配方乳粉的加工

5.4.1　配方

1)配方设计原则

牛乳被认为是人乳的最好代用品,但人乳和牛乳在感官组织上有一定差别。故需要将牛乳中的各种成分进行调整,使之近似于人乳,并加工成方便食用的粉状乳产品。婴儿乳粉的调制是基于婴儿生长期对各种营养素的需要量,在了解牛乳和人乳的区别(见表5.9)的基础上,合理地调制婴儿奶粉中的各种营养素,使婴儿乳粉满足婴儿的营养需要。

表5.9　100 mL人乳与牛乳基本营养组成

成分/g	总干物质	蛋白质		脂肪	乳糖	灰分	水分	热能/kg
		乳清蛋白	酪蛋白					
人乳	11.8	0.68	0.42	3.5	7.1	0.2	88.0	251
牛乳	11.4	0.69	2.21	3.3	4.5	0.7	88.6	209

计算婴儿调制乳粉成分配比时,应考虑到婴儿对各种营养成分的需要量,使之尽量接近于母乳的成分配比。调制乳粉主要包括调整蛋白质、脂肪、乳糖、无机成分,此外,再添加微量成分,使之类似人乳。

(1)蛋白质的调整

母乳中蛋白质含量为1.0%～1.5%,其中酪蛋白为40%,乳清蛋白为60%;牛乳中的蛋白质含量为3.0%～3.7%,其中酪蛋白为80%,乳清蛋白为20%。牛乳中酪蛋白含量高,在婴幼儿胃内形成较大的坚硬凝块,不易被消化吸收。为满足婴儿机体对蛋白质的需要,婴儿饮食的蛋白质必须是易于消化吸收的,乳清蛋白和大豆蛋白具有易消化吸收的特点。因此,婴儿配方奶粉宜用乳清蛋白和植物蛋白取代部分酪蛋白,按照母乳中酪蛋白与乳清蛋白的比例为1∶1.5来调整牛乳中蛋白质含量。此外,还可以通过向婴儿配方乳粉中添加乳免疫球蛋白浓缩物来进行牛奶婴儿食品的免疫生物学强化,对早产儿及初生体重低的婴儿的健康有重要的意义。

除考虑蛋白质的数量外,还需要考虑蛋白质的质量,即必需氨基酸的含量和比例。一般规定,婴儿配方食品中蛋白质每单位能量中各种必需氨基酸和条件必需氨基酸的含量必

需等同于参照蛋白即母乳蛋白中相应氨基酸的含量。

（2）脂肪的调整

牛乳中的乳脂肪含量平均在 3.3% 左右，与母乳含量大致相同，但质量上差别很大。牛乳脂肪中的饱和脂肪酸含量比较多，而不饱和脂肪酸含量少，且缺乏亚油酸。母乳中不饱和脂肪酸含量比较多，特别是不饱和脂肪酸的亚油酸、亚麻酸等人体必需脂肪酸含量丰富。

精炼植物油富含不饱和脂肪酸，易被婴儿机体吸收，因此婴儿配方乳粉常使用植物油来提高其不饱和脂肪酸的含量。富含油酸、亚油酸的植物油有橄榄油、玉米油、大豆油、棉籽油、红花油等，调整脂肪时须考虑这些脂肪的稳定性、风味等，以确定混合油脂的比例。其中棕榈油中除含有可利用的油酸外，还含有大量婴儿不易消化的棕榈酸，会增加婴儿血小板血栓的形成，故应控制其添加量。一般亚油酸的量不宜过多，规定的上限用量为：亚油酸不应超过总脂肪量的 2%，长链脂肪酸不得超过总脂肪的 1%。

不饱和脂肪酸按其双键位可分为 ω-3 系列不饱和脂肪酸和 ω-6 系列不饱和脂肪酸。不饱和脂肪酸中最具代表性的是二十二碳六烯酸（DHA）、二十碳五烯酸（EPA）和 α-亚麻酸。近年来这些脂肪酸在婴儿配方乳粉中出现，但因其为多不饱和脂肪酸，易被氧化而变质。

（3）糖分的调整

在牛乳和母乳中的糖分主要是乳糖，牛乳中乳糖含量为 4.5%，母乳中为 7.0%，且牛乳中糖分主要是 α 型，而人乳中主要是 β 型。显然牛乳中的乳糖远不能满足婴儿机体需要。为了提高产品中的糖分，调制乳粉中通过加可溶性多糖类，如葡萄糖、麦芽糖、糊精等或平衡乳糖，来调整乳糖和蛋白质之间的比例，平衡 α 和 β 型的比例，使其接近于人乳（α∶β = 4∶6）。一般婴儿乳粉含有 7% 的碳水化合物，其中含 6% 乳糖，含 1% 麦芽糊精。

由于蔗糖除造成婴儿龋齿外，还易养成婴儿对甜食喜爱的不良习惯，应注意蔗糖的添加量不能过多。可适量添功能性低聚糖取代蔗糖，前者不仅能够提供能量，而且不被人体内的消化液消化，可被肠道有益菌如双歧杆菌等利用，具有增强婴儿免疫力、防止便秘等特殊的生理作用。较高含量的乳糖有利于钙、锌和其他一些营养素的吸收，促进骨骼、牙齿生长。麦芽糊精可用于保持有利的渗透压，并可改善配方食品的性能。

（4）灰分的调整

由于初生婴儿肾脏尚未发育成熟，维持体内环境恒定的功能不如较大婴儿，如果其盐含量过高，将导致婴儿肾脏负担过大，对婴儿生长发育不利。因此，在婴儿配方乳粉的灰分设计上应注意控制其含量。

由于婴儿配方乳粉中的牛乳中盐的质量分数（0.7%）远高于人乳（0.2%），无机盐量较人乳高 3 倍多，调制乳粉中采用脱盐操作除掉一部分无机盐，所用脱盐乳清粉的脱盐率要大于 90%，其盐的质量分数在 0.8% 以下。但人乳中含铁量比牛乳高，所以要根据婴儿需要补充一部分铁。此外，还要注意控制钾、钠及钙、磷元素的比例，一般婴儿配方乳粉中 K/Na = 2.88，Ca/P = 1.22 时，更有利于婴儿对于营养成分的吸收和利用。

添加微量元素时应慎重，因为微量元素之间的相互作用，以及微量元素与牛乳中的酶蛋白、豆类中植酸之间的相互作用对食品的营养性也有很大影响。

（5）维生素的调整

维生素虽然需要量很少，但在体内代谢中起着极为重要的作用。调制乳粉中一般添加的维生素有维生素 A、维生素 B_1、维生素 B_6、维生素 B_{12}、维生素 C、维生素 D 和叶酸等。在添加时一定要注意维生素（也包括灰分）的可耐受最高摄入量，防止因添加过量而对婴儿产生毒副作用。其中，过量摄入水溶性维生素时不会引起中毒，因此没有规定其上限。长时间过量摄入脂溶性维生素 A、维生素 D 时会引起中毒，因此须按规定添加。

2）配方实例及营养组成

（1）婴儿配方乳粉 Ⅰ

婴儿配方乳粉 Ⅰ 是一个初级的婴儿配方乳粉，产品以乳为基础，添加了大豆蛋白，强化了部分维生素和微量元素等，营养成分的调整存在着不完善之处。但该产品价格低廉，易于加工，对于贫困地区缺乏母乳的婴儿仍具有很大的实际意义。配方 Ⅰ 的配方组成及成分标准见表 5.10 和表 5.11。

表 5.10　婴儿配方乳粉 Ⅰ 配方组成

原　料	牛乳固形物/g	大豆固形物/g	蔗糖/g	麦芽糖或饴糖/g	维生素 D_2/IU	铁/mg
用量	60	10	20	10	1 000 ~ 1 500	6 ~ 8

表 5.11　婴儿配方乳粉 Ⅱ 配方每 100 g 营养成分组成

成　分	含　量	成　分	含　量
水分/g	2.48	铁/mg	6.2
蛋白质/g	18.61	维生素 A/IU	586
脂肪/g	20.06	维生素 B_1/mg	0.12
糖/g	54.6	维生素 B_2/mg	0.72
灰分/g	4.4	维生素 D_2/IU	1 600
钙/mg	772	脲酶	阴性
磷/mg	587		

（2）婴儿配方乳粉 Ⅱ、Ⅲ

婴儿配方乳粉 Ⅱ 过去称为"母乳化乳粉"，产品用脱盐乳清粉调整酪蛋白与乳清蛋白的比例（酪蛋白/乳清蛋白为 40∶60），同时增加了乳糖的含量（乳糖占总糖量的 90% 以上，其复原乳中乳糖含量与母乳接近），添加植物油以增加不饱和脂肪酸的含量，再加入维生素和微量元素，使产品中各种成分与母乳相近。由于婴儿配方乳粉 Ⅱ 近一半的原料为乳清粉，因而研制了不使用脱盐乳清粉的婴儿配方乳粉 Ⅲ。婴儿配方乳粉 Ⅲ 是以精制饴糖为主要添加料的婴儿配方乳粉。配方 Ⅱ、Ⅲ 的配方组成及营养成分组成见表 5.12 和表 5.13。

表 5.12　婴儿配方乳粉Ⅱ、Ⅲ配方每吨配方组成

物料名称	投料量	物料名称	投料量	物料名称	投料量	物料名称	投料量
乳粉/kg	2500	乳清粉/kg	475	棕榈油/kg	63	三脱油/kg	63
乳油/kg	67	蔗糖/kg	65	维生素 A/g	6	维生素 D/g	0.12
维生素 C/g	60	维生素 E/g	0.25	维生素 B_1/g	3.5	维生素 B_6/g	35
亚硫酸铁/g	350	叶酸/g	0.25	维生素 B_2/g	4.5	烟酸/g	40

表 5.13　婴儿配方乳粉Ⅱ、Ⅲ配方每 100 g 营养成分组成

成　分	含　量	成　分	含　量	成　分	含　量	成　分	含　量
水分/g	2.0	铁/mg	12	维生素 B_6/μg	342	泛酸/μg	1 918
蛋白质/g	13.67	维生素 A/IU	2 107	维生素 B_{12}/mg	6.8	烟酸/μg	8 151
脂肪/g	26.8	维生素 B_1/mg	507	维生素 C/mg	51	叶酸/μg	549
糖/g	55.75	维生素 B_2/mg	1 203	氯/mg	98	胆碱/mg	36
灰分/g	1.78	维生素 D_2/IU	457	镁/mg	38	生物素/μg	8.3
钙/mg	352	热量/kJ	2.24	钠/mg	113	肌醇/mg	28
磷/mg	222	维生素 E/mg	185	钾/mg	363	亚油酸/mg	5 520
碘/μg	9	铜/μg	20	锌/μg	3 761	锰/μg	2

5.4.2　工艺流程

婴儿配方乳粉的生产工艺流程如下所示。

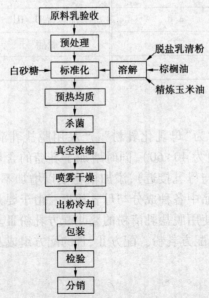

5.4.3 操作要点

(1)配科

按比例要求将各种物料混合于配料缸中,开动搅拌器,使物料混匀。

(2)均质、杀菌及浓缩

混合料均质压力一般控制在 18 MPa;杀菌和浓缩的工艺要求和乳粉生产相同。一般以 135 ℃,4 s 的杀菌方式为宜;浓缩的条件控制在 67 ~ 93 kPa,35 ~ 45 ℃。浓缩后的乳浓度控制在 46% 左右。

(3)喷雾干燥

进风温度为 140 ~ 160 ℃,排风温度为 80 ~ 88 ℃,喷雾压力控制在 15 kPa。

(4)过筛、混合

物料通过 16 目筛网,除去块状物;而后添加可溶性多糖及维生素等热稳定性差的成分,并混匀;通过 26 目筛网,再次去除块状物。

(5)包装

计量包装,可采取充氮包装,以防止脂类等营养成分的氧化,保证产品质量。

5.4.4 加工中的注意事项

(1)原料

原料乳粉应符合特级乳粉要求;大豆蛋白应经 93 ~ 96 ℃,10 ~ 20 min 的杀菌后,冷却到 5 ℃ 备用,取样检验脲酶为阴性方可投入生产。

(2)配料

稀乳油需要加热至 40 ℃,再加入维生素和微量元素,充分搅拌均匀后与预处理的原料乳混合,并搅拌均匀。

(3)杀菌

混合料的杀菌温度可采用 63 ~ 65 ℃,30 min 保温杀菌法,或 HTST 法;而植物油的杀菌温度要求在 85 ℃,10 min,然后冷却到 55 ~ 60 ℃ 备用。

5.4.5 常见产品的质量缺陷及防止方法

请参见任务 5.2 中全脂乳粉常见质量问题及防止方法。

5.4.6 国家质量标准

对于脱脂乳粉的常见产品的质量缺陷及防止方法,请参见任务 5.2 中的全脂乳粉的生产。

项目小结 》》》

    乳粉是由鲜乳消毒后经浓缩、喷雾、干燥而成的。鲜牛奶加工成乳粉后,水分由原来的88%降低到2%~5%(瓶装),蛋白质、无机盐、脂肪等营养素的含量浓缩了。在鲜乳加工成乳粉后,维生素C遭到破坏,含量极微。奶粉中酪蛋白在加工过程中颗粒变细,故较牛奶易于消化。本项目介绍了乳粉的种类及其组成;乳粉的生产的原理、工艺流程及生产设备类型及其使用方法,通过本项目的学习使学生能独立完成乳粉的加工,并能解决乳粉生产中常见质量问题。

复习思考题 》》》

    1. 乳粉的种类有哪些,各自的特点是什么?

    2. 在喷雾干燥前为什么要浓缩?

    3. 喷雾干燥的原理与特点有哪些?

    4. 简述全脂乳粉和脱脂乳粉的生产工艺过程。

项目6
干酪的加工

知识目标

◎ 了解干酪的概念、种类及营养价值；
◎ 熟悉发酵剂的原理、制备方法及替代品的种类特征；
◎ 掌握天然干酪和融化干酪的生产原理和工艺操作要求。

技能目标

◎ 能够设计原辅料配方，加工出合格的干酪产品；
◎ 能解决干酪加工中常见的质量问题。

任务 6.1　知识链接

6.1.1　干酪的概念及分类

　　干酪也叫奶酪、芝士,联合国粮农组织(FAO)和世界卫生组织(WHO)制定了国际上通用的干酪定义:干酪是以牛乳、奶油、部分脱脂乳、酪乳或这些产品的混合物为原料,经凝乳并分离乳清而制得的新鲜或发酵成熟的乳制品。制成后未经发酵成熟的产品称为新鲜干酪,经长时间发酵而制成的产品称为成熟干酪。国际上将这两种干酪统称为天然干酪。

　　干酪制作历史悠久,不同产地、制造方法、组成成分、形状外观都会产生不同的名称和品种的干酪。因此在乳制品中干酪的种类最多。据美国农业部统计,世界上已命名的干酪种类多达800余种,其中400余种比较著名。

　　国际上通常把干酪划分为三大类:天然干酪、融化干酪和干酪食品,其主要规格见表6.1。

表6.1　天然干酪、融化干酪和干酪食品的主要规格

名称	规　格
天然干酪	以乳、稀奶油、部分脱脂乳、酪乳或混合乳为原料,经凝固后,排出乳清而获得的新鲜或成熟的产品,允许添加天然香辛料以增加香味和滋味
融化干酪	用一种或一种以上的天然干酪,添加食品卫生标准所允许的添加剂(或不加添加剂),经粉碎、混合、加热融化、乳化后而制成的产品,含乳固体40%以上。此外还规定:①允许添加稀奶油、奶油或乳脂以调整脂肪含量;②为了增加香味和滋味,添加香料、调味料及其他食品时,必须控制在乳固体的1/6以内。但不得添加脱脂奶粉、全脂奶粉、乳糖、干酪素以及不是来自乳中的脂肪、蛋白质和碳水化合物
干酪食品	用一种或一种以上的天然干酪或融化干酪,添加食品卫生标准所允许的添加剂(或不加添加剂),经粉碎、混合、加热融化而成的产品。产品中干酪数量须占50%以上。此外还规定:①添加香料、调味料及其他食品时,必须控制在产品干物质的1/6以内;②添加不是来自乳中的脂肪、蛋白质、碳水化合物时,不得超过产品的10%

　　水分含量对于干酪保存性有加大影响,水分含量可以指示干酪在保存期内的质量,也是干酪成熟的媒介物。一般按照干酪水分含量的不同将干酪分为硬质、半硬质、半软质、软质、特软质干酪等。

　　现在习惯上以干酪的软硬度及与相应微生物成熟来进行分类和区别。当前世界上主要的干酪分类见表6.2。

表 6.2　世界主要干酪品种

干酪类型		主要干酪
天然干酪	软质干酪 （水分 40%～60%）	不成熟：农家干酪、稀奶油干酪
		细菌成熟：比利时干酪、莫兹瑞拉干酪
		霉菌成熟：法国浓味干酪、布里干酪
	半硬质干酪 （水分 38%～45%）	细菌成熟：砖块干酪、修道院干酪
		霉菌成熟：法国羊奶干酪
	硬质干酪 （水分 30%～40%）	无孔干酪：高达干酪
		有孔干酪：瑞士干酪
	超硬质干酪 （水分 30%～35%）	细菌成熟：罗马诺干酪
再制干酪 （水分＜40%）		加工干酪，融化干酪，干酪食品

6.1.2　干酪的成分及其营养价值

干酪含有丰富的蛋白质、脂肪、糖类、有机酸、矿物元素钙、磷、钠、钾、镁、铁、锌及维生素 A、胡萝卜素和维生素 B_1、B_2、B_6、B_{12}、烟酸、泛酸、叶酸、生物素等多种营养成分及生物活性物质，是一类营养价值很高的发酵乳制品。干酪中的蛋白质含量为 20%～35%，干酪中的蛋白质经过发酵后，经凝乳及微生物中蛋白酶的分解作用形成胨、肽、氨基酸等，非常易于被人体消化吸收，干酪中蛋白质的消化率为 96%～98%。干酪中含有大量必需氨基酸，与其他动物性蛋白质相比质优而量多。干酪含有 30% 左右的脂肪，脂肪不仅赋予了干酪良好的风味和细腻的口感，还可提供人体所需的一部分能量。脂肪被分解为脂肪酸，其中40% 为不饱和脂肪酸，脂肪酸不仅是构成细胞的成分，还可降低血清胆固醇，并具有预防心血管病、高血压、高血糖等功效。干酪中胆固醇含量很少，通常低于 0.1%。在干酪制作过程中，原料中的大部分乳糖转移到乳清中，残留下的乳糖部分分解成半乳糖和葡萄糖，从而避免了某些人因体内缺乏糖酶饮用牛乳导致的腹泻等乳糖不适症。干酪中富含钙、磷等矿物质，每 100 g 干酪含钙 800 mg，是牛奶的 6～8 倍。干酪中的维生素主要是维生素 A，每100 g 干酪中约含有维生素 A 1 200IU。几种主要干酪的成分组成及热量（每 100 g 干酪）见表 6.3。

表 6.3　几种干酪的成分组成及热量（每 100 g 干酪）

干酪名称	类型	水分/%	热量/cal	蛋白质/g	脂肪/g	钙/mg	磷/mg	维生素			
								A/IU	B_1/mg	B_2/mg	烟酸/mg
切达干酪	硬质（细菌成熟）	37.0	398	25.0	32.0	750	478	1 310	0.03	0.046	0.1
法国羊乳干酪	半硬（霉菌成熟）	40.0	368	21.5	30.5	315	184	1 240	0.03	0.61	0.2
法国浓味干酪	软质（霉菌成熟）	52.2	299	17.5	24.7	105	339	1 010	0.04	0.75	0.8
农家干酪	软质（新鲜不成熟）	79.0	86	17.0	0.3	90	175	10	0.03	0.28	0.1

6.1.3　发酵剂

1）发酵剂的种类

在干酪的制造过程中，用来使干酪发酵与成熟的特定微生物培养物称为干酪发酵剂。干酪发酵剂按照微生物种类分为细菌发酵剂和霉菌发酵剂两大类。

细菌发酵剂主要以乳酸菌为主，主要用于产酸和产生相应的风味物质。主要包括乳酸链球菌、乳油链球菌、干酪乳杆菌、丁二酮链球菌、嗜酸乳杆菌、保加利亚乳杆菌以及嗜柠檬酸明串珠菌等。有时为了使干酪形成特有的组织状态，还要使用丙酸菌。霉菌发酵剂主要包括卡门培尔干酪青霉、干酪青霉、娄地青霉等对脂肪分解强的菌种。有些品种的干酪还需要使用酵母菌，例如解脂假丝酵母等。干酪发酵剂微生物及其使用制品见表 6.4。

表 6.4　干酪发酵剂微生物及其使用制品

发酵剂种类	发酵剂微生物		使用制品
	一般名称	菌种名称	
细菌发酵剂	乳酸球菌	嗜热乳链球菌	各种干酪，产酸及风味
		乳酸链球菌	各种干酪，产酸
		乳油链球菌	各种干酪，产酸
		粪链球菌	切达干酪
	乳酸杆菌	乳酸杆菌	瑞士干酪
		干酪乳杆菌	各种干酪、产酸
		嗜热乳杆菌	各种干酪、产酸、风味
		胚芽乳杆菌	切达干酪
	丙酸菌	薛氏丙酸菌	瑞士干酪

发酵剂种类	发酵剂微生物		使用制品
	一般名称	菌种名称	
霉菌发酵剂		短密青霉菌	砖状干酪 林堡干酪
	曲霉类	米曲霉 娄地青霉 卡门培尔干酪青霉	法国绵羊乳干酪 法国卡门培尔干酪
酵母	酵母类	解脂假丝酵母	青纹干酪 瑞士干酪

2）发酵剂的作用

发酵剂在适宜的条件下利用乳或乳制品为底物进行发酵,使牛乳中的乳糖转变成乳酸,同时分解柠檬酸而生成微量的乙酸,使牛乳的 pH 降低和形成酸味。酸性环境为凝乳酶创造适当的 pH 条件,促进凝块的形成,使凝块收缩,容易排出乳清。发酵剂中某些微生物可以产生蛋白分解酶分解蛋白质生成胨、肽、氨基酸等,产生脂酶分解脂肪生成游离的脂肪酸、醛类、醇类,分解柠檬酸生成丁二酮、3-羟基丁酮,丁二醇等四碳化合物和微量的挥发酸、酒精、乙醛等干酪特有的风味物质。微生物分解产生酶类物质,同时分解蛋白质和脂肪,增强干酪的风味,改善干酪的质地,以一定的速度产酸、产酶、产增加防腐作用的细菌素,加速干酪的成熟,增加干酪营养、促进干酪产生颜色等有利作用。此外,发酵剂在干酪成熟期间也可产生真菌毒素和生物胺等有害物质,影响干酪质量。

3）发酵剂的组成

作为某一种干酪的发酵剂,必须选择符合制品特征和需要的专门菌种来组成。根据菌种组成情况可将干酪发酵剂分为单一菌种发酵剂和混合菌种发酵剂两种。

（1）单一菌种发酵剂

只含有一种菌种,如乳酸链球菌。其优点主要是经过长期活化和使用,其活力和性状的变化较小;缺点是容易受到噬菌体的侵染,造成繁殖受阻和酸的生产迟缓等。单一菌种发酵剂主要用于只需生成乳酸和以降解蛋白质为目的的干酪,如切达干酪。

（2）混合菌种发酵剂

指由两种或两种以上菌种,按一定比例组成的干酪发酵剂。干酪的生产中多采用这一类发酵剂。其优点是能够形成乳酸菌的活性平衡,较好地满足制品发酵成熟的要求,避免全部菌种同时被噬菌体污染,从而减少其危害程度。缺点是每次活化培养后,菌相会发生变化,因此很难保证原来菌种的比例,长期保存培养,活力会发生变化。

4）发酵剂的制备

（1）乳酸菌发酵剂的制备

通常乳酸菌发酵剂的制备依次经过 3 个阶段,即乳酸菌纯培养物的复活、母发酵剂的

制备和生产发酵剂的制备。干酪乳酸菌发酵剂的制备与酸乳类似。

①乳酸菌纯培养物的复活

将保存的菌株或粉末状纯培养物用牛乳活化培养。在灭菌的试管中,加入优质脱脂乳,添加适量的石蕊溶液,经121 ℃,15～20 min 高压灭菌并冷却至适宜温度,将菌种接种于培养基21～26 ℃培养16～19 h。当凝固物达到所需的酸度后,置于0～5 ℃的条件下保存。每周接种一次,以保持活力,也可以冻结保存。

②母发酵剂的制备

在灭菌的三角瓶中加入1/2 量的脱脂乳(或还原脱脂乳),经120 ℃,15～20 min 高压灭菌后,冷却至接种温度,按0.5%～1.0%的接种量接种,于21～23 ℃培养12～16 h(培养温度根据菌种而异),当培养酸度达到0.75%～0.85%时冷却,并于0～5 ℃的条件下保存备用。

③生产发酵剂的制备

脱脂乳经95 ℃,30 min 杀菌并冷却到适宜的温度后,再加入0.5%～1.0%的母发酵剂,培养12～16 h(普通乳酸菌菌株22 ℃,高温性菌株35～40 ℃),酸度达到0.75%～0.85%时冷却,并于0～5 ℃的条件下保存备用。

乳制品工厂多采用自身逐级扩大培养来制备发酵剂。目前,很多生产厂家使用专门机构生产的直投发酵剂,使用时按照说明书以无菌操作直接接种到发酵罐进行发酵。

(2)霉菌发酵剂的制备

将除去表皮的面包切成小立方块,置于三角瓶中,加入适量的水及少量的乳酸,进行高温灭菌并冷却,然后在无菌的条件下将悬浮着霉菌菌丝或孢子的菌种喷洒在灭菌的面包上,然后置于21～25 ℃的培养箱中培养8～12 d,霉菌孢子布满面包表面时,将培养物取出,于30 ℃条件下干燥10 d,或在室温下进行真空干燥。将所得物破碎成粉末,放入容器中备用。

5)发酵剂的保存方式

发酵过程依赖于发酵剂的纯度和活力,工业菌种一般要求能最大限度地保证其活菌数量,避免噬菌体或其他污染,因此,对发酵剂菌种进行保存也是非常重要的。对发酵剂菌种进行保存不但可以保持微生物菌种的活性,使之稳定用于工作发酵剂的加工,在发生工作发酵剂失活的情况下,保存的发酵剂也可用于发酵罐内接种。

菌种保存的方法很多,其原理主要为挑选典型优良纯种的菌种,创造适合其长期休眠的环境,如干燥、低温、缺氧、避光、缺乏营养以及添加保护剂或酸度中和剂。良好的菌种保存方法必须能够保证原菌种具有优良的性状,此外还需考虑方法的通用性和操作的简便性。通常干酪发酵剂可用以下方式进行保存。

(1)液态发酵剂

发酵剂菌种可用几种不同的生长培养基以液体形式保存,培养基一般为活化培养基或发酵加工所用的培养基。用少量的菌种进行逐级扩大培养,直至达到工作状态即可,是目前应用最为广泛的发酵剂。

液态发酵剂的优点:使用前能给予评估和检查;依据实验和已知的方法能指导干酪的加工;成本较低。

液态发酵剂的缺点:每批与每批之间质量不够稳定;在加工厂还得再扩大培养,费原料、费时、费工;保存期短;菌含量较低;接种量较大。

（2）粉状（或颗粒状）发酵剂

粉状（或颗粒状）发酵剂是通过冷冻干燥培养到最大菌数的液体发酵剂而制得的。干燥室常用的一种发酵剂的保存方法。因冷冻干燥是在真空下进行,故能最大限度减少了对菌种的破坏。

一般在使用前将该发酵剂接种制成母发酵剂。但使用浓缩冷冻干燥发酵剂时,可将其直接制备成工作发酵剂,无需中间的扩大培养过程。粉状发酵剂与液态发酵剂相比,其优点是:良好的保存质量;更强的稳定性和活力;由于接种次数少,降低了被污染的机会,保存时间有所增加;产品品质均一。未一次用完的发酵剂,应在无菌的条件下将开口密封好,以免污染,然后放入冷冻的冰柜中,并尽快用完。

（3）冷冻发酵剂

冷冻发酵剂是通过深度冷冻干燥而得到的一种发酵剂,其加工方式主要有以下两种:一是 -20 ℃冷冻(不发生浓缩)和经过 -80 ~ -40 ℃深度冷冻(会发生浓缩);二是 -196 ℃超低温液氮冷冻(会发生浓缩)。

冷冻干燥法是一种适用范围很广的菌种保存方式,该法不仅有利于菌种保存,适合长途运输和贮存,使用方便,灵活性大,而且冷冻发酵剂可不经过活化培养,直接投入加工,减少污染,对噬菌体有较好的控制能力,并且可节约劳动力和加工成本,便于加工直投式或间接生产所需的发酵剂,以满足乳品加工业加工需要。

一般深冻发酵剂比冻干发酵剂需要更低的贮存温度。而且要求用装有干冰的绝热塑料盒包装运输,时间不能超过 12 h,而冻干发酵剂在 20 ℃温度下运输 10 d 也不会缩短原有的货架期,只要货到达购买者手中后,按建议的温度贮存即可。一些浓缩发酵剂的贮存条件和货架期见表 6.5。

表 6.5 一些浓缩发酵剂的贮存条件和货架期

发酵剂类型	贮存条件	货架期/月	作 用
冻干超浓缩发酵剂 DVS	低于 -18 ℃冷冻室	≥12	直接用于生产
深冻发酵剂	低于 -45 ℃冷冻室	≥12	直接用于生产
冻干超浓缩发酵剂	低于 -18 ℃冷冻室	≥12	为制备生产发酵剂
深冻浓缩发酵剂	低于 -45 ℃冷冻室	≥12	为制备生产发酵剂
冻干粉末发酵剂	低于 +5 ℃冷藏室	≥12	为制备母发酵剂

6）影响发酵剂菌种活力的因素

（1）天然抑菌物

牛乳中天然存在着具有增强牛犊的抗感染与疾病的能力的抑菌因子,主要包括乳抑菌素、凝集素、溶菌酶和 LPS 系统等,具有一定的抑制微生物生长的作用,但乳中的抑菌物质一般对热不稳定,加热后即被破坏。

（2）抗生素残留

患乳房炎等疾病的奶牛常用青霉素、链霉素等抗生素药物治疗,在一定时间内(一般

3~4 d,个别在一周以上)乳中会残留一定的抗生素,影响发酵剂菌种的活性。一般用于干酪加工的原料乳中不允许有抗生素残留。

（3）噬菌体

噬菌体的存在会对干酪的加工产生严重影响。因此,在发酵剂制备过程中应严格遵守以下环节:有效过滤发酵剂室和加工区域的空气有助于减少噬菌体的存在,发酵剂室良好的卫生能减少微生物的污染,车间合理的设计也能限制空气污染;发酵剂室应远离加工区域,以降低空气污染的可能性;发酵剂准备间用 400~800 mg/L 的次氯酸钠溶液喷雾或紫外线灯照射杀菌,控制空气中的噬菌体数,在发酵剂继代过程中必须保证无菌操作;除专门人员外,一般厂内员工不得进入发酵剂加工间;此外,循环使用与噬菌体无关或抗噬菌体的菌株以及使用混合菌株的发酵剂也有利于保持菌种活性。

（4）清洗剂和杀菌剂的残留

使用清洗剂和杀菌剂后会有一定量的碱洗剂、碘灭菌剂、季铵类化合物、两性电解质等的残留,影响发酵剂菌种的活力。造成清洗剂和杀菌剂在发酵剂加工中的污染主要源于人为工作的失误或 CIP 系统循环的失控。因此,清洗程序应设定为保证除去加工发酵剂罐内可能残留的化学制品溶液为准。

7）发酵剂的活力测定

发酵剂的活力,可通过乳酸菌在规定时间内产酸状况或色素还原情况来进行判断。

（1）酸度测定

将 10 g 脱脂乳用 90 mL 蒸馏水溶解,经 121 ℃,15 min 加压灭菌,冷却至 37 ℃,取 10 mL 分装于试管中,加入 0.3 mL 待测发酵剂,盖紧,37 ℃ 培养 210 min。然后迅速从培养箱中取出试管加入 20 mL 蒸馏水及 2 滴酚酞指示剂,用 0.1 mol/L NaOH 标准溶液滴定,按下式进行计算:

$$X = \frac{c \times V \times 100}{m \times 0.1} \times 0.009$$

式中　X——试样的酸度,°T;

　　　c——氢氧化钠标准溶液的摩尔浓度,mol/L;

　　　V——滴定时消耗氢氧化钠标准溶液体积,mL;

　　　m——试样的质量,g;

　　　0.1——酸度理论定义氢氧化钠的摩尔浓度,mol/L;

　　　0.009——相当于乳酸(90%)的量。

如果酸度达到 0.4%（乳酸）以上,说明其活力良好。

（2）刃天青还原试验

取上述灭菌脱脂乳 9 mL 注入试管中,加入待测发酵剂 1 mL 和 0.005% 刃天青溶液 1 mL,37 ℃ 培养 30 min。每 5 min 观察刃天青褪色情况,全褪至淡桃红色为止。褪色时间在 35 min 以内,说明活力良好。

（3）污染程度检查

在实际生产过程中对连续传代的母发酵剂进行定期检查:①纯度可通过催化酶实验进行判定,乳酸菌催化酶实验应呈阴性,阳性反应是污染所致;②阳性大肠菌群实验用以检测粪便污染情况;③检测噬菌体的污染情况。

6.1.4 凝乳酶

凝乳酶是小牛或小羊等反刍动物的皱胃(第四胃)分泌出的一种具有凝乳功能的酶类,皱胃的提取物即为凝乳酶。由凝乳酶来进行酪蛋白的凝聚是干酪生产中的基本工序。一般使用皱胃酶、胃酶或胃蛋白酶来凝结,而以前者制作的干酪品质优良。

干酪加工中添加凝乳酶的主要目的是促使牛乳凝结,为排除乳清提供条件。凝乳酶不仅是干酪制造过程中起凝乳作用的关键性酶,同时凝乳酶对干酪的质构形成及干酪特有风味的形成有非常重要的作用。

1)凝乳酶的作用机理

凝乳酶通过与酪蛋白的专一性结合使牛乳凝固。凝乳酶对酪蛋白的凝固可分为如下两个过程。

(1)酪蛋白在凝乳酶的作用下,形成副酪蛋白,此过程称为酶性变化。

(2)产生的副酪蛋白在游离钙的存在下,在副酪蛋白分子间形成"钙桥",使副酪蛋白的微粒发生团聚作用而产生凝胶体。此过程称为非酶变化。

这两个过程的发生使酪蛋白凝固与酶凝固不同。酶凝固时,钙和磷酸盐并不从酪蛋白微球中游离出来。

2)皱胃酶的制备方法

(1)原料的调制

凝乳酶的传统来源是由牛犊第四胃(皱胃)提取皱胃酶。一般选择出生数周以内的犊牛第四胃,尤其在生后2周活力最强。喂料以后就不能应用。用于提取皱胃酶的幼畜,需在宰前10 h实施绝食,宰后立即取出第四胃,下部从十二指肠的上端切断,仔细地将脂肪组织及内容物取出,然后扎住胃的一端将胃吹成球状,悬挂于通风背阴的地方,使其干燥。或将胃切开撑大,钉于倾斜的木板上,表面撒布盐使其干燥。

(2)皱胃酶浸出

将干燥的皱胃切细,用含4% ~5%食盐的10% ~12%酒精溶液浸出。将多次浸出液合在一起离心分离,除去残渣,加入5%的1 mol/L的盐酸,此时黏稠的混合液变成透明,黏性物质发生沉淀,将沉淀物分离后,再加入食盐约5%,使浸出液含盐量达10%,调整pH为5 ~6(防止皱胃酶变性),即为液体制剂。浸出温度用室温即可,每一个胃所制出的浸出液大约可凝乳3 000 L。如浸出液不直接用于生产时,为便于运输和保存,通常制成粉末。

3)皱胃酶的活力测定

皱胃酶的活力是指1 mL皱胃酶溶液(或1 g干粉)在一定温度下(35 ℃)、一定时间内(通常为40 min)能凝固原料乳的体积(mL)。

活力测定方法很多,现列举一简单方法:取100 mL原料乳置于烧杯中,加热至35 ℃,然后加入1%皱胃酶食盐水溶液10 mL,迅速搅拌均匀,并加入少许炭粒或纸屑为标记,准确记录开始加入酶溶液到乳凝固时所需的时间(s),此时间也称为凝乳酶的绝对强度。然后按照下式计算活力:

$$活力 = \frac{试难使用的原料乳数量}{皱胃酶的使用量} \times \frac{2\ 400(s)}{凝乳时间(s)}$$

式中　2 400——测定凝乳酶活力的规定时间,40 min。

4)凝乳酶添加方法

凝乳酶活力确定后再计算酶的添加量。一般 1 份皱胃酶在 30 ~ 35 ℃温度下,可凝结 10 000 ~ 15 000 份的牛乳。如,现有 50 kg 原料乳,用活力为 100 000 单位的皱胃酶进行凝乳,则需加 1:100 000 = X:50 000,X = 0.5 g,即 50 kg 原料乳需要添加 0.5 g 皱胃酶。

生产过程中,为了有利于凝乳酶的分散,通常将加水稀释后的凝乳酶通过自动计量系统分散喷嘴喷洒在牛乳表面,而后搅拌牛乳(不超过 2 ~ 3 min),保持 35 ℃以下,经 30 ~ 40 min后,凝结成半固体状态,凝结稍软,表面平滑无气孔即可。为了获得良好的凝乳效果可以在凝乳前加入 20 g/100kg 水解氯化钙。

5)影响凝乳酶作用的因素

凝乳酶的凝结过程会受到温度、酸度和钙离子浓度等因素的影响。

(1)温度

凝乳酶的最适温度为 40 ~ 41 ℃,实际生产中干酪凝固温度为 30 ~ 35 ℃,20 ~ 40 min。温度过高或者过低,菌种的活力就会降低,影响干酪的凝聚时间。

(2)pH

凝乳酶的最适 pH 为 4.8 左右,等电点为 4.45 ~ 4.65,凝乳酶在弱碱、强酸、热、超声波等因素的作用下会失活。

(3)钙离子的影响

酪蛋白所含有的胶质磷酸钙是凝块形成所必需的成分,因此增加牛乳中的钙离子浓度可缩短皱胃酶凝乳所需时间,并促使凝块变硬。因此实际生产中,一般会在杀菌后凝乳前,向乳中加入氯化钙。

6)皱胃酶的代用酶

由于皱胃酶来源于犊牛的第四胃,其制作成本高,加之目前肉牛生产的实际情况等原因,开发研制皱胃酶的代用酶越来越受到普遍重视,并且很多代用酶已应用到干酪的生产中。代用酶按其来源可分为动物性凝乳酶、植物性凝乳酶、微生物凝乳酶及遗传工程凝乳酶等。

动物性凝乳酶主要是胃蛋白酶。这种酶以前就已经作为皱胃酶的代用酶而应用到干酪的生产中,其性质在很多方面与皱胃酶相似。但由于胃蛋白酶的蛋白分解能力强,且以其制作的干酪成品略带有苦味,如果单独使用,会使产品产生一定的缺陷。

植物性凝乳酶主要有无花果蛋白分解酶、木瓜蛋白酶、凤梨蛋白分解酶等,它们是从相应的果实或叶中提取,具有一定的凝乳作用。

微生物来源的凝乳酶在生产中得到应用的主要是霉菌性凝乳酶,其代表是从微小毛霉菌中分离的凝乳酶,凝乳的最适温度是 56 ℃,蛋白分解能力比皱胃酶强,但比其他的分解蛋白酶分解蛋白能力弱,对牛乳凝固作用强。目前,日本、美国等国将其制成粉末凝乳酶制剂而应用到干酪的生产中。

另外还有利用遗传工程技术生产的皱胃酶。由于皱胃酶的各种代用酶在干酪的实际生产中表现出某些缺陷,迫使人们利用新的技术和途径来寻求犊牛以外的皱胃酶的来源。美国和日本等国利用遗传工程技术,将控制犊牛皱胃酶合成的 DNA 分离出来,导入微生物细胞内,利用微生物来合成皱胃酶获得成功,并得到美国食品与药物管理局的认定和批准。目前,美国公司生产的生物合成皱胃酶制剂在美国、瑞士、英国、澳大利亚等国得到广泛应用。

任务6.2　天然干酪的制作

天然干酪是在乳中(也可以是脱脂乳或稀奶油)加入适量的发酵剂和凝乳酶,使蛋白质(主要是酪蛋白)凝固后,排除乳清,将凝块压成块状而制成的组织和风味独特的固态产品。

6.2.1　工艺流程

天然干酪的制作工艺流程如下所示。

原料乳→标准化→杀菌→冷却→添加发酵剂→调整酸度→加入添加剂→加色素→加凝乳酶→凝块切割→搅拌→加温→排出乳清→成型压榨→盐渍→上色挂蜡→包装→贮存

6.2.2　操作要点

1)原料乳的要求

生产干酪的原料,必须是健康奶畜分泌的新鲜优质乳。感官检查合格后,测定酸度(牛奶18°T,羊奶 10 ~ 14°T),必要时进行青霉素及其他抗生素试验。然后进行严格过滤和净化,并按照产品需要进行标准化。

2)标准化

为了保证每批干酪的质量均一,组成一致,成品符合标准,缩小偏差,在加工之前要对原料乳进行标准化处理。首先,要准确测定原料乳的乳脂率和酪蛋白的含量,调整原料乳中的脂肪和非脂乳固体之间的比例,使其比值符合产品要求。干酪原料奶中的含脂率,决定于干酪中所需要的脂肪含量,而脂肪含量必须与奶中的酪蛋白保持一定的比例关系。含脂率按成品要求,通常控制在25% ~ 30%。生产干酪时,除对原料乳的标准化,即脂肪标准化外,还要对酪蛋白以及酪蛋白/脂肪的比例(C/F)进行标准化,一般要求 C/F = 0.7。

3)杀菌

杀菌的目的是为了消灭乳中的致病菌和有害菌并破坏有害酶类,使干酪质量稳定。由于加热杀菌使部分白蛋白凝固,留存于干酪中,可以增加干酪的产量。杀菌质量的高低,直接影响产品质量。如果温度过高,时间过长,则受热变性的蛋白质增多,用凝乳酶凝固时,凝块松软,且收缩作用变弱,往往形成水分过多的干酪。故杀菌方法多采用63 ℃,30 min

的保温杀菌或 71~75 ℃ ,15 s 的高温短时间杀菌(HTST)。杀菌后的牛乳冷却至 30 ℃ 左右,放入干酪槽中。常采用的杀菌设备为保温杀菌罐或片式热交换杀菌机。

4)添加发酵剂和预酸化

原料乳经杀菌后,直接打入干酪槽中。干酪槽为水平卧式长椭圆形不锈钢槽,且有保温(加热或冷却)夹层及搅拌器(手工操作时为干酪铲和干酪耙)。将干酪槽中的牛乳冷却到 30~32 ℃,按要求取原料乳 1%~2% 的工作发酵剂,边搅拌边加入,并在 30~32 ℃ 充分搅拌 3~5 min,然后进行 20~30 min 短期发酵使牛乳酸度下降,此过程称为预酸化。在加入之前,发酵剂本身应充分搅拌,必须没有小凝结块。发酵时的添加量应根据原料奶的情况、发酵时间长短、干酪达到酸度和水分来反复试验,以确定较合适的加入量。

5)调整酸度

添加发酵剂并经 30 min 左右发酵后,酸度为 0.18%~0.22%(或 20~24°T),但该乳酸发酵酸度很难控制。为使干酪成品质量一致,可用 1 mol/L 的盐酸调整酸度,一般调整酸度至 0.21% 左右。具体的酸度值应根据干酪的品种而定。

6)加入添加剂

为了抑制原料乳中的杂菌,提高加工过程中凝块的质量,在生产干酪的原料中需要添加下列几种添加剂。

(1)氯化钙

当原料乳质量不够理想时,往往会出现凝块松散,切割后产生大量细粒,致使部分蛋白质流失,脂肪损失也很大。在凝块加工过程中,凝块颗粒中剩留的乳清也较多,发酵后可能使干酪变酸。为了改善凝固性能,提高干酪质量,可以在每 100 kg 原料奶中加 5~20 g 的氯化钙(预先配成 10% 的溶液),以调节盐类平衡,促进凝块的形成。但实际生产中注意控制添加量,过量的氯化钙会形成太硬的凝块,难于切割。

(2)硝酸盐

干酪原料奶中含有丁酸菌或产气菌时,会产生异常发酵。使用硝酸盐(硝酸钠或钾)可以有效抑制这些细菌的生长。由于使用过多的硝酸盐会将抑制发酵剂中细菌的生长,甚至可能影响干酪的成熟,因此其用量应参照牛奶的成分和生产工艺等精确计算,不宜过量使用。此外,硝酸盐用量高,还会使干酪脱色,引起红色条纹和不良的滋味。通常最大的允许添加量为每 100 kg 奶中加 20 g 硝酸盐。

(3)脂肪酶

由于生奶中的脂肪酶在巴氏杀菌过程中失活,因此未来通过水解脂肪来产生更多的风味物质,就需要添加脂肪酶,小山羊分泌的脂肪酶比较常用。

(4)CO_2

添加 CO_2 是提高干酪质量的方法之一。CO_2 天然存在乳中,但在加工过程中大部分会逸失。通过人工手段加入可降低牛乳的 pH,通常可使 pH 降低 0.1~0.3 单位,从而缩短了凝乳时间。

7)添加色素

牛乳的色泽随季节和所喂饲料而异。羊奶则因缺乏胡萝卜素,使干酪颜色发白。为使成品色泽一致,也就是使牛奶干酪或羊奶干酪均带微黄色,为了达到这一目的,需在原料乳中加适量色素。

所用色素及添加量:通常以胭脂树橙的碳酸钠抽提液为色素,并于加入凝乳酶前添加。用量随季节、市场需要而定,一般为每1 000 kg原料乳加30~60 g浸出液。

加入方法:先将色素用6倍灭菌水稀释,随即加入杀菌后的原料中,充分搅拌,混合均匀。

8)添加凝乳酶

先用1%食盐水(或灭菌水)将酶配制成2%溶液,并在28~32 ℃下保温30 min,然后加到原料乳中,均匀搅拌1~2 min后,使原料乳静置凝固。在大型(10 000~20 000 L)密封的干酪槽或干酪罐中,为了使凝乳酶均匀分散,可采用自动计量系统通过分散喷嘴将稀释后的凝乳酶喷洒在牛乳表面。一般在28~33 ℃温度范围内,约40 min内凝结成半固态,凝块无气孔,摸触时有软的感觉,乳清透明即表明凝固状态良好。

9)凝块切割、搅拌和加热

(1)切割

为了方便乳清的排出,当凝块达到一定硬度后(约经30 min),用专门的干酪刀或不锈钢丝纵横切割成7~10 mm立方体小块。凝乳的达到切割硬度的判断标准:用小刀斜插入凝乳表面,轻轻上提,当渗出的乳液澄清透明时,说明达到切割标准。

(2)搅拌和加热

切割后的小凝乳块易于黏在一起,需要进行搅拌处理。开始时进行轻微的搅拌,使凝块颗粒悬浮在乳清中,使乳清分离。大约缓慢搅拌15 min后,搅拌速度可以逐渐加快,与此同时向干酪槽的夹层中通入热水进行加热。加热可使凝块粒稍微收缩,有利于乳清从凝块中排出。开始加热升温要缓和,一般每3 min升高1 ℃,而后每2 min升高1 ℃,再逐渐提高温度,每1 min提高1~2 ℃,直到槽内温度至32~42 ℃为止。在加热时应不断搅拌,以防凝块颗粒沉淀。经加热后的凝块体积缩小为原来的一半。

当乳清酸度达0.17%~0.18%时,凝块收缩至原来的一半(豆粒大小),用手捏干酪粒感觉有适度弹性或用手握一把干酪粒,用力压出水分后放开,如果干酪粒富有弹性,搓开仍能重新分散时,即可判断凝块搅拌加温终止。

10)乳清排出

凝块和乳清达到要求即可排出全部乳清。当酸度未达到而过早排出乳清,会影响干酪的成熟;而酸度过高则产品过硬,带有酸味。

乳清由干酪槽底部通过金属网排出,排放时要防止凝块损失。而后将干酪粒堆积在干酪槽的两侧,促进乳清的进一步排出。此操作应按干酪品种的不同而采取不同的方法。排除的乳清脂肪含量一般约为0.3%,蛋白质0.9%。若脂肪含量在0.4%以上,说明操作不理想,应将乳清回收,作为副产物进行综合加工利用。

11)成型压榨

将排出乳清后的干酪凝块均匀地放在压榨槽中,用压板或干酪压榨机把凝块颗粒压成饼状凝块,促使乳清进一步排出。再将凝块分成相等大小的小块,装入专门模具,用压榨机械压制成型。成型器周围设有小孔,由此渗出乳清。压榨的压力与时间依干酪的品种各异。干酪成型器依干酪的品种不同,其形状和大小也不同。

具体操作:先进行预压榨,一般压力为0.2~0.3 MPa,时间为20~30 min。预压榨后取下进行调整,视其情况,可以再进行一次预压榨或直接正式压榨。将干酪反转后装入成型

器内以 0.4～0.5 MPa 的压力、15～20 ℃(有的品种要求在 30 ℃左右)条件下再压榨 12～24 h。压榨结束后,从成型器中取出的干酪称为生干酪。

12)加盐

加盐的目的在于改进干酪的风味、组织和外观,排除内部乳清或水分,增加干酪硬度,限制乳酸菌的活力,调节乳酸的生成和干酪的成熟,防止和抑制杂菌的繁殖。加盐的量应依据成品的含盐量确定,一般在 1%～3% 范围内。加盐的方法有 3 种。

(1)干盐法

干盐法是指在定型压榨前,将所需的食盐撒布在干酪粒(块)中,或者将食盐涂布于生干酪表面,通过干酪的水分将盐溶解并使其渗透到内部去。

(2)湿盐法

湿盐法将压榨后的生干酪浸于盐水池中浸盐,盐水浓度在第 1～2 d 为 17%～18%,以后保持 20%～23% 的浓度。为了防止干酪内部产生气体,盐水温度应控制在 8 ℃左右,浸盐时间 4～6 d,最终使干酪中食盐含量达 1%～2%。为了防止各种微生物的生长繁殖,可将盐水煮沸以及添加防腐剂。

(3)混合法

混合法是指在定型压榨后先涂布食盐,过一段时间后再浸入食盐水中的方法。

13)发酵成熟

将生鲜干酪置于一定温度(10～12 ℃)和湿度(相对湿度 85%～90%)条件下,经一定时期(3～6 个月),在乳酸菌等有益微生物和凝乳酶的作用下,使干酪发生一系列的物理和生物化学变化的过程,称为干酪的成熟。成熟的主要目的是改善干酪的组织状态和营养价值,使干酪具有独特风味,组织状态细腻均匀。

(1)成熟的条件

干酪的成熟通常在成熟库(室)内进行。成熟时低温比高温效果好,一般为 5～15 ℃。相对湿度,一般细菌成熟硬质和半硬质干酪为 85%～90%,而软质干酪及霉菌成熟干酪为 95%。当相对湿度一定时,硬质干酪在 7 ℃条件下需 8 个月以上的成熟,在 10 ℃时需 6 个月以上,而在 15 ℃时则需 4 个月左右。软质干酪或霉菌成熟干酪需 20～30 d。降低成熟温度,会延长所需的成熟时间,但产品风味较好。

(2)成熟的过程

①前期成熟 将待成熟的新鲜干酪放入温度、湿度适宜的成熟库中,每天用洁净的棉布擦拭其表面,防止霉菌的繁殖。为了使表面的水分蒸发的均匀,擦拭后要反转放置。此过程一般要持续 15～20 d。

②上色挂蜡 前期成熟后的干酪,为了防止水分损失、外界的污染、霉菌的生长和良好的外形等,对干酪都进行包装。硬质干酪通常涂挂有色素的石蜡,如我国生产的荷兰硬质干酪就是用红色石蜡涂色。而半硬干酪和软质干酪常用塑料薄膜包装,再装入纸盒或铝箔中。为了食用方便和防止形成干酪皮,现多采用塑料真空及热缩密封。

③后期成熟和贮藏 为了使干酪完全成熟,以形成良好的口感、风味,还要将挂蜡后的干酪放在成熟库中继续成熟 2～6 个月。成品干酪应放在 5 ℃及相对湿度 80%～90% 条件下贮藏。

（3）影响干酪成熟的因素

影响干酪成熟的因素：随着成熟时间的延长，水溶性含氮物增加，干酪成熟度增加；在其他条件相同时，水溶性含氮物的增加量与温度成正比，在工艺允许的范围内，温度越高，成熟度越高；水分含量越多，越容易成熟；在同一条件下，重量大的干酪成熟度好；含盐量越低，成熟越快；凝乳酶添加量越多，干酪成熟越快。实际工作中，可以根据实际情况调节干酪成熟的工艺条件。

6.2.3　加工中的注意事项

1）原料乳

用于生产干酪的牛乳除非是再制乳，否则通常不用均质。因为均质导致结合水能力的大大上升，对生产硬质和半硬质干酪不利。而在用牛乳生产蓝霉干酪和 Feta 干酪的特殊情况下，乳脂肪以 15% ~20% 稀奶油的状态被均质。这样做可使产品更白，而更重要的原因是使脂肪更易脂解为游离脂肪酸，这些游离脂肪酸是这两种干酪风味物质的重要组成成分。不得使用近期内注射过抗生素的奶畜所分泌的乳。

2）杀菌

为了确保杀菌效果，防止或抑制丁酸菌等产气芽孢菌，在生产中常添加适量的硝酸盐（硝酸钠或硝酸钾）或过氧化氢。硝酸盐的添加量应特别注意，过多的硝酸盐能抑制发酵剂的正常发酵，影响干酪的成熟和风味。

3）凝乳块切割及加热

（1）切割

凝乳块切割时机的判定直接影响乳清的排出、干酪的收得率和成品质量。在操作时，既要防止对凝乳造成破坏，又要防止产生判定误差。一方面要依靠操作人员的经验；另一方面要选择合适的仪器。

（2）加热

加热的时间和温度决定了成品干酪的水分含量，而水分含量又决定了可发酵乳糖的含量，因而影响着成品干酪的 pH，因此加热过程必须注意对其操作条件加以控制。加热温度的提高和切割较细时，可加速乳清的排出而使干酪制品含水量降低。加温过快，会使凝块表面结成硬膜，使颗粒内外硬度不一致而影响乳清排出，从而降低干酪品质。

加热的时间与乳清的酸度有关，酸度低则加热时间长，酸度高则可缩短加热时间。一般酸度为 0.13%，加热 40 min；酸度为 0.14%，加热 30 min。

4）成型压榨

操作时，需注意必须防止空气混入干酪中，否则会影响凝块的质量，并造成酪蛋白溶于乳清中而损失。

5）注意控制干酪的风味

影响干酪风味形成的因素包括：奶的成分、奶的热处理、乳酸菌、次生菌群、pH 值、S/M

（盐在水分中的含量）、奶中的酶（如胞浆素）、凝乳酶、干酪制作的操作参数和储存条件等。干酪的风味物质因所用的发酵剂菌种不同也有很大的差异，应根据菌种的生理特性选择适合发酵用菌种。如应选择蛋白分解能力相对较弱的菌株，以减少苦味物质的生成，同时也使成品成熟后期产酸减弱，生成的干酪口味更好、质地更柔和。

6）加强卫生管理

干酪中的乳酸菌虽有抑制病原菌、腐败细菌的作用，但容易受到酵母菌、霉菌等杂菌的污染。因此，必须对各个生产环节加强卫生管理。

6.2.4 常见质量缺陷及防止方法

干酪的质量缺陷是由牛乳质量、杂菌繁殖、加工工艺不当产生的。具体有以下3种。

1）物理性缺陷及防止方法

（1）质地干燥

在较高的温度下处理凝乳会引起干酪中水分排出过多而导致干酪质地干燥。凝乳切割过小，搅拌时温度过高，酸度过高，处理时间较长及原料乳中的含脂率太低均能引起干酪的质地干燥。除了改进工艺以外，也可以采用石蜡或者塑料包装及在温度较高的条件下成熟等方法来防止该质量缺陷。

（2）组织疏松

产生组织疏松的质量缺陷主要成因：凝乳中存在裂缝，当酸度不足时乳清残留在其中，压榨时间短或者是最初成熟时温度过高。

防止方法：采用加压或者是低温成熟。

（3）脂肪渗出

由于脂肪过量存在于凝乳表面而产生，原因是由于操作温度过高，凝乳处理不当，堆积过高产生。

防止方法：改进生产工艺。

（4）斑点

产生斑点的质量缺陷主要是切割、加热、搅拌等工艺中操作不当所引起。

（5）发汗

发汗即成熟时干酪渗出液体，主要是由于干酪内部游离液体太多，是由于在压榨过程中压力不均匀或加热操作不当，导致产品中含水量过高。

2）化学缺陷及防止方法

（1）金属性变黑

铁、铅等金属离子能产生黑色硫化物，使干质地呈绿灰褐色等不同颜色。生产中应避免与金属离子的接触。

（2）桃红或赤变

当使用色素时色素与干酪中的硝酸盐结合开成其他有色化合物，需要严格筛选色素，并控制其添加量。

3）微生物缺陷及防止方法

（1）酸度过高

酸度过高是由于菌种代谢产酸而引起。

防止方法：一是可以采取加入适量食盐并降低发酵温度，增加凝乳酶量，既能抑制微生物过度发酵产酸，又能保证凝乳块的质量；二是在干酪加工中将凝乳切成更小的颗粒或是高温处理，促使乳清迅速排除，从而防止酸度过高。

（2）干酪液化

干酪中含有可液化酪蛋白的微生物，使干酪液化。该种质量缺陷多发生于干酪表面。此种微生物一般在中性或者微酸性条件下生长。

防止方法：杀菌；控制产品酸度。

（3）发酵的产生

在干酪成熟的过程中产生少量的气体，形成均匀分布的小气孔属于正常现象，但是由于微生物发酵产气产生大量的气孔是不应该的。

防止方法：可以添加氯化钾或硝酸钾来抑制此种微生物的生长。

（4）生成苦味

苦味是由于酵母及其他杂菌，导致非发酵剂中的乳酸菌发酵而产生的。此外，高温杀菌、添加过量凝乳酶、成熟温度过高等因素均匀可导致产生苦味。

（5）恶臭

干酪中如果污染了厌氧芽孢杆菌，会分解蛋白质生成硫化氢、硫醇、亚胺等物质产生恶臭。

（6）酸败

由于污染菌（源于原料乳、牛粪、土壤等）分解蛋白或者脂肪等产酸引起。

6.2.5 国家质量标准

我国干酪的国家标准（GB 5420—2010）适用于成熟干酪、霉菌成熟干酪和未成熟干酪。

1）感官要求（见表6.6）

表6.6 感官要求

项 目	要 求	检验方法
色泽	具有该类产品正常的色泽	取适量试样置于50 mL烧杯中，在自然光下观察色泽和组织状态，闻其气味，用温开水漱口，品其滋味
滋味、气味	具有该类产品特有的滋味和气味	
组织状态	组织细腻，质地均匀，具有该类产品应有的硬度	

2）理化要求（见表6.7）

我国软质干酪农业行业标准（NY 478—2002）理化要求。

表6.7 软质干酪理化要求

项 目		指　标			
		脱	半脱	全	稀奶油
全乳固体/%	≥	20.0	20.0	44.0	38.0
脂肪/%	≥	—	4.0	17.6	24.0
水分/%	≤	80.0	80.0	56.0	62.0
食盐/%	≤	2.5			
铅/(mg·kg⁻¹)	≤	0.5			
铜/(mg·kg⁻¹)	≤	10.0			
汞/(mg·kg⁻¹)	≤	0.05			
砷/(mg·kg⁻¹)	≤	1.0			
黄曲霉毒 M_1/(μg·kg⁻¹)	≤	5.0			

3)微生物限量(见表6.8)

表6.8　微生物限量

项 目	采样方案ᵃ及限量(若非指定,均以 CFU/g 表示)				检验方法
	n	c	m	M	
大肠菌群	5	2	100	1 000	GB 4789.3 平板计数法
金黄色葡萄球菌	5	2	100	1 000	GB 4789.10 平板计数法
沙门氏菌	5	0	0/25 g	—	GB 4789.4
单核细胞增生李斯特氏菌	5	0	0/25 g	—	GB 4789.30
酵母ᵇ	≤	50			GB 4789.15
霉菌ᵇ	≤	50			

注:a 样品的分析及处理按 GB 4789.1 和 GB 4789.18 执行;

　b 不适用于霉菌成熟干酪。

任务6.3　再制干酪的加工

　　将同一种类或不同种类的两种以上的天然干酪,经粉碎、加乳化剂、加热搅拌、充分乳化后而制成的产品,叫做融化干,也称再制干酪或加工干酪。在20世纪初由瑞士首先生产。目前,这种干酪的消费量占全世界干酪产量的60%~70%。

6.3.1 配方

融化干酪种类繁多,下面列举几种常见的融化干酪配方(见表6.9～表6.14)。

表6.9 巴氏杀菌美国加工干酪食品配方

配　料	用量/%	配　料	用量/%	配　料	用量/%
契达干酪	65.85	柠檬酸钠	2.40	磷酸氢二钠	0.50
水	19.50	稀奶油	2.00	食盐	0.50
脱脂乳粉	5.00	山梨酸	0.19		
甜性乳清粉	4.00	食用色素	0.06	总量	100.00

表6.10 巴氏杀菌美国脱脂加工干酪配方

配　料	用量/%	配　料	用量/%	配　料	用量/%
脱脂干酪	53.50	磷酸三钠	1.50	契达干酪	0.40
酪乳(0.5%脂肪)	33.00	$NaHPO_4 \cdot 2H_2O$	0.80	山梨酸钾	0.20
甜性乳清粉	6.50	食盐	0.80	阿朴2-胡萝卜醛	适量
纤维素胶	2.50	卡拉胶	0.80	总量	100.00

表6.11 干酪蛋糕配方

配　料	用量/%	配　料	用量/%	配　料	用量/%
全麦脆馅饼壳	适量	牛乳蛋白浓缩液(WPC-80)	5.17	食盐	0.16
稀奶油干酪	51.70	香兰素	0.87		
稀奶油	25.85	明胶	0.43		
糖	15.51	柠檬(搓碎)	0.31	总量	100.00

表6.12 冷包装干酪食品

配　料	用量/%	配　料	用量/%	配　料	用量/%
美国干酪	85.00	低乳糖乳清粉	5.00	食盐	0.50
水	7.40	山梨酸	0.30		
黄原胶	0.30	柠檬酸	1.50	总量	100.00

表 6.13　低脂涂布型干酪

配　料	用量/%	配　料	用量/%	配　料	用量/%
契达干酪	40.00	食盐	0.50	胭脂树橙色素	适量
脱脂乳 （0.5%脂肪）	49.00	卡拉胶	0.70		
牛乳蛋白浓缩液 （WPC-50）	8.40	香精	适量		

表 6.14　涂布型美国加工干酪

配　料	用量/%	配　料	用量/%	配　料	用量/%
契达干酪	54.77	牛乳蛋白浓缩液（WPC-34）	5.00	色素	0.08
水	24.20	碳酸氢二钠	2.30		
甜性乳清粉	7.20	食盐	0.60		
稀奶油,甜性液体	5.40	磷酸三钠	0.45	总量	100.00

6.3.2　工艺流程

再制干酪的加工工艺流程如下所示。

原料干酪的选择→原料干酪的预处理→切割→粉碎→加水→加乳化剂→加色素→加热融化→乳化→浇灌包装→静置冷却→成品

6.3.3　操作要点

1)原料干酪的选择

通常用成熟程度不同的同一种干酪或不同风味的两种以上干酪进行配合。为满足制品的风味及组织,成熟 7～8 个月风味浓的干酪占 20%～30%。为了保持组织滑润,成熟2～3 个月的干酪占 20%～30%,搭配中间成熟度的干酪 50%,使其平均成熟度在 4～5 个月,含水分 35%～38%,可溶性氮 0.6% 左右。如用成熟过度的产品时,保存中易析出氨基酸结晶;如用丁酸污染的膨胀干酪时,由于杀菌后还残留芽孢菌,容易发生变质,并有产生膨胀的危险。

2)原料干酪的预处理

将选好的干酪,先除去表面的蜡层和包装材料,并将霉斑等清理干净。

3)切割粉碎

将清理好的干酪,切成块状,然后用粉碎机也可以用搅肉机代替进行粉碎。近年来,此项操作多在熔融釜中进行。

4)加热融化

在融化釜中加入适量的水(通常为原料干酪重量的 5% ~10%)。成品的含水量为40% ~55%,但应注意防止加水过多造成的脂肪含量的下降。加入计算量的食盐、调味料、防腐剂及色素等,然后倒入预搅碎的干酪,并往融化锅的夹层中通入蒸气进行加热,当温度达到 50 ℃左右时,加入 1% ~3% 的乳化剂。最后将温度升至 60 ~70 ℃,保持 20 ~30 min,使其完全融化。

5)乳化

加工融化干酪采用的乳化剂通常有磷酸氢二钠、柠檬酸钠、偏磷酸钠和酒石酸钠等。乳化剂能提高干酪的保水性,可以形成光滑的组织。通常乳化剂可以单用也可以混用,使用前需用水溶解后再加入。一般成品的 pH 值为 5.6 ~5.8,不得低于 5.3。乳化剂的用量一般为 1% ~3%。加乳化剂后,如果需要调整酸度,可以添加乳酸、柠檬酸、醋酸等酸度调节剂,具有保持产品的颜色和风味的作用。

在进行乳化操作时,应加快釜中搅拌器的转数,使乳化更完全。在此过程操作工艺条件为 60 ~70 ℃,20 ~30 min,或 80 ~120 ℃,30 s。乳化终了,应检测水分、pH、风味等,然后抽真空进行脱气。

6)充填和静置冷却

乳化后,趁热注入包装材料中,并在室温下放置 24 h,使气泡上浮。

7)冷藏

静置后,移入冷库中(0 ~5 ℃)即为成品。

8)包装

产品用铝箔或合成树脂严密包装,以保障贮藏中水分不易流失。块形和重量可以任意选择。最普通的为:三角形铝箔包装,包装后,每 6 块(6P)装一圆盒,也有 8P 或 12P 装一圆盒的。另外,有用塑料膜包成香肠状,或用薄膜包装后装入纸盒内,每盒重为 200 g、400 g、450 g 及 800 g 不等。此外,还有片状和粉状等。

6.3.4　加工中的注意事项

1)菌种的选择

优质的再制干酪,应具有适当的软硬度和弹性,在菌种的选择上应选择产酸量强、产香性能好、黏度大、有适当蛋白水解性的嗜热菌株,便于凝块的形成,可以缩短生产周期,使产品中的乳糖残留量、热褐变性降低,有利于形成具有良好功能特性和外观的产品。

2)混料中的酪蛋白含量

再制干酪中酪蛋白的主要来源是干酪原料,成熟度不同的干酪中完整酪蛋白的含量不同。完整酪蛋白的含量表征着干酪的成熟度,成熟度低的干酪中完整酪蛋白的含量较高。在选择成熟度较低的干酪原料时要注意 pH 值,一般成熟度低的干酪 pH 值较低,pH 值过低会影响熔融过程。因此使用成熟度低的干酪过多时,需要调整 pH 值。

乳品加工技术
RUPIN JIAGONG JISHU

3）混料中的乳化盐

各种乳化盐都有离子交换、促乳化以及调整进水合、pH值等功能。但不同的乳化盐在某一方面的功能强弱不同，要根据需要来选择。在考虑乳化盐调整pH值的作用时，既要顾及乳化盐溶液本身的pH值，也要顾及乳化盐的缓冲能力。此外，不同的乳化盐还有不同的抑菌作用和风味，也要慎重选择。

4）混料的水分含量和pH值

混料的水分含量对成品质地有重要影响。水分含量高，成品会更软，更有黏性，易涂抹，但弹性差。确定应加入的水分：根据成品水含量计算应加入的水量减去各原料内所含水分。如果是直接蒸气加热，还要减去冷凝水。在真空脱气的情况下，也可以加上一点脱气带走的水分。

混料的pH值影响水合乳化过程。pH值越高，越利于水合乳化。所以对于需要水合乳化程度较大的涂抹再制干酪，pH值控制在5.6~5.9；对于切片、切块再制干酪，pH值控制在5.4~5.7。

5）熔融和真空脱气

熔融的主要目的是保证"奶油化"。熔融过程的主要工艺参数是熔融温度、熔融时间和搅拌速度。涂抹再制干酪需要小脂肪球，易于涂抹，所以需要较高的熔融温度、较长的熔融时间和较快的搅拌速度。相对来说，切片、切块再制干酪为了保证切片容易和加热出油性，需要较低的熔融温度、较短的熔融时间和较低的搅拌速度。

真空脱气的主要目的是排除产品中的空气，使切片、切块干酪的结构致密，无凹陷或孔洞，使涂抹干酪的表面更加光滑亮泽。决定脱气程度的主要工艺参数是真空度及脱气时间。真空度高、脱气时间长，自然脱气程度高。可是脱气时间一般也是物料处于熔融温度附近的时间，所以脱气时间长也就是熔融时间长，而熔融时间是需要控制的。因此应该在保证"奶油化"的前提下调整真空度，达到脱气效果。

6）冷却过程

一般是在30~60 min之内冷却到25~35℃。涂抹再制干酪要快速冷却，使脂肪晶化和蛋白相互作用较小，成品流动性较强，易于涂抹。切片、切块再制干酪则希望较慢地冷却，使结构更加紧密。切片、切块再制干酪还有一个轧制、切割成型的过程。这一过程一般和冷却需要相互配合同时进行。

7）干酪的保藏

在保藏过程中，由于脂肪的氧化、成品的冷藏不善、包装破损、异常发酵及霉菌侵入等，都会影响再制干酪的风味，因此应注意成品的保存条件。

6.3.5 常见产品质量缺陷及防止方法

优质的融化干酪具有均匀一致的淡黄色，有光泽，风味芳香，组织致密，硬度适当，有弹性，舌感润滑，但加工过程中易出现如下质量缺陷。

1）出现砂状结晶

砂状结晶中98%为以磷酸三钙为主的混合磷酸盐。这种缺陷主要原因是添加粉末乳化剂时分布不均匀,乳化时间短、高温加热等。此外,当原料干酪的成熟度过高或蛋白质分解过度时,容易产生难溶的氨基酸结晶。

2)质地太硬或太软

融化干酪太硬的主要原因是原料干酪成熟度低、酪蛋白质分解量少、补加水分少和 pH 过低、脂肪含量不足、熔融乳化不完全、乳化剂的配比不当等。因此,要获得适宜的硬度,配料时原料干酪的成熟度控制在 4~5 个月左右,补加水分不低于标准要求,应按成品含水量 40%~45% 的标准进行,正确选择和使用乳化剂,pH 值控制在 5.6~6.0。

3)膨胀和产生气孔

这一缺陷主要由微生物的繁殖而产生。加工过程中污染了酪酸菌、蛋白分解菌、大肠杆菌和酵母等,均能使产品产气膨胀。为防止这一缺陷,调配时原料质量尽量选择高质量的,并采用 100 ℃ 以上的温度进行灭菌和乳化。

4)脂肪分离

脂肪分离的原因为长时间放置在乳脂肪熔点以上的温度。此外,由于长时间保存,组织发生变化和过度低温贮存因干酪冻结而引起的。当原料干酪成熟度过高、脂肪含量过多和 pH 太低时,也容易引起脂肪分离。

防止措施:在原料干酪中增加成熟度低的干酪、提高 pH 值及乳化温度和延长乳化时间等。

5)异味

融化干酪产生异味的主要原因是原料干酪质量差、加工工艺控制不严、保藏措施不当。因此,在加工过程中,要保证不使用质量差的原料干酪、正确掌握工艺操作、成品在冷藏条件下保藏。

6.3.6 国家质量标准

我国再制干酪的国家标准(GB 25192—2010)适用于所有再制干酪。

1)感官指标(见表 6.15)

表 6.15 感官要求

项　目	要　求	检验方法
色泽	色泽均匀	取适量试样置于 50 mL 烧杯中,在自然光下观察色泽和组织状态,闻其气味,用温开水漱口,品其滋味
滋味、气味	易溶于口,有奶油润滑感,并有产品特有的滋味和气味	
组织状态	外表光滑;结构细腻、均匀、润滑,应有与产品口味相关原料的可见颗粒,无正常视力可见的外来杂质	

2）理化指标（见表 6.16）

表 6.16 理化指标

项 目	指 标					检验方法
脂肪（干物中） ᵃ（X_1）/%	$60.0 \leqslant X_1 \leqslant 75.0$	$45.0 \leqslant X_1 < 60.0$	$25.0 \leqslant X_1 < 45.0$	$10.0 \leqslant X_1 < 25.0$	$X_1 < 10.0$	GB 5413.3
最小干物质含量 ᵇ（X_2）/%	44	41	31	29	25	GB 5009.3

注：a 干物质中脂肪含量（%）：$X_1 = [$再制干酪脂肪含量/（再制干酪总质量 – 再制干酪水分质量）$] \times 100\%$；

　　b 干物质含量（%）：$X_2 = [$（再制干酪总质量 – 再制干酪水分质量）/再制干酪总质量$] \times 100\%$。

3）微生物限量（见表 6.17）

表 6.17 微生物限量

项 目	采样方案ᵃ及限量 （若非指定，均以 CFU/g 表示）				检验方法
	n	c	m	M	
菌落总数	5	2	100	1 000	GB 4789.2
大肠菌群	5	2	100	1 000	GB 4789.3 平板计数法
金黄色葡萄球菌	5	2	100	1 000	GB 4789.10 平板计数法
沙门氏菌	5	0	0/25 g	—	GB 4789.4
单核细胞增生李斯特氏菌	5	0	0/25 g	—	GB 4789.30
酵母　　　　　≤	50				GB 4789.15
霉菌　　　　　≤	50				

注：a 样品的分析及处理按 GB 4789.1 和 GB 4789.18 执行。

项目小结 》》》

　　干酪，又名奶酪、乳酪，或译称芝士、起司、起士，是乳制食品的通称，有多种类型的味道、口感和形式，是以奶类为原料，含有丰富的蛋白质和脂质，乳源包括家牛、水牛、家山羊或绵羊等。制作过程中通常加入凝乳酶，造成其中的酪蛋白凝结，使乳品酸化，再将固体分离、压制为成品。大多奶酪呈乳白色到金黄色。传统的干酪含有丰富的蛋白质、脂肪、维生素 A、钙和磷。现代也有用脱脂牛奶作的低脂肪干酪。了解干酪的概念、种类及营养价值。本项目主要介绍了发酵剂的原理、制备方法及替代品的种类特征；天然干酪和融化干酪的生产原理和工艺操作要求等知识点，通过学习使学生能够确定不同产品的原辅料配方，加工出合格的干酪产品；解决干酪加工中常见的质量问题。

复习思考题)))

1. 为什么说干酪是一种营养丰富的食品?
2. 干酪中添加发酵剂的目的是什么? 主要菌种有哪些?
3. 试述凝乳酶的作用原理及影响凝乳形成的因素?
4. 干酪成熟过程中发生了什么变化?
5. 加盐在干酪生产中起什么作用?
6. 什么是融化干酪? 它有什么特点?
7. 干酪常见的缺陷包括哪些方面? 如何防止?

项目7
奶油加工技术

知识目标

◎ 了解奶油概念及分类；
◎ 掌握奶油加工工艺及操作要点；
◎ 了解奶油加工过程中存在的质量缺陷及解决办法；
◎ 了解国标对奶油产品的要求。

技能目标

◎ 能独立完成酸性奶油和甜性奶油的加工工艺；
◎ 能利用所学习的知识解决产品质量问题。

任务 7.1 知识链接

7.1.1 奶油的概念及种类

1)概念

乳经离心分离后得到稀奶油,经成熟、搅拌、压炼而制成的乳制品称为奶油,也称黄油。奶油是以乳脂肪为主要成分,营养丰富,可直接食用或作为其他食品如冰淇淋等的原料。

稀奶油(cream)是以乳为原料,分离出的含脂肪的部分,添加或不添加其他原料、食品添加剂和营养强化剂,经加工制成的脂肪含量10.0% ~80.0%的产品。

奶油(黄油,butter)是以乳和(或)稀奶油(经发酵或不发酵)为原料,添加或不添加其他原料、食品添加剂和营养强化剂,经加工制成的脂肪含量不小于80.0%产品。

无水奶油(无水黄油,anhydrous milkfat)是以乳和(或)奶油或稀奶油(经发酵或不发酵)为原料,添加或不添加食品添加剂和营养强化剂,经加工制成的脂肪含量不小于99.8%的产品。

2)种类

奶油根据其制造方法不同,可分为表7.1所列出的不同种类。

表7.1 奶油的主要种类

种 类	特 征
甜性奶油	以杀菌的甜性奶油制成,分为加盐和不加盐的,具有特有的乳香味,含乳脂肪80% ~85%
酸性奶油	以杀菌的稀奶油用纯乳酸菌发酵(也有天然发酵)后加工制成,有为加盐和不加盐的,具有微酸和较浓的乳香味,含乳脂肪80% ~85%
重制奶油	以稀奶油或甜性、酸性奶油经过熔融除去蛋白质和水分制成,具有特有的脂香味,含乳脂肪98%以上
脱水奶油	杀菌的稀奶油制成奶油粒后经熔化,用分离机脱水和脱蛋白,再经过真空浓缩而制成,含乳脂肪高达99.9%
连续式机制奶油	用杀菌的甜性或酸性稀奶油,在连续式操作制造机内加工制成,其水分及蛋白质含量有的比甜性奶油高,乳香味较好

除以上种类外还有各种花色奶油,如巧克力奶油、含糖奶油、含蜜奶油等,以及含乳脂肪30% ~50%的发泡奶油,加糖和加色的各种稀奶油,此外,还有我国内蒙古少数民族地区特制的"奶皮子""乳扇子"和牧场奶油等独特品种。

按照盐含量,奶油又可分为:无盐、加盐和特殊加盐的奶油。

7.1.2 奶油的组成及特性

1)奶油组成成分

奶油组成成分参见表7.2。

表7.2 奶油的主要成分

成 分		无盐奶油	加盐奶油	重制奶油
水分/%	≤	16	16	1
脂肪/%	≥	82.5	80	98
盐/%	≤	2.5	—	—
酸/°T	<	20	20	—

注:酸性奶油的段度不作规定。

2)奶油特性

(1)奶油的特点

奶油为水在油中的分散系的物理结构(固体系)。在脂肪中分散有游离脂肪球(脂肪球膜未被破坏的一部分脂肪球)与细微水滴,是油包水型(W/O)结构。水滴中溶有乳中除脂肪以外的其他物质及食盐,此外,还含有气泡。奶油应呈均匀一致的颜色、稠密而味纯。水分应分散成细滴,从而使奶油外观干燥。硬度应均匀,这样奶油就易于涂抹,并且到舌头上即时融化。

酸性奶油有一种特殊的芳香味,这种芳香味主要由于丁二酮、甘油及游离脂肪酸等综合而成。其中丁二酮主要来自发酵时细菌的作用。因此,酸性奶油比新鲜奶油芳香味更浓。而且热处理后再次感染杂菌的危险性较小,但是酸性奶油较容易被氧化。

(2)奶油质量的影响因素

①脂肪性质对于奶油质量的影响

乳脂肪的性质与乳牛品种、泌乳期及季节有关。

a.乳牛品种 乳牛(如荷兰牛、爱尔夏牛)的乳脂肪中,由于油酸含量高,则制成的奶油比较软。反之乳脂肪油酸含量比较低,脂肪酸含量高,熔点高的原料则制成的奶油比较硬。

b.泌乳期 在泌乳初期,挥发性脂肪酸多,而油酸比较少,随着泌乳时间的延长,则挥发性脂肪酸少,而油酸相对比较多。

c.季节 由于春夏季青饲料多,因此油酸的含量高,奶油也比较软,熔点也比较低。因此,夏季为了要得到较硬的奶油,在稀奶油成熟、搅拌、水洗及压炼过程中,应尽可能降低温度。

②奶油的色泽

奶油的颜色从白色到淡黄色,深浅各有不同。颜色的深浅与胡萝卜素含量有关。通常冬季的奶油为淡黄色或白色,因此,为使奶油的颜色全年一致,秋冬季节通常会加入色素以增加其颜色。此外,奶油长期曝晒于日光下时,也会发生自行褪色。

7.1.3 无水奶油(AMF)分类及生产原理

1)无水奶油(AMF)分类

无水奶油(无水乳脂),是一种几乎完全由乳脂肪构成的产品,其主要分为如下3类。

(1)天然无水乳脂

天然无水乳脂必须含有至少99.8%的乳脂肪,并且必须是由新鲜稀奶油或奶油制成,不允许含有任何添加剂。

(2)无水奶油脂肪

无水奶油脂肪必须含有至少99.8%的乳脂肪,但可以由不同贮存期的稀奶油或奶油制成,允许用碱中和游离脂肪酸。

(3)奶油脂肪

奶油脂肪必须含有99.3%的乳脂肪,原材料和加工的详细要求和无水奶油脂肪相同。

无水乳脂是奶油脂肪贮存和运输的极好形式,无水乳脂一般装在200 L的桶中,桶内含有惰性气体氮(N_2),使之能在4 ℃下贮存几个月。无水乳脂在36 ℃以上温度时是液体,在16~17 ℃以下是固体。AMF适宜于以液体形式使用,因为液态形式的AMF容易与其他产品混合,便于计量,AMF适用于不同乳制品的复原,同时还用于巧克力和冰淇淋制造工业。

2)脱水奶油(AMF)生产原理

无水乳脂的生产主要根据两种方法来进行,一是直接用稀奶油(乳)来生产;二是通过奶油来生产,其基本原理如图7.1所示。

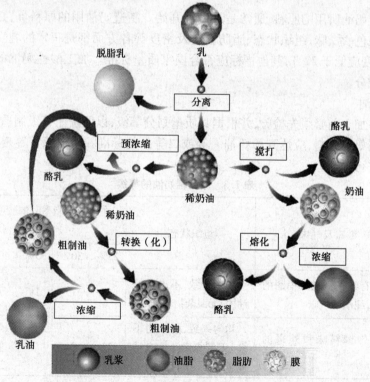

图7.1 无水奶油生产原理

任务7.2　甜性、酸性奶油的加工

7.2.1　工艺流程

奶油加工一般工艺流程如下所示。

　　　　　　　　　　脱脂乳
　　　　　　　　　　　↑
原料乳→分离→稀奶油→稀奶油标准化→杀菌或脱臭→ 发酵 →成熟→ 加色素 →搅
拌→排除酪乳→奶油粒→洗涤→ 加盐 →压炼→包装

注:黑方框中为生产酸性奶油或加色素、加盐的奶油需要增加的工序。

7.2.2　操作要点

1)原料的要求

(1)牛乳

我国制造奶油所用的原料,通常是从牛乳开始。制造奶油用的原料乳,必须从健康牛挤出来而且在色、香、味、组织状态、脂肪含量及密度等各方面都是正常的乳。供奶油加工的牛乳,其酸度应低于22°T,其他指标应符合国家质量标准。加工酸性奶油的原料中不得有抗生素类成分。

(2)稀奶油

稀奶油在加工前必须先检验,并根据其质量划分等级,以便按照等级制造不同的奶油。制造奶油的稀奶油原料,应达到稀奶油一等或二等品的标准。根据感官鉴定和分析结果,可按表7.3进行分级。

表7.3　原料稀奶油的等级

等　级	滋味及气味	组织状态	在下列含脂率时的酸度/°T				乳浆的最高酸度/°T
			25%	30%	35%	40%	
I	具有纯正、新鲜、稍甜的滋味,纯洁的气味	均匀一致,不出现奶油团,无混杂物,不冻结	16	15	14	13	23
II	略带饲料味和外来的气味	均匀一致,奶油团不多,无混杂物,有冻结痕迹	22	21	19	18	30

续表

等 级	滋味及气味	组织状态	在下列含脂率时的酸度/°T				乳浆的最高酸度/°T
			25%	30%	35%	40%	
Ⅲ	带浓厚的饲料味、金属味,甚至略带有苦味	有奶油团,不均匀一致	30	28	26	24	40
不合格	有异常的滋味,有化学药品及石油产品的气味	有其他混合物及夹杂物	—	—	—	—	—

2)分离

(1)分离方法

稀奶油分离方法一般有"静置法"和"离心法"。

①静置法 也称重力法。静置时由于重力的作用或离心分离时由于离心力的作用,新鲜的全脂乳可分离成含脂率高部分和含脂率很低的部分。习惯上把含脂率高的部分称为稀奶油(Cream),把含脂率很低的部分称为脱脂乳(skim milk 或 Non-fat Milk)。

传统工艺中,人们将牛乳置于深灌或盆中(如图7.2所示),静置于冷的地方,经24~36 h后,由于乳脂肪的密度低于乳中其他的成分,密度小的脂肪球逐渐上浮到乳的表面,从而形成含脂率15%~20%的稀奶油。利用这种方法分离稀奶油缺点是脂肪的损失比较多,所需时间长,容积大,加工能力低。

②离心法 牛乳中含有脂肪、脱脂乳以及各种固体杂质,三者之间脂肪相对密度最小,脱脂乳次之,固体杂质相对密度最大。乳脂肪球上升速度与脂肪球半径的平方及脂肪球与脱脂乳之间的密度差成正比,而与脱脂乳的黏度成反比。根据乳脂肪与乳中其他成分之间密度的不同,利用静置时重力作用或离心时离心力的作用,使密度不同的两部分分离出来。连续式牛乳分离机,不仅大大缩短了乳的分离时间和提高了奶油加工率,同时由于连续分离保证了卫生条件,并提高了产品质量。通过离心分离机将牛乳分离成含脂率为35%~45%的稀奶油和脱脂乳。

(2)分离操作要点

用分离机分离牛乳时,除了与分离机本身的结构和能

图7.2 奶油生产的传统的
手工搅拌桶

力有密切关系外,更重要的是使用分离机的技术,分离机的转速、乳的温度、乳的杂质度以及牛乳的流量等都是影响分离效果的直接因素。

①分离机转数 分离机中分离钵直径越大,分高效率越好,分离机转速越快,分离效率越好,但不能超过其最大负荷的15%左右,否则易引起机器损坏。一般手摇式分离机的摇

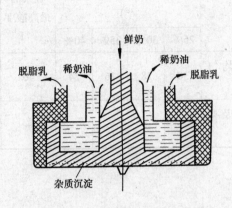

图 7.3　最简单离心分离机示意图

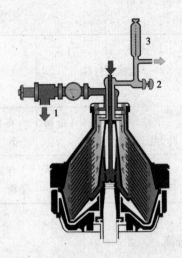

图 7.4　手动控制装置的压力盘式分离机
1—带有压力调节阀的脱脂乳出口;
2—稀奶油节流阀;3—稀奶油流量计

柄转数控制为 45 ~ 70 r/min;一般分离机中的分离钵制好后不改变,分离钵转速则为 4 000 ~ 6 000 r/min。

②牛乳流入量　进入分离机的乳量少,则停留时间长,分离效果好,但产量低,而且会导致空气的混入,则反而会影响分离率。此外,乳的含脂率较高时,分离出的稀奶油含脂率高,但残存于脱脂乳中的脂肪含量也相对较多。为了保证分离的效果和产量,一般进入乳量要控制在比分离机所规定的流量稍低些为宜,一般按其最大加工能力(标明能力)减低 10% ~ 15% 来控制流量。

③牛乳的温度　乳的温度低,则密度较大,从而使脂肪的上浮受到一定阻力,分离不完全。因此,一般要将进入分离机前的牛乳预热到 35 ~ 40 ℃。

④乳中的杂质含量　由于分离机的能力与分离钵的半径成正比,若乳中杂质度高时,分离钵的内壁很容易被污物堵塞,其作用半径就渐渐缩小,分离能力也就降低,故分离机每使用一定时间就必须进行清洗。

3)稀奶油的标准化

稀奶油含脂率直接影响奶油的质量和产量。稀奶油含脂率低时,有利于菌种的发酵,产品香气浓郁;反之,稀奶油过浓时,则容易造成生产设备的堵塞,从而使乳脂肪受到损失。一般采用连续法进行生产时,稀奶油的含脂率控制在 40% ~ 45% 为宜;间歇法生产新鲜奶油及酸性奶油时,稀奶油的含脂率控制在 30% ~ 35% 为宜。稀奶油标准化可以用皮尔逊法进行计算调节。

4)稀奶油的中和

稀奶油的中和直接影响奶油的保存性和成品的质量。在加热杀菌时,酸度高的稀奶油其酪蛋白易受热凝固,导致部分脂肪被包在凝块内而引起乳脂肪损失,凝固物进入奶油使其保存性下降;此外,在贮藏过程中,酸度过高的奶油易发生水解氧化等现象,影响产品质量,因此在杀菌前必须对于酸度较高的稀奶油进行中和,通过中和可使奶油的风味得以改善,品质统一。

制造甜性奶油时,奶油的酸度应保持在中性附近(pH 6.4~6.8 或16 °T 左右),酸性奶油的酸度以20~22 °T 为宜。

稀奶油酸度中和可使用石灰、碳酸钠、碳酸氢钠、氢氧化钠等添加剂。实际生产中一般多使用石灰和碳酸钠。添加石灰时,应先配制成20%的溶液后计算用量使用。碳酸钠使用时,应先将其先配成10%的溶液,再徐徐加入。

5)真空脱臭

将稀奶油加热到78 ℃,然后输送至真空机,真空室内稀奶油的沸腾温度为62 ℃左右。通过真空处理可将挥发性异味物质除掉,也会使其他挥发性成分和芳香物质逸出。真空处理后,返回热交换器进行杀菌。

6)杀菌及冷却

通过加热杀菌可以杀死稀奶油中的病原菌和腐败菌及其他杂菌和酵母等,保证食用奶油的安全;破坏稀奶油中脂肪酶,防止脂肪分解酸败,提高奶油的保藏性和增加风味;使得部分挥发性异味物质挥发,从而改善产品品质。

杀菌温度直接影响奶油的风味。脂肪的导热性很低,能阻碍温度对微生物的作用;同时为了使酶完全破坏,因此一般进行高温巴氏杀菌。稀奶油的杀菌方法一般分为间歇式和连续式两种。小型工厂多采用间歇式的,稀奶油温度达到85~90 ℃,保持20~30 s,加热过程中要进行搅拌。大型工厂则多采用板式高温或超高温瞬时杀菌器连续进行杀菌,高压的蒸气直接接触稀奶油,瞬间加热至116 ℃,3~5 s后,再进入减压室冷却。此法能使稀奶油脱臭,有助于风味的改善,使得产品气味芳香。

一般生产新鲜奶油时,可冷却至5 ℃以下。如果生产甜性奶油,则将经杀菌后的稀奶油冷却至10 ℃以下,而后进行物理成熟。如果是制造酸性奶油,需进入发酵工序,则冷却到稀奶油的发酵温度。

7)稀奶油的发酵

(1)发酵的作用

生产酸性奶油时,需要经过发酵工序。通过发酵过程中产生乳酸,抑制腐败细菌的繁殖,因而可提高奶油的保藏性;发酵后的奶油有爽快、独特的芳香风味。

(2)发酵用菌种

生产酸性奶油用的发酵剂主要为产生乳酸和产生芳香风味的混合菌种。一般可选用的菌种有:乳链球菌(Streptococcus lactis);乳脂链球菌(Str. cremoris);噬柠檬链球菌(Str. citrororus);副噬柠檬酸链球菌(Str. paracitlororus);丁二酮乳链球菌(Str. diacetilactis)(弱还原型);丁二酮乳链球菌(Str. diacetilactis)(强还原型)。

(3)发酵剂的制备

参见项目4 知识链接中"发酵乳的发酵剂制备"。

(4)稀奶油的发酵

将经过杀菌脱臭、冷却到18~20 ℃的稀奶油注入发酵成熟槽内,添加相当于稀奶油量3%~5%的工作发酵剂,使其混合均匀。添加时,要徐徐添加并搅拌。搅拌均匀后在18~20 ℃温度下发酵。为保证发酵均匀,并促使羟丁酮氧化为丁二酮,需每隔1 h搅拌5 min。控制稀奶油酸度最后达到表7.4中规定的程度,停止发酵。

表7.4　稀奶油发酵最后达到的酸度控制表

稀奶油中脂肪含量/%	要求稀奶油最后达到的酸度/°T	
	不加盐奶油	加盐奶油
24	38.0	30.0
26	37.0	29.0
28	36.0	28.0
30	35.0	28.0
32	34.0	27.0
34	33.0	26.0
36	32.0	25.0
38	31.0	25.5
40	30.1	24.0

8）稀奶油的物理成熟

生产甜性奶油时，一般不需要进行发酵过程，杀菌、冷却后可立即进行物理成熟。生产酸性奶油时，则在发酵前或后，或与发酵同时进行物理成熟。

（1）物理成熟的作用

经杀菌冷却后的稀奶油，需在低温下保存一段时间，即所谓的稀奶油的物理成熟。通过该工序可使乳脂肪中的大部分甘油酯由乳浊液状态转变为结晶固体状态，脂肪硬化并破坏了脂肪球磷脂蛋白的保护膜即球膜，从而合并成大的聚合体，结晶成固体相越多，则在搅拌和压炼过程中乳脂肪损失就少，使搅拌能顺利进行，防止奶油过软及含水量过多并防止乳脂损失。

（2）物理成熟的方法

实际生产时，稀奶油必须冷却至奶油脂肪的凝固点以下才能重新凝固，一般要求将杀菌后的稀奶油迅速冷却至5 ℃左右而后进行物理成熟。如生产甜性奶油时，稀奶油经杀菌后直接进行低温成熟。杀菌后的稀奶油应冷却至4～5 ℃，最少保持4 h，最好24 h，以便使乳脂肪充分结晶，完成物理成熟。在某一温度下，使脂肪组织的最大可能的硬化时的状态称为平衡状态。选择温度时，应使脂肪尽可能多地变成固态脂肪的温度，即达到平衡状态。一般为5 ℃，夏季为3 ℃，12～15 h，硬化程度可达到60%～70%。

物理成熟的条件一般应根据稀奶油中的乳脂肪中碘值变化来确定，具体可参见表7.5。

表7.5　各种不同碘值的稀奶油成熟温度与搅拌温度

碘　值	稀奶油成熟温度/℃	搅拌温度/℃
<28	(8～21)～(6～16)	12
28～31	(8～20)～(12～14)	14
32～34	(8～19)～(12～13)	13

碘 值	稀奶油成熟温度/℃	搅拌温度/℃
35~37	(10~13)~(14~15)	12
38~40	(20~20)~(9~11)	11
>40	(20~20)~(7~10)	10

9)添加色素

一般夏季生产的奶油色泽比较浓,所以不需要再加色素;入冬以后,奶油颜色变淡,色素的添加逐渐增加。为了使奶油的颜色全年一致,可以对照"标准奶油色"的标本,调整色素的加入量。最常用的一种天然的植物色素——安那托(胭脂树红)。奶油色素除了用安那托外,也可以用合成色素。

通常在搅拌前将色素直接加到搅拌器中的稀奶油中。将安那托溶于食用植物油中配制成3%的溶液称为奶油黄,一般用量为稀奶油的0.01%~0.05%。

10)搅拌

将稀奶油置于搅拌器中,利用机械的冲击力,使脂肪球膜破坏,而形成脂肪团粒,脂肪游离出来并集结成奶油粒,这一过程称为"搅拌",搅拌时分离出来的液体称为酪乳。

(1)搅拌的作用

稀奶油的搅拌是奶油制造的最重要的操作。其目的是使脂肪球互相聚结而形成奶油粒,同时析出酪乳。此过程要求在较短时间内形成奶油粒,且酪乳中脂肪含量越少越好。

(2)影响搅拌的因素

①稀奶油的脂肪含量 实际生产中,一般含脂率越高,脂肪球间距离越近,形成奶油粒也越快。但如稀奶油中含脂率过高,搅拌时形成奶油粒过快,小的脂肪球来不及形成脂肪粒,使脂肪与酪乳一同排出,导致脂肪的损失。此外,含脂率过高黏度增加,导致稀奶油随搅拌器同转,无法充分形成泡沫,影响奶油粒的形成。因此,一般要求稀奶油的含脂率达32%~40%。

②物理成熟的程度 在搅拌时成熟程度良好的稀奶油能形成大量的泡沫,有利于奶油粒的形成,使酪乳中脂肪含量大大减少。若成熟度不够,则易形成软质产品,温度高时形成奶油粒速度快,但有一部分脂肪未能形成奶油粒,而损失在酪乳中,使奶油产率减低,质量也很差。一般含脂率低的稀奶油泡沫厚度控制在2~3 mm,中等含脂率的稀奶油泡沫厚度控制在3~4 mm,含脂率高的稀奶油泡沫厚度控制在5 mm为宜。

③搅拌时的最初温度 实际生产中,一般稀奶油搅拌时适宜的最初温度:夏季8~10 ℃,冬季10~14 ℃。温度过高或过低时,均会延长搅拌时间,且脂肪的损失增多。

④搅拌机中稀奶油的装满程度 搅拌时,搅拌机中装入稀奶油的量过多或过少,均会因形成泡沫困难而延长搅拌时间。稀奶油装入量一般应控制在最少不得低于容器的体积的20%,一般为搅拌容器的体积的40%~50%。

⑤搅拌的转速 搅拌机的转速一般为40 r/min,若转速过快由于离心力增大,使稀奶油与搅拌桶一起旋转,若转速太慢,则稀奶油沿内壁下滑,两种情况都起不到搅拌的作用,均需延长时间。

⑥稀奶油的酸度　稀奶油经发酵后乳酸增多,使得起黏性作用的蛋白质的胶体性质不稳定甚至凝固,从而使稀奶油的黏度降低,脂肪球容易相互碰撞,易形成奶油粒,因此,比未经发酵的稀奶油更易搅拌。制造奶油用的稀奶油酸度以 35.5 °T 以下,一般以 30 °T 为最适宜。

11)奶油粒的洗涤

(1)洗涤的作用

奶油粒洗涤是为了除去残余在奶油粒表面的酪乳,并对于奶油的硬度进行调整,同时能使稀奶油的部分异常气味消失。此外,酪乳中含有蛋白质及糖,利于微生物的生长,通过洗涤可减少其在奶油中的含量,提高奶油的保存性。

(2)洗涤的方法

将酪乳放出后,在搅拌机中用清水进行奶油粒的洗涤;洗涤加水量为稀奶油量的50%左右;一般水洗的水温控制在 3 ~ 10 ℃,夏季水温宜低,冬季水温稍高。注水后以慢慢转动3 ~ 5 圈进行洗涤,而后停止转动将水放出。一般可进行洗 2 ~ 3 次,直到排出的水清澈为止。

12)奶油的加盐

酸性奶油一般不加盐,而甜性奶油有时加盐。

(1)加盐的作用

加盐是为了改善风味,抑制微生物的繁殖,提高奶油的保存性。奶油生产用盐应符合国家标准中精制盐特级或一级的规定。

(2)加盐方法

加盐时,先将食盐在120 ~ 130 ℃,3 ~ 5 min 条件下烘焙,并过 30 目的筛。待奶油搅拌机内洗涤水排出后,将焙烤制备的盐均匀撒于奶油表面。奶油成品中的食盐含量以 2% 为标准,由于在压炼时部分食盐流失,因此加盐奶油加盐量通常为 2.5% ~ 3.0%。加入后静置 10 min 左右,旋转奶油搅拌机 3 ~ 5 圈,再静置 10 ~ 20 min 后即可进行压炼。

13)奶油的压炼

将奶油粒通过压制而凝结成特定结构的团块,该过程称为奶油的压炼。通过压炼使奶油粒组织致密,水滴分布均匀,食盐完全溶解,并调节奶油中水分含量。奶油压炼有批量奶油压炼机和连续压炼机两种方法。

(1)奶油压炼的方法

奶油压炼方法有搅拌机内压炼和搅拌机外专用压炼机压炼两种,现在大多采用机内压炼方法,即在搅拌机内通过轧辊和不通过轧辊对奶油粒进行挤压从而达到目的。此外,还可以在真空条件下压炼,使奶油中空气量减少。实际操作时,一般开始时碾压 5 ~ 10 次,将表面水分压出,形成奶油层,排气后旋转 2 ~ 3 周,而后排出游离水,从奶油层不同部分取出样品测定其含水量。最终压炼完成后奶油的含水量应控制在16%以下,水滴必须达到极微小状态,奶油切面上不允许有流出的水滴。

(2)水分调节

奶油中含水量若低于许可标准,一般需将不足的水量加入奶油中继续进行压炼,直到水分被完全吸收即可。可以按下式计算不足的水分。

$$X = \frac{m(A - B)}{100}$$

式中　X——不足的水量,kg；

　　　m——理论上奶油的重量(可按上节公式计算),kg；

　　　A——奶油中容许的标准水分,％；

　　　B——奶油中含有的水分,％。

14）包装、贮藏及运输

压炼后的奶油,送到包装设备进行包装。奶油通常有 5 kg 以上大包装和从 10 g 至 5 kg 重的小包装。奶油根据其用途可分成餐桌用奶油、烹调用奶油和食品工业用奶油等。餐桌用奶油是直接食用,故必须是优质的,都需小包装,一般用硫酸纸、塑料夹层纸、复合薄膜等包装材料包装,也有用马口铁罐进行包装的。对于食品工业用奶油由于用量大,所以常用大包装。包装时切勿用手直接接触奶油,小规格的包装一般均采用包装机进行包装。包装时不要留有间隙,否则易产生霉斑及氧化变质的问题。

奶油包装之后,送入冷库中贮存。当贮存期只有 2～3 周时,可以放入 0 ℃冷库中；当贮存 6 个月以上时,应放入 -15 ℃冷库中；当贮存期超过 1 年时,应放入 -25～-20 ℃冷库中。为了提高奶油的抗氧化和防霉能力,可以在奶油压炼时,添加或在包装材料上喷涂抗氧化剂或防霉剂。此外,奶油极易吸收外界异味,因此贮存时应注意不得与有异味物质混存。

奶油运输时应保持低温,一般宜采取冷藏车进行运输,成品奶油达到门店时温度不得超过 12 ℃。

7.2.3　加工中的注意事项

1）分离

预热温度不能过高以防止蛋白质变性或产生大量泡沫,此外,高温会导致脂肪球的破裂而严重影响乳脂的分离率。

生产中应注意,在分离以前须对于原料乳进行严格的过滤,以减少乳中的杂质。此外,当乳的酸度过高时易产生凝块,因凝块容易粘在分离钵的四壁,也与杂质一样会影响分离效果。

此外,脂肪球的直径牛乳脂肪球的直径大小也会影响分离效果。一般脂肪球越大越容易被分离出来,当脂肪球直径小于 0.2 μm 时则不能被分离出来。

2）稀奶油的中和

加入碳酸钠后易很快产生 CO_2,过小容器易导致稀奶油溢出。使用时应注意,使用不易使酪蛋白凝固的添加剂,不宜加碱过多,否则产生不良气味。

3）物理成熟

稀奶油的成熟条件对于后期的全部加工工艺有着重要影响。物理成熟的温度过低,稀奶油过度成熟,则需要相应延长搅拌时间,从而导致奶油粒过硬,产品持水性较差；反正,若成熟程度不足,则需要相应缩短搅拌时间,从而导致奶油粒过软,造成乳脂肪的损失,并给压炼工序带来困难。因此实际生产时需要对稀奶油的成熟时间及温度加以严格控制。稀奶油稀奶油成熟时间与冷却温度的关系见表 7.6。

表7.6　稀奶油成熟时间与冷却温度的关系

温度/℃	物理成熟应保持时间/h	温度/℃	物理成熟应保持时间/h
2	2～4	6	6～8
4	4～6	8	8～12

4）搅拌

实际操作中应当注意当稀奶油搅拌时温度在高于30 ℃或低于5 ℃,则不能形成奶油粒;稀奶油在送入搅拌器之前,将温度调整到适宜的搅拌温度。

5）奶油粒的洗涤

水温应根据奶油的软硬程度而定,一般奶油粒较软时,应使用比稀奶油低1～3 ℃的水:第一次洗涤水温应比奶油粒温度低1～2 ℃,第二、第三次洗涤温度应比奶油粒温度低2～3 ℃。控制水温不宜过低,否则易产生奶油粒色泽不均匀的质量问题。

洗涤用水要求水质质量良好,符合饮用水的卫生标准。若金属离子含量过高易促使乳脂肪氧化。此外,适用活性氯消毒的洗涤用水,其有效氯含量应控制在不超过200 mg/kg。

6）加盐

加入盐水会提高奶油的含水量。为了减少含水量,在加入盐水前要保证奶油粒中的含水率为13.2%。此外,为了保证加盐效果,盐粒的大小不宜超过50 μm。

7.2.4　常见产品质量缺陷及防止方法

1）奶油的组织状态缺陷

（1）软膏状或粘胶状

生产过程中压炼过度,洗涤水温度过高或稀奶油酸度过低和成熟不足等操作不当,易造成奶油液态油较多,脂肪结晶少,形成黏性奶油,产品呈软膏状或黏胶状。奶油发黏时,会黏附在容器壁上,给搅拌、洗涤、压炼和包装等工序带来困难。

防止方法:严格控制搅拌温度;洗涤水温不超过10 ℃;选择适当的稀奶油冷却处理工艺条件;控制压炼时间,时间过长易出现该质量缺陷。

（2）组织松散

生产时,出现压炼不足、搅拌温度低等操作问题时,易造成奶油液态油过少,呈现松散状。出现该质量缺陷时会导致奶油缺乏良好的可塑性和涂抹性。

防止方法:根据稀奶油碘值选择适当的冷却处理工艺;控制压炼操作。

（3）砂状奶油

盐粒粗大且未能溶解,易导致产品出现砂状质量缺陷。此外,中和操作时,蛋白凝固混合于奶油中,也会使奶油呈现粉状,但无盐粒存在。

防止方法:按照操作规范,严格控制操作步骤。

2）风味缺陷

正常奶油应该具有乳脂肪特有的香味或乳酸菌发酵的芳香味,但操作不当时易出现下列质量问题:

（1）鱼腥味

出现鱼腥味主要是由于奶油的卵磷脂水解，生成三甲胺造成的。若乳脂肪已经发生氧化，则会加剧该种缺陷发生倾向。

防止方法：生产中应注意防止脂肪发生氧化，加强杀菌和卫生措施。此外，出现该质量缺陷时应提前结束贮存。

（2）脂肪氧化与酸败

脂肪氧化味是由于空气中氧气和不饱和脂肪酸反应所造成的；酸败味是由于脂肪在解脂酶的作用下生成低分子游离脂肪酸而造成的。奶油在贮藏中往往首先出现氧化味，接着便会产生脂肪水解味。

（3）干酪味

奶油呈干酪味是由于加工卫生条件差、霉菌污染或原料稀奶油的细菌污染，从而导致蛋白质分解造成的。

防止方法：生产时，应加强稀奶油杀菌和设备及生产环境的消毒工作。

（4）肥皂味

当稀奶油中和过度，或者是中和操作过快时，易引起产品局部皂化。

防止方法：应减少碱的用量或改进中和操作。

（5）金属味

生产过程中，奶油接触铜、铁设备时易产生的金属味。

防止方法：防止奶油接触生锈的铁器或铜制阀门等。

（6）苦味

由于生产时，使用末乳或奶油被酵母污染，则成品易形成苦味。

3）色泽缺陷

（1）条纹状

在干法加盐的奶油中，由于加盐不均匀或压炼不足等操作问题，容易出现产品呈条纹状的质量缺陷。

（2）色暗无光泽

由于压炼过度或使用的稀奶油不新鲜等问题，易造成产品缺乏光泽的质量缺陷。

（3）色淡

该质量缺陷常出现在冬季生产的奶油中，由于冬季奶油中胡萝卜素含量太少，导致奶油色淡，甚至白色。

防止方法：可以通过添加胡萝卜素等色素进行颜色的调整，从而保持全年产品颜色一致。

（4）表面褪色

由于奶油曝露在阳光下，发生光氧化造成产品褪色的质量缺陷。

防止方法：产品应采取避光、隔氧的方式进行保存。

7.2.5　国家质量标准（GB 19646—2010）

1）感官要求（见表7.7）

表7.7　奶油感官要求

项　目	要　求	检验方法
色泽	呈均匀一致的乳白色、乳黄色或相应辅料应有的色泽	取适量试样置于50 mL烧杯中，在自然光下观察色泽和组织状态。闻其气味，用温开水漱口，品尝滋味
滋味、气味	具有稀奶油、奶油、无水奶油或相应辅料应有的滋味和气味，无异味	
组织状态	均匀一致，允许有相应辅料的沉淀物，无正常视力可见异物	

2）理化指标（见表7.8）

表7.8　奶油理化指标

项　目	指　标			检验方法
	稀奶油	奶油	无水奶油	
水分/%　　　　≤	—	16.0	0.1	奶油按GB 5009.3的方法测定；无水奶油按GB 5009.3中的卡尔·费休法测定
脂肪/%　　　　≥	10.0	80.0	99.8	GB 5413.3[a]
酸度[b]/°T　　　≤	30.0	20.0	—	GB 5413.34
非脂乳固体[c]/%　≤	—	2.0	—	—

注：a 无水奶油的脂肪(%) =100% –水分(%)。

　　b 不适用于以发酵稀奶油为原料的产品。

　　c 非脂乳固体(%) =100% –脂肪(%) –水分(%)（含盐奶油还应减去食盐含量）。

3）微生物限量（见表7.9）

表7.9　奶油微生物限量

项　目	采样方案[a]及限量（若非指定，均以CFU/g或CFU/mL表示）				检验方法
	n	c	m	M	
菌落总数[b]	5	2	10 000	100 000	GB 4789.2
大肠菌群	5	2	10	100	GB 4789.3 平板计数法
金黄色葡萄球菌	5	1	10	100	GB 4789.10 平板计数法
沙门氏菌	5	0	0/25g(mL)	—	GB 4789.4
霉菌　　　　　≤	90				GB 4789.15

注：a 样品的分析及处理按GB 4789.1和GB 4789.18执行。

　　b 不适用于以发酵稀奶油为原料的产品。

任务7.3 脱水奶油（AMF）的加工

7.3.1 工艺流程（如图7.5 所示）

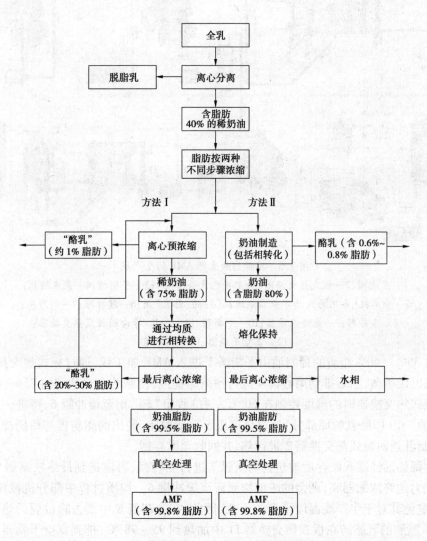

图 7.5 脱水奶油加工工艺流程图

7.3.2 操作要点

AMF 的生产主要根据两种方法来进行，一种是直接用稀奶油（乳）来生产 AMF；另一种是通过奶油来生产 AMF。AMF 的质量取决于原材料的质量，无论选用什么方法加工，如果认定稀奶油或奶油个别质量不够,在最后蒸发步骤进行之前可通过洗涤处理或中和乳油等手段来提高产品质量。

1)由稀奶油生产 AMF

用稀奶油生产 AMF 的生产线概括如图7.6所示。

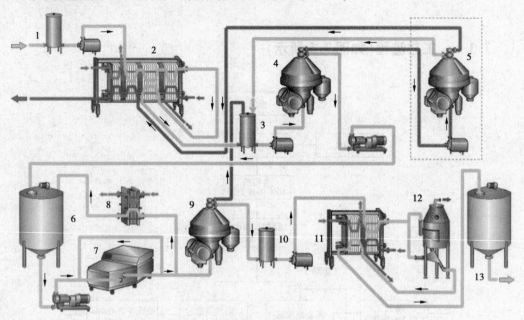

图7.6　用稀奶油生产 AMF 的生产线
1—平衡槽;2—板式热交换器(加热或巴氏杀菌用);3—平衡槽;4—预浓缩机;
5—分离机(备用的),为了来自浓缩机(4)的"酪乳"用;6—缓冲罐;7—均质机;
8—冷却器;9—最终浓缩器;10—平衡槽;11—加热/冷却的板式热交换器;
12—真空干燥器;13—贮存罐

将含35% ~40%脂肪的稀奶油由平衡槽1进入 AMF 加工线,通过板式热交换器2调整温度或巴氏杀菌,而后排到离心机4进行预浓缩提纯,使脂肪含量达到约75%,(在预浓缩和到板式热交换器时的温度控制在60 ℃左右)收集"轻"相至缓冲罐6,待进一步加工。同时将"重"相(即酪乳的那部分)通过分离机5重新脱脂,脱出的脂肪再与稀奶油3混合,此外,脱脂乳返回板式热交换器2进行热,并回收至贮存罐。

浓缩稀奶油经罐6贮存后输送到均质机7进行相转换,再输送到最终浓缩器9。均质机工作能力比终浓缩器高,剩余的浓缩物回流至缓冲罐6。均质过程中部分机械能转化成热能,为避免其对于生产线温度平衡的干扰,因此,在冷却器8中要去除过剩的热。最后,含99.8%脂肪的乳脂肪在板式热交换器11中加热到95 ~98 ℃,排到真空干燥器12使其含水量≤0.1%,将干燥后的乳油冷却11 至35 ~40 ℃(包装温度)。

2)由奶油生产 AMF

实际生产中,通常用奶油来生产 AMF。不加盐的甜性稀奶油常被用做 AMF 的原料,但酸性稀奶油,加盐奶油也可以用作原料。研究发现,使用新生产的奶油作为原材料时,通过最终浓缩要获得鲜亮的乳油有一些困难,乳油会产生轻微混浊现象。当用贮存两周或更长时间的奶油生产时,则不会产生这种现象。

如图7.7所示是用奶油生产AMF的标准生产线,贮存过一段时间的奶油,原材料也可以是在 -25 ℃下贮存过的冻结奶油。

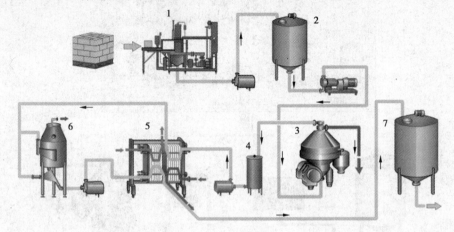

图 7.7　用奶油制作 AMF 的生产线

1—奶油熔化和加热器;2—贮存罐;3—浓缩器;4—平衡槽;

5—加热/冷却用板式热交换器;6—真空干燥器;7—贮藏罐

奶油直接加热熔化,在最后浓缩开始之前,控制奶油的温度达到 60 ℃左右,输送到保温罐2,在此可以贮存一定的时间,20 ~ 30 min,主要是确保完全熔化和蛋白质絮凝。

从保温罐2产品被输送到最终浓缩器3,浓缩后上层轻相含有 99.5% 脂肪,再转到板式热交换器5,加热到 90 ~ 95 ℃,再到真空干燥器6,最后再回到板式热交换器5,冷却到包装温度 35 ~ 40 ℃。

3)AMF 的精制

（1）磨光

磨光是用水洗涤从而获得清洁、有光泽的产品,其具体操作:在最终浓缩后的油中加入 20% ~ 30% 的水,加水的温度应该和油的温度相同,保持一段时间,水和水溶性物质（主要是蛋白质）一起被分离出来。

（2）中和

通过中和可以降低油中游离脂肪酸的含量。高含量的游离脂肪酸(FFA)会导致乳油及其制品产生臭味。

将浓度 8% ~ 10% 的 NaOH 加到乳油中,其加入量应与油中游离脂肪酸含量相当,保持 10 s 后,而后加入水（具体方法可参见 7.2 奶油粒的洗涤）,最后皂化的游离脂肪酸和水相一起分离出来。

如图7.8所示是中和过程所用设备,在罐1将碱配制成浓度为 8% ~ 10% 的溶液,温度控制在与离开最终浓缩器的油相温度相一致,将碱和油流入2进行混合,搅拌3,通过保持段4保持 10 s 后,将热水加入液流5,再利用搅拌设备7排放至第二浓缩分离器6,加水量为经过第二浓缩分离器液流的 20% 。

（3）分级

分级是将油分离成为高熔点和低熔点脂肪的过程,这些分馏物可用于不同产品的生

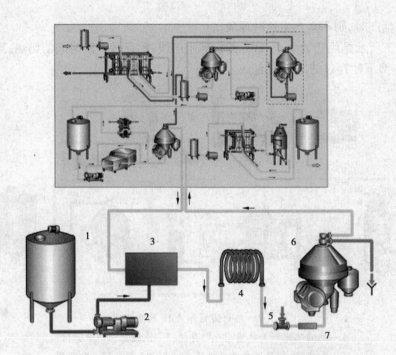

图 7.8　无水奶油脂肪中游离脂肪酸(FFA)的中和
1—碱罐;2—计量泵;3—搅拌设备;4—贮存槽;5—进入道;
6—皂化游离脂肪酸;7—油/水分离器

产。其原理如为:将无水乳腊(AMF)即通常经洗涤所得到的"纯脂肪"熔化,再慢慢冷却到适当温度,在此温度下,某些分馏物结晶析出,同时低熔点的分馏物仍保持液态,经特殊过滤就可获得一部分晶粒,然后再将滤液冷却至更低温度,其他分馏物结晶析出,经过滤又可得到一级晶粒,如此进行操作可以分级得到不同熔点的制品。

4)分离胆固醇

分离胆固醇即从无水乳脂中除去胆固醇的过程。

分离胆固醇经常用的方法是用改性淀粉或 β-环状糊精和乳脂混合,由 β-环状糊精(β-CD)分子包裹着胆固醇,形成沉淀,通过离心分离的方法可以除去此沉淀物。

5)包装

无水乳脂可以装入大小不同的容器,一般对于家庭或饭店来而言,1~19.5 kg 的盒子比较方便,而对工业生产来说,用最少能装 185 kg 的桶比较合适。

通常在容器中注入惰性气体氮(N_2),形成一个"严密的气盖"保护 AMF,防止 AMF 吸入空气,产生氧化作用。

7.3.3　加工中注意事项

1)由稀奶油生产 AMF

用于处理稀奶油的 AMF 加工线上的关键设备是用于脂肪浓缩的分离机和用于相转换的均质机。

2）由奶油生产 AMF

根据纯净程度或是受中和剂污染来决定重相被输送到酪乳罐或废物收集罐。若所用奶油直接来自连续的奶油生产机,会与用新鲜奶油的情况相同,即出现云状油层上浮的危险。

一般通过调整密封设计的最终浓缩器(分离机)内的液位,就能得到容量稍少而含脂肪高(99.5%)的清亮油相,但会使得重相相对脂肪含量高一些,大约含脂肪7%,容量略微多一点,因此,应再分离重相,即所得稀奶油和用于制造奶油的稀奶油原料混合,再循环输送到连续奶油生产机。

3）AMF 中和

进行 AMF 中和时,油应和碱液充分地混合,但该混合操作必须缓和进行,以避免脂肪的再乳化。

7.3.4　常见产品质量缺陷及防止方法

请参见项目7.2中酸性、甜性奶油常见产品质量缺陷及防止方法。

7.3.5　国家质量标准

请参见项目7.2中酸性、甜性奶油的国家标准。

项目小结)))

奶油(Cream),或称淇淋、激凌、克林姆,是用奶油制作食品由未均质化之前的生牛乳顶层的牛奶脂肪含量较高的一层制得的乳制品。因为生牛乳静置一段时间之后,密度较低的脂肪便会浮升到顶层。在工业化制作程序中,这一步骤通常由分离器离心机完成。在许多国家,奶油都是根据其脂肪含量的不同分为不同的等级。奶油也可以通过干燥制成粉,以运输到遥远的市场。而在国内市场,奶油则是一般指黄油(Butter)。本项目介绍解奶油概念及分类,酸性、甜性及无水奶油加工工艺及操作要点;奶油加工过程中存在的质量缺陷及解决办法等,是学生掌握奶油生产的方法,并能利用所学习的知识解决常见奶油产品质量问题。

复习思考题)))

1. 简述奶油生产工艺流程。
2. 简述奶油的常见种类。
3. 简述奶油物理成熟的含义、作用。
4. 简述稀奶油分离的方法。
5. 简述奶油产品常见质量缺陷及其产生原因。

项目8
炼乳的加工

任务8.1 知识链接

甜炼乳起源于法国和英国。1796年法国人尼克拉斯(Nicolas)等人曾进行过浓缩乳的保藏试验。1827年,法国的阿贝尔把煮浓的牛奶装入瓶装罐头中,牛奶中的细菌在加热过程中被杀死,而封闭在罐头内的牛奶与外界杂菌隔绝,便于保存。阿贝尔把牛奶罐头送给法国海军,反映较好。这是无糖炼乳的一份成功记录。当时阿贝尔还不明白为什么放置时间长了牛奶会腐败变质。1865年,法国巴斯德发现葡萄酒加热到60 ℃,就能够杀菌,人们才懂得了菌被杀死后不再腐败变质的道理。梅延贝尔在制造浓缩牛奶时,已经知道了巴氏杀菌法,并成功地加以运用。

炼乳是将新鲜牛乳经过杀菌处理后,蒸发除去其中大部分的水分而制成的产品,是一种浓缩乳制品。炼乳一般作为焙烤制品、糕点和冷饮等食品加工的原料以及供直接饮用等,具有良好的营养价值。

炼乳种类较多,市场上炼乳制品还有全脂淡炼乳、脱脂淡炼乳、强化淡炼乳、配制淡炼乳等。目前我国炼乳的主要品种有甜炼乳和淡炼乳。

(1)甜炼乳

甜炼乳也称全脂加糖炼乳,是在牛乳中加入约16%的蔗糖,并浓缩成原体积40%的一种乳制品。成品中蔗糖含量为40%~50%,由于添加蔗糖增大了渗透压、抑制了微生物的繁殖而增加了制品的保存期。

(2)淡炼乳

淡炼乳亦称无糖炼乳,是将牛乳浓缩至原体积的40%后,装罐、密封,并经灭菌的制品。由于甜炼乳(加糖炼乳)加糖后渗透压增大,抑制了微生物的繁殖,而赋予成品以一定的保存性,而淡炼乳由于不加糖,缺乏防腐作用,封罐后还要进行一次加热灭菌。

淡炼乳分为全脂和脱脂两种,一般淡炼乳是指前者。此外,还有添加维生素D的强化淡炼乳,以及调整其化学组成使之近似于母乳,并添加各种维生素的专门喂养婴儿用的特别配制淡炼乳。淡炼乳补充维生素B、C后其营养价值几乎与新鲜乳相同,而且经高温处理成为软凝块乳,脂肪球微细化,因而易消化吸收,不会引起乳过敏,非常适合于婴儿及病弱者饮用。此外,淡炼乳大量用作制造冰淇淋和糕点的原料,也可在喝咖啡或红茶时添加淡炼乳。

任务 8.2　甜炼乳的加工

8.2.1　工艺流程

蔗糖→配制糖液→过滤、杀菌→冷却

↓

原料乳验收→乳预处理→标准化→预热杀菌→真空浓缩→加糖→均质→结晶冷却→

装罐→封罐→包装→检验→成品　　　　　　　　　　　　　　　↑

↑　　　　　　　　　　　　　　　乳糖→粉碎、烘干→过筛

干燥←灭菌←洗罐

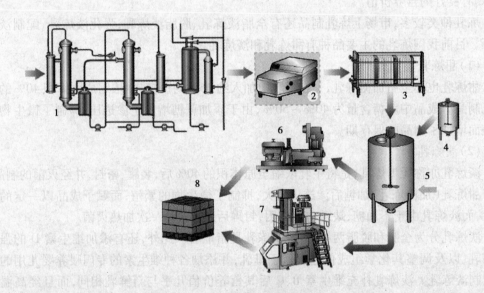

图 8.1　甜炼乳的生产线示意图

1—真空浓缩;2—均质;3—冷却;4—添加糖浆;5—冷却结晶罐;

6—装罐;7—贴标签、装箱;8—贮存

8.2.2　操作要点

1)原料的验收及检验

(1)原料乳的验收及检验

为保证乳制品质量,必须根据国家生鲜牛乳收购标准(GB 19301)对原料乳进行验收。主要进行感官检验、理化检验和卫生检验等方面的检验。常规检验项目包括色泽、滋味、气

味、组织形态外,还有密度测定,酒精试验、酸度测定、脂肪含量测定及还原酶试验等。验收合格的原料乳经称重、过滤、净乳、冷却后泵入贮奶罐。

（2）砂糖的检验

必须符合 GB 317—2006 白砂糖优级品的规定,酸度不超过 2.2 °T。

2）乳的标准化

乳的标准化是为了调整乳中脂肪（F）与非脂乳固体（SNF）的比例,使之符合成品中脂肪与非脂乳固体的比值。料乳标准化主要原因:一是牛乳的乳脂率在 3% ~3.7% 范围内炼乳生产量最多;二是牛乳的乳脂率含量低,生产的炼乳保存性也差;三是乳脂率低的牛乳在浓缩过程中容易起泡,操作较困难。我国国家炼乳质量标准规定是 8:20,而瑞典规定是 8:18或 1:2.25。

在原料乳脂肪含量过高时要添加脱脂乳或用分离机除去一部分稀奶油,而脂肪含量不足时则要添加稀奶油。

乳的标准化的原理是将原料乳的含脂率设为 $P\%$,脱脂乳或稀奶油的含脂率为 $q\%$,按一定比例混合,混合乳的含脂率为 $r\%$,原料乳质量为 x,脱脂乳或稀奶油质量为 y,对脂肪进行物料衡算,有如下关系:

$$px + qy = r(x + y) \text{ 则 } x(p - r) = y(r - q)$$

其中,如果 $q < r, p > r$,表示需要添加脱脂乳,如果 $q > r, p < r$,则表明应添加稀奶油。

3）预热杀菌

（1）预热杀菌目的

预热是指在生产甜炼乳时,标准化的原料乳在浓缩之前进行的加热处理。加热杀菌还有利于下一步浓缩的进行,故称为预热,也称为预热杀菌。其主要目的是:杀灭原料乳中的病原菌和绝大部分杂菌,钝化酶的活力,保证食品卫生,同时防止产品发生脂肪水解、酶促褐变等以提高成品的保存性;乳的真空浓缩前的预热,可防止浓缩时乳突然受热焦化,此外,预热还可加快蒸发速度,提高浓缩效率;加热使蛋白质适度变性,提高蛋白质稳定性,适度增加产品黏度,从而防止成品变稠和脂肪球上浮等问题的发生。

（2）预热杀菌工艺条件

随着原料乳质量、季节及预热设备等不同,预热的温度、保持时间等条件也不相同。常用的预热方法主要有:低温长时法（80 ~85 ℃,10 min）、高温短时法（95 ℃,3 ~5 min）、超高温瞬时法（120 ℃,2 ~4 s）。

关于预热温度与产品变稠的关系,研究普遍认为 100 ℃附近预热杀菌对炼乳的质量最不利,而 100 ~120 ℃瞬间或 75 ℃、10 min 的预热杀菌比较适宜。一般为 75 ℃保持 10 ~20 min及 80 ℃保持 5 ~10 min。

4）加糖

（1）加糖的目的

加糖的目的在于抑制炼乳中微生物的繁殖,增加制品的保存性。在炼乳中需加适量的蔗糖,会使炼乳形成较高的渗透压,且渗透压与糖浓度成正比,因此糖浓度越高抑菌的效果越好,但含糖量过高易形成糖沉淀等质量缺陷。

（2）加糖量的计算

加糖量一般用蔗糖比表示。所谓蔗糖比又称蔗糖浓缩度，是甜炼乳中所加的蔗糖与水和蔗糖之和的比值，也是向原料乳中添加蔗糖量的计算标准。蔗糖比决定甜炼乳应含蔗糖的浓度和在原料乳中应添加蔗糖的量。一般为了抑制微生物的生长，又可防止添加量过多导致蔗糖结晶析出，蔗糖比应控制在 62.5% ~64.5% 为宜。蔗糖比的计算公式如下：

$$蔗糖比 = \frac{s}{m + s} \times 100\%$$

式中　　m——炼乳中的水分含量，%；

　　　　s——炼乳中的蔗糖含量，%。

加糖量计算方法如下：

①计算蔗糖比

$$蔗糖比 = \frac{蔗糖}{100 - 总乳固体} \times 100\% \qquad 或 \qquad 蔗糖比 = \frac{蔗糖}{蔗糖 + 水} \times 100\%$$

②依据所需蔗糖比计算炼乳中蔗糖的含量

$$炼乳中蔗糖的含量(\%) = \frac{(100 - 总乳固体) \times 所需蔗糖比}{100\%}$$

③依据浓缩比计算蔗糖添加量

$$浓缩比 = \frac{炼乳中总乳固体含量(\%)}{原料乳中总乳固体含量(\%)}$$

$$蔗糖添加量 = \frac{炼乳中蔗糖含量(\%)}{浓缩比}$$

（3）加糖方法

①糖、乳共同预热杀菌　该种方法具有减少浓缩时的水的蒸发量，缩短浓缩时间等优点，但是加糖后加热，使产品容易发生褐变增稠，同时增加了细菌及酶的对热的抗性。一般采取超高温瞬时预热及双效降膜式连续浓缩时，采用该法加糖。

②糖、乳分别预热杀菌　将牛乳单独预热杀菌，同时将预热杀菌的蔗糖（浓度为65% ~75%）溶液冷却至57 ℃后，吸入真空浓缩罐中混合浓缩。该种方法适用于连续浓缩生产。

③在浓缩将近结束时，将杀菌并冷却的浓糖浆吸入浓缩罐内。将牛乳单独预热并真空浓缩后，在浓缩将近结束时，将预先以95 ℃，5 min 杀菌的蔗糖（浓度约为65%）溶液冷却至57 ℃后，吸入真空浓缩罐中混合浓缩。此种方法对于防止产品变稠具有较好效果，实际生产中适用较多。但是，浓缩乳初始浓度较高时，应注意防止引起脂肪游离。

由于加糖，牛乳中的酶类及微生物抗热性增加；同时乳蛋白质也会与糖反应引起变稠及褐变。另外，由于糖液比重较大，糖进入浓缩缸就会改变牛奶沸腾状况，减弱对流速度，导致位于盘管周围的牛奶会产生局部受热过度，引起蛋白质变性，加速成品的变稠。在其他条件相同的情况下，加糖越早，其成品变稠越剧烈，故采用后加糖的工艺对改善成品的变稠有利。因此，3 种方法中以第三种方法加糖为最好，其次为第二种方法。但一般为了减少蒸发节省浓缩时间和燃料及操作简便，有的厂家也会采用第一种方法。

（4）糖浆的制备

制备糖浆的主要工序为：溶糖→杀菌→冷却→净化。

①溶糖 糖浆浓度过高易导致溶糖时间过长,过滤操作困难等情况;糖浆浓度过低,则浓缩时含水量高,延长浓缩时间,从而影响产品质量。在实际生产中,糖浆的浓度一般控制在 65% ~70% 。

根据要求配制的糖浆的浓度和加糖的量来确定糖浆用水量。如:所需配制糖浆的浓度为65%,蔗糖的添加量为 300 kg,则溶解糖所需加水量为 300 × (1 – 65%) ÷ 65% = 161.5 kg。

利用蒸气加热水,待水温升至 90 ℃时加入白砂糖,糖完全溶解进行后续杀菌操作。

②杀菌 采用 90 ℃,10 min,或者 95 ℃,5 min 对糖浆进行灭菌处理。

③冷却 关闭蒸气阀,开冷水阀,冷却至 65 ℃。

④糖的净化 为保证产品杂质度指标符合要求,必须对糖液进行净化处理。

5)浓缩

浓缩是使牛奶中水分蒸发,提高乳固体含量,以达到成品所要求的浓度的过程。浓缩的目的在于除去部分水分,有利于保存;减少质量和体积,便于保藏和运输。目前较多采取真空浓缩(即减压加热浓缩),该法具有节省能源,提高蒸发效能;并且在较低温度条件下进行蒸发浓缩,防止蛋白质发生褐变,保持产品原有风味、色泽等优点。

(1)浓缩的设备

现代乳品厂多采用降膜式或片式结构的连续式多效蒸发器。此种浓缩方式牛乳单程连续通过加热面,牛乳不会滞留于蒸发器内,牛乳加热时间短,可较快降低出料温度等特点。

(2)真空浓缩条件和方法

经预热杀菌的乳进入真空浓缩罐时温度为 65 ~85 ℃,处于沸腾状态,但随着水分蒸发温度下降,因此必须不断通过饱和蒸气(即加热蒸气)供给热量以保持水分蒸发,而牛乳中水分汽化形成为二次蒸气。

一般通过冷凝法除去二次蒸气,即二次蒸气直接进入冷凝器结成水而排除,否则二次蒸气会凝结成水回流到牛乳中,使蒸发无法进行。二次蒸气不被利用称为单效蒸发;如将二次蒸气引入另一个蒸发器作为热源,则称为双效蒸发。

浓缩控制条件一般为温度 45 ~60 ℃,真空度 78.45 ~98.07 kPa,对防止蛋白质变性、保持牛奶原有风味和色泽等均有好处。

(3)浓缩终点的确定

浓缩终点的确定一般有相对密度测定法、黏度测定法、折射仪法这 3 种方法。

①相对密度测定法

相对密度测定法一般使用波美比重计,刻度范围为 30 ~40°Bé,每一刻度为 0.1 °Bé。波美比重计应在 15.6 ℃下测定,但实际测定时不在 15.6 ℃时,须对其进行校正。温度每增加 1 ℃,波美度增加 0.054°Bé;反之,则需减去 0.054°Bé。

波美度密度换算公式

$$\rho = \frac{145}{145 - B} \qquad 或 \qquad B = 145 - \frac{145}{\rho}$$

式中 145——常数;

ρ——15.6 ℃时的相对密度;

B——15.6 ℃时的波美度。

浓缩终点应达到的波美度计算公式：

$$15.6℃甜炼乳的密度\rho = \cfrac{100}{\cfrac{脂肪\%}{脂肪密度} + \cfrac{非脂乳固体\%}{非脂乳固体密度} + \cfrac{蔗糖\%}{蔗糖密度} + \cfrac{水分\%}{水分密度}}$$

$$= \cfrac{100}{\cfrac{脂肪\%}{0.93} + \cfrac{非脂乳固体\%}{1.608} + \cfrac{蔗糖\%}{1.589} + 水分\%}$$

用相对密度来确定终点，有可能因乳质变化而产生误差，通常辅以测定黏度或折射率加以校核。

②黏度测定法

黏度测定法一般使用回转黏度计或毛式黏度计。先将乳样冷却至 20 ℃，然后测其温度，一般规定为 100°R/20 ℃。

一般生产炼乳时，为了防止气泡产生、脂肪游离等缺陷，通常将黏度适当提高一些，如果测定结果大于 100°R/20 ℃，则可加入水加以调节。加水量可根据每加水 0.1% 黏度降低 4 ~ 5°R/20 ℃的规定进行计算。

③折射仪法

常用的折射仪主要是阿贝折射仪或糖度计。

当温度 20 ℃，脂肪含量 8% 时，甜炼乳的折射率和总固体间的关系可以根据如下公式进行计算：

$$T = 70 + 444(n - 1.465\ 8)$$

式中　T——甜炼乳总固体含量；

　　　n——20 ℃甜炼乳折射率。

一般认为，浓乳出料温度为 48 ℃时，浓度为 31.71 ~ 32.5°Bé 或比重 1.28 ~ 1.29 即到达炼乳生产中浓缩终点。

(4)黏度调整

因季节的影响原料乳质量往往发生变化，特别是乳蛋白、无机盐和有机盐类等微量成分。该种变化对炼乳的质量、保存性影响很大，有时可能因黏度低而引起脂离，也可能因变稠而失去流动性。

在甜炼乳生产中加糖方法不同，乳的黏度变化和成品的增稠趋势也不同。一般来讲，温度越高，糖与乳接触时间越长，变稠趋势就越明显。由此可见，选择适当的加糖方法可以防止产品产生变稠或者脂肪游离等缺陷，使产品质量一致。可采取主要措施如下：

①过热处理

浓缩接近终点时，直接吹入热蒸气，使罐内温度由 45 ~ 55 ℃上升到 75 ~ 85 ℃，继续浓缩到要求浓度，从而使蛋白质和无机成分等趋于稳定。但要注意控制好温度，否则产品易变味、结焦。

②再次均质

浓缩后再次进行均质，使小脂肪球均匀分散于炼乳中，从而增加黏度，缓和变稠现象，增加产品的光泽。

③添加稳定剂

为了防止钙盐沉淀,可加入0.05%柠檬酸钠,亚磷酸盐类。

④添加成品炼乳

原料乳杀菌之前加入3%成品。因成品炼乳中的酪蛋白已趋于稳定,对新鲜的不稳定的蛋白质形成一种保护作用。此外,成品炼乳中的针状柠檬酸钙结晶可使乳中的钙由可溶性变为不溶性,从而抑制变稠。

6)冷却结晶

冷却结晶是甜炼乳生产中最重要的工序。真空浓缩锅放出的浓缩乳,温度为50 ℃左右,如果不及时冷却,会加剧在贮藏期变稠与褐变的倾向,甚至逐渐成为凝块,所以需迅速冷却至常温。

通过冷却结晶可使过饱和态的乳糖形成细微的结晶,防止炼乳在储藏期间变稠,并保证炼乳具有细腻的感官品质。

(1)乳糖结晶对组织状态的影响

乳糖在室温下的溶解度较低(18%),在含量蔗糖为62%的甜炼乳中含有12%的乳糖,而炼乳中水分约为26.5%,甜炼乳中乳糖已处于过饱和状态,因此饱和部分的乳糖结晶析出是必然的趋势。一般来说,100份水中室温下只能溶解乳糖18份,而甜炼乳中的水分的乳糖含量为:$12/26.5 = 45.3\%$,在冷却过程中,随着温度降低,必然有27%(45.3% − 18% =27%)的多余乳糖析出。若结晶颗粒细小,则可在炼乳中悬浮,从而使炼乳组织状态细腻。反之,若结晶颗粒较大,则组织状态粗糙,甚至产生乳糖沉淀。乳糖结晶在10 μm以下则口感细腻;15 μm以上则口感呈粉状;超过30 μm则呈显著的砂状,感觉粗糙,而且大的结晶体在贮藏过程中会形成沉淀而成为不良的成品。因此,冷却结晶过程要求创造适当的条件,促使乳糖形成细小的结晶。

(2)乳糖结晶的原理

添加晶种的最适温度与乳糖溶液的浓度有关,以乳糖溶液的浓度为横坐标,乳糖溶液温度为纵坐标线,绘出乳糖的溶解度及强制结晶曲线,或称乳糖结晶曲线(如图8.2所示)。

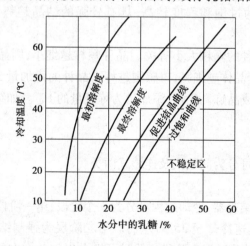

图8.2　乳糖的溶解度曲线及强制结晶曲线

图 8.2 中 4 条曲线将乳糖结晶曲线图分为 3 个区:最终溶解度曲线左侧为溶解区,过饱和溶解度曲线右侧为不稳定区,它们之间是亚稳定区。在不稳定区内,乳糖将自然结晶析出。在亚稳定区内,乳糖在水溶液中处于过饱和状态,将要结晶而未结晶。在此状态下创造一定的条件,加入晶体就能促使乳糖形成均匀而细小的结晶,即乳糖的强制结晶。计算出浓缩乳中乳糖的含量,在亚稳定区内,高于过饱和溶解度曲线 10 ℃左右位置有强制结晶曲线,通过这条曲线可对应查出晶种加入的最适温度。

例如,以含乳糖 4.8%,非脂乳固体 8.6% 的原料乳生产甜炼乳,其蔗糖比为 62.5%。蔗糖含量为 45.0%,非脂乳固体为 19.5%,总乳固体为 28.0%,其强制结晶的最适温度。

计算如下:水分 = [100 − (28 + 45)] × 100% = 27.0%

浓缩比 = 19.5/8.6 = 2.267 : 1

炼乳中的乳糖(%) = 4.8 × 2.267 = 10.88%

炼乳水分中的乳糖浓度 = [10.88/(10.88 + 27)] × 100% = 28.7%

按照所得水分中的乳糖浓度(%),从结晶曲线上可以查出炼乳在理论上添加晶种的最适温度为 28 ℃左右。

(3)晶种的制备

投入晶种也是强制结晶的条件之一。晶体的产生系先形成晶核,晶核进一步成长为晶体。

晶种制备的方法一般是采用 α-乳糖无水物精制乳糖粉,晶种粒径 2～3 次粉碎在 5 μm 以下就以达到要求。具体操作方法如下:

α-乳糖无水物→烘干→超微粉碎机粉碎→烘干→再次粉碎→过 120 目筛→密封保存

                  100～105 ℃,2～3 h   1 h

(4)晶种的加入温度及加入量

浓缩乳在冷却过程中随着温度下降,其过饱和程度增大,越容易呈现结晶的趋势。但乳的温度较低时黏度较高,反而会影响结晶的速度。然而,在强制结晶过程中,使浓缩乳控制在亚稳定区,保持结晶的最适温度(即强制结晶的最适温度),及时投入晶种,迅速搅拌并随之冷却,乳糖溶液的过饱和程度较高,具有较强的结晶趋势,从而形成大量细微的结晶。

晶种的加入量与晶种的颗粒大小有关。晶种颗粒越细小,则晶核越多,诱导产生结晶的效果越强,成品的乳糖晶体越细腻,口感则越好。晶种的添加量为炼乳质量的 0.02%～0.04%。晶种也可以用成品炼乳代替,添加量为炼乳量的 1%。如结晶不理想时,可适当增加晶种的投入量。

(5)冷却结晶方法

冷却结晶方法一般可分为间歇式及连续式两类。

①间歇式冷却结晶

通常采用蛇管冷却结晶器,冷却过程可分为 3 个阶段:第一阶段为冷却初期,浓乳出料后乳温在 50 ℃以上,迅速冷却至 35 ℃左右。第二阶层为强制结晶期,继续冷却至接近 26 ℃,这一阶段为结晶的最适温度阶段。此时可投入 0.04% 左右的乳糖晶种,晶种要均匀地边搅边加。也可用 1% 的成品炼乳代替。强制结晶期应保持 0.5 h 左右,以充分形成晶核。第三阶段冷却后期,把炼乳冷却至 15 ℃后继续搅拌 1 h,完成冷却结晶操作。

间歇式的真空冷却方法:浓缩乳进入真空冷却结晶机,在减压状态下冷却,冷却速度快,而且可以减少污染。此外,在真空度高的条件下炼乳在冷却过程中处于沸腾状态,内部有强烈的摩擦作用,可以获得细微均一的结晶。但是应预先考虑沸腾排出的蒸发水量,防止出现成品水分含量偏低的现象。

②连续式冷却结晶

采用连续瞬间冷却结晶机,这种设备具有水平式的夹套圆筒,套筒中带有搅拌浆,转速可达 300~600 r/min,炼乳在强烈的搅拌作用下,在几十秒到几分钟内.即可被冷却至20 ℃以下。用这种设备冷却结晶,即使不添加晶种,也可以得到 5 μm 以下微细的乳糖结晶。而且该操作下,可有效防止炼乳变稠、褐变和污染等质量问题。

(6)乳糖酶的应用

近年来随着酶制剂工业的发展,乳糖酶在乳品工业也得到广泛应用。通过乳糖酶处理乳,可以使乳糖全部或部分水解,从而省略乳糖结晶操作,也免去乳糖晶种及复杂的设备,从而降低了成本。即使在冷冻贮存下,甜炼乳也不出现结晶沉淀。利用乳糖酶生产的能够冷冻贮藏的所谓冷冻炼乳,而不会有结晶沉淀的问题。但是,在常温下贮藏的此种炼乳,乳糖水解会加剧,使得成品易发生褐变。炼乳添加乳糖酶后在冷藏过程中乳糖的分解情况见表 8.1。

表 8.1 炼乳添加乳糖酶后在冷藏中乳糖的分解率(%)

种 类	天 数						
	1	2	3	4	5	7	11
全脂炼乳	—	17	—	—	34	—	—
脱脂炼乳	5	—	15	—	25	32	47
脱脂甜炼乳	8	18	24	30	—	—	—

商品酵母乳糖酶添加量 0.67%(按乳糖重计),温度 4 ℃。

7)包装和储藏

(1)灌装

装罐前需将马口铁盒及盒盖用蒸气杀菌(90 ℃以上保持 10 min),沥去水分或烘干后使用。

冷却后炼乳中含有大量的气泡,通常需静置 12 h 左右,或用离心机除去其中的空气,等气泡逸出再行装罐。冷却结晶后的甜炼乳灌装时可采用自动灌装机、真空封罐机封口。装罐应装满,尽可能排除顶隙空气。

(2)贮藏

仓库内的温度应恒定,炼乳储藏应离开墙壁及保暖设施 30 cm 以上,库温恒定,不得高于 15 ℃,空气湿度不应高于85%。如果贮藏温度常常发生变化,则可能引起乳糖形成大的结晶。贮藏中每月应进行 1~2 次的翻罐,以防止乳糖沉淀。

8.2.3　加工中的注意事项

1）原料质量控制

用于甜炼乳生产的原料乳除要符合乳制品生产的一般质量要求外,在控制芽孢数和耐热细菌的数量;要求乳蛋白热稳定性好,否则就不适于高温杀菌。乳的酸度不能高于 18°T 等方面具有更严格的要求。

在甜炼乳中白砂糖的含量为 45% 左右,因此白砂糖的质量对于产品质量有着至关重要的影响。使用劣质白砂糖生产的甜炼乳,因其中含有较多的转化糖,不但易使炼乳变黄、结块、变稠,而且易引起发酵产酸而影响炼乳的质量。为了保证产品质量,生产炼乳所用的糖,以结晶蔗糖和品质优良的甜菜糖为最佳。符合国家规定得特级或一级品。(蔗糖含量应高于 99.6% ,还原糖应低于 0.1%)储糖时,保持车间的清洁干燥。

蔗糖溶解用水要求无色、无味、澄清,符合饮用水卫生标准。

2）糖浆制备加工注意事项

由于蔗糖中有嗜热性的微球菌和耐热的霉菌孢子存在,这种细菌耐热性较强,90 ℃仍不能杀死,需达 95 ℃方能致死。但应注意在糖浆的制备时,蔗糖在高温和酸性条件下会转化成葡萄糖和果糖,因此不能使糖液高温持续的时间过长,酸度也不能过高。如果这类转化糖存在于产品中,会使成品在贮藏期间的加速变色和变稠。

生产中一般要求蔗糖原料中转化糖含量小于 0.1%。为了减少蔗糖的转化,一般要求蔗糖的酸度控制在 22°T 以下,并在保证杀菌的前提下尽量缩短糖液在高温中的持续时间。

3）包装间的卫生

包装间在装罐前需用紫外线灯光杀菌 30 min 以上,并用乳酸熏蒸一次。用浓度为 $400 \times 10^{-6} \sim 600 \times 10^{-6}$(mg/kg)的漂白粉水消毒设备,用浓度为 1200×10^{-6}(mg/kg)的漂白粉水消毒包装室门前的鞋。包装室墙壁(2m 以下)最好用 1% 硫酸铜防霉剂粉刷。

8.2.4　常见产品质量缺陷及防止方法

1）变稠(浓厚化)

变稠是指在甜炼乳贮存时,黏度增加,导致流动性变差,甚至全部凝结的现象。变稠是炼乳保存中严重的质量问题之一,其主要成因包括细菌性和理化性两个方面。

(1)细菌性变稠

细菌性变稠主要是由于链球菌、芽孢菌、葡萄球菌及乳酸杆菌等微生物的污染,产生乳酸、醋酸、蚁酸、酪酸、琥珀酸等有机酸以及凝乳酶类物质,从而导致炼乳凝固。与此同时,由细菌引起的炼乳变稠,有时会伴有异臭、异味及酸度上升等质量问题出现。

防止方法:①注意生产过程中卫生管理,防止微生物污染,保证预热杀菌效果;②保持一定的蔗糖浓度。蔗糖比必须在 62.5% ~64.0% 为宜,但不能超过 65%,否则有析出蔗糖结晶的危险;③低温(10 ℃)下贮藏产品,以防止产品变稠。

（2）理化性变稠

理化性变稠主要由蛋白质胶体由溶胶态变为凝胶态而引起,这与牛乳酪蛋白或乳清蛋白含量、盐类的平衡、脂肪含量、乳的酸度、浓缩程度、浓缩温度和贮藏温度等有关。

①牛乳酪蛋白或乳清蛋白含量　理化性变稠与蛋白质的胶体膨润性或水合现象有关,所以酪蛋白或乳清蛋白含量越高,变稠现象越严重。

②盐类的平衡　乳中的盐类(钙盐、镁盐)过多易引起变稠。钙、磷与磷酸盐和柠檬酸盐之间有一定的比例关系,哪种过多或过少都能引起蛋白质的不稳定,加入磷酸氢二钠、柠檬酸钠可中和过多的钙和镁离子从而防止产品变稠。原料乳在浓缩前添加 0.05% EDTA 的四钠盐,对防止甜炼乳的凝固有一定效果。

③脂肪含量　脂肪介于蛋白质粒子间,具有防止蛋白质粒子结合的作用。脂肪含量低时,胶粒易发生相互结合,则甜炼乳变稠倾向增大。因此,脱脂炼乳更易出现变稠现象。

④酸度　牛乳的酸度高时,由于酪蛋白产生不稳定现象,制品容易产生凝固。产品酸度高时可采用碱中和,此法用于生产工业用炼乳。但是需要注意乳酸度过高时用碱中和也不能防止炼乳变稠。因此,生产中主要注意控制原料乳的质量和加工操作的卫生条件。

⑤预热条件　预热温度对变稠有十分显著的影响。60 ~ 75 ℃进行预热不易变稠,但易出现脂肪球上浮、乳糖沉淀的问题,80 ℃的预热比较适宜,85 ~ 100 ℃的预热能使产品很快变稠,而 110 ~ 120 ℃时反而使产品趋于稳定,但是由于加热温度过高,产品易发生褐变。

⑥浓缩工艺　浓缩程度高,干物质相应增加,黏度也就升高。随着黏度的升高,变稠的倾向也就增加。采取间歇式横空浓缩锅进行浓缩,并在浓缩后期停止输送蒸气的同时保持冷凝器和真空泵继续工作,则能有效抑制变稠。此外,浓缩温度高时,黏度增加,变稠的倾向也增加。尤其浓缩将近结束时,如温度超过 60 ℃,则黏度显著增高,贮藏中变稠倾向也增大。因此,最后浓缩温度应尽量保持在 50 ℃以下。

⑦贮存条件　贮藏温度对产生变稠有很大影响。优质制品在 10 ℃以下保存 4 个月不致产生变稠现象,20 ℃则变稠程度有所增加,30 ℃以上则变稠明显增加。

2）膨罐（胖听）

甜炼乳在保存期间有时发生膨胀的现象,主要分为微生物性胖听和物理性胖听。

（1）微生物性胖听

微生物性胖听是指产品在贮存期间由于微生物活动而产生气体,使得包装罐膨胀,甚至包装破裂。微生物性污染主要是由于加工过程中卫生操作和消毒工序不及时、不彻底,或者混入不清洁的蔗糖造成产品的污染。微生物污染主要表现为:在酵母菌的作用下,使高浓度的蔗糖溶液发酵;贮藏于温度比较高的场所时,厌氧性微生物的发酵产生气体;炼乳中残留乳酸菌的繁殖生成乳酸,并与锡作用后生成锡氢化合物,从而产气造成胀罐。

防止微生物胖听的方法主要有:加强生产操作中的卫生管理意识,定期对于设备进行彻底清洗、消毒;生产中使用质量合格的蔗糖;产品储存温度适宜。

（2）物理性胖听

物理性胖听又称假胖听,罐内产品没有发生变质,但其外观发生胀罐。其成因主要是:灌装过满或灌装时温度过低,致使封罐就后罐内压力过大;包装罐自身质量问题,如铁皮过薄,膨胀线过浅等。

防止物理性胖听的方法:灌装前将炼乳加热至 25～28 ℃,控制灌装克重;可采用梯形膨胀线,并确保底托板与其相吻合,从而有效防止胀罐发生。

3)钮扣状凝块

由于霉菌的污染,炼乳往往在储存 3～4 个月后产生白色、黄色乃至红褐色形似钮扣样的干酪样凝块,使炼乳具有金属味或干酪味,丧失其食用价值。当霉菌侵入炼乳以后,在有空气的条件下,5～10 d 生成霉菌菌落,2～3 周空气耗尽后菌体死亡,1 月后钮扣状物初步形成,2～3 个月后完全形成。随着甜炼乳在高温下储存时间越长,其凝块越大,严重的扩散至整个罐面。

防止该质量问题产生方法:加强生产中卫生、消毒操作管理;炼乳生产中不得有气泡混入,灌装时注意不留空隙。

4)砂状炼乳

乳糖结晶的大小决定了甜炼乳的细腻与否,粗大结晶存在形成砂状炼乳。优质炼乳的结晶在 10 μm 以下,超过 10 μm 将有砂状的感觉,如图 8.3 所示。产生砂状炼乳主要由于冷却结晶方法不当。此外,由于砂糖浓度过高(蔗糖比超过64.5%)时也会产生砂状炼乳。

防止方法:

(1)控制晶种颗粒粒度

采用研磨好的粒度在 3～5 μm 的乳糖晶种进行结晶操作。使用未经研磨的晶种,将使成品接近粒度在 30 μm 以上。

(2)晶种添加量及加入温度晶种

添加量过少,导致晶核较少,则形成结晶较大。加入晶种时温度过高,知识部分微晶体颗粒溶解。

(3)冷却结晶

冷却水温过高,导致冷却速度较慢,冷却结束时未达到 19～20 ℃,使得贮存期间金钟继续生长;冷却搅拌时间一般控制在 2 h 以上,否则乳糖溶液过饱和状态消失前停止搅拌,致使晶体在停止搅拌后继续生长。

(4)贮存温度

贮存期间温度变化加大,会促使乳糖晶体增大,因此应低温贮存产品。

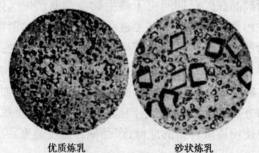

优质炼乳　　　　　　　　砂状炼乳

图 8.3　甜炼乳的乳糖结晶

5)褐变

甜炼乳加工或者贮藏期间颜色逐渐加深变成棕色,这主要是羰氨反应(美拉德反应)所致,温度与酸度越高,该反应也就越显著;同时还原力越强的糖,其反应也越强。如果使用含转化糖多的不纯蔗糖,或者葡萄糖时,则褐变情况更加显著。

防止方法:为避免褐变发生,再生产中需避免高温长时间的加热处理;使用高品质的牛乳和蔗糖;产品尽量在低温(10 ℃以下)下贮藏,以此来避免褐变发生。

6)糖沉淀

甜炼乳容器的底部经常产生乳糖沉淀的缺陷,这种沉淀物主要是乳糖结晶。黏度相同时,乳糖的结晶越大越容易形成沉淀;黏度越低越容易形成糖沉淀。但甜炼乳的比重大致为1.30左右(加糖脱脂炼乳为1.34～1.41),而α-乳糖水合物在15.6 ℃时的比重为1.545 3,所以析出的乳糖在保藏中自然逐渐下沉,而且炼乳黏度越小,结晶下沉速度越快,沉淀物则越多。此外,甜炼乳的糖水比大于64.5%,低温贮存时,也会有蔗糖晶体沉淀产生。

防止方法:乳糖结晶控制在10 μm以下,炼乳保持正常的黏度;控制炼乳的糖水比不超过64.0%,则一般不致产生沉淀。

7)脂肪分离

炼乳黏度非常低时,有时会产生脂肪分离现象。静置时脂肪的一部分会逐渐上浮,形成明显的淡黄色膏状脂肪层。由于搬运装卸等过程的振荡摇动,一部分脂肪层又会重新混合,开罐后呈现斑点状或斑纹状的外观,这种现象会严重影响甜炼乳的质量。

防止的办法:要控制好黏度,采用合适的预热条件,使炼乳的初黏度不要过低;控制浓缩时间,浓缩末期不应拉长,浓缩温度不要过高,以采用双效降膜式真空浓缩装置为佳;采用均质处理,但乳必须先经过净化,并且经过加热破坏乳中的脂酶。

8)酸败臭及其他异味

酸败臭是乳脂肪水解而形成的刺激味。在原料乳中混入了含脂酶较多的初乳或末乳及微生物,或者未经杀菌的生乳;预热温度低于70 ℃以下而使脂酶残留,从而加速乳脂肪水解酸败。

防止方法:使用优质的原料乳进行生产;预热达到标准温度和时间,保证脂酶充分灭活。

9)柠檬酸钙沉淀(小白点)

甜炼乳冲调后,有时在杯底发现白色细小的沉淀,俗称"小白点"。这种沉淀物的主要成分是柠檬酸钙。因为甜炼乳中柠檬酸钙含量约为0.5%,折算为每1 000 mL甜炼乳中含19 g柠檬酸钙,而在30 ℃下1 000 mL水能溶解柠檬酸钙2.51 g,甜炼乳中柠檬酸钙处于过饱和状态,过饱和部分结晶析出。此外,柠檬酸钙的析出与乳中的盐类平衡、柠檬酸钙存在状态与晶体大小等因素有关。

防止方法:在甜炼乳冷却结晶过程中,添加$15～20×10^{-6}$(mg/kg)左右的柠檬酸钙粉剂,特别是添加0.02%～0.03%柠檬酸钙胶体作为诱导结晶的晶种,可以促使柠檬酸钙晶核提前形成,有利于形成细微的柠檬酸钙结晶,可减轻或防止柠檬酸钙沉淀。此外,添加5%以上贮存炼乳与原料乳中。或者加奶粉于原料乳红,都能有效防止沉淀的出现。

8.2.5 国家质量标准(GB 13102—2010)

1)感官要求(见表 8.2)

表 8.2 加糖炼乳的感官要求

项 目	要 求	检验方法
色泽	呈均匀一致的乳白色或乳黄色,有光泽	取适量试样置于 50 mL 烧杯中,
滋味、气味	具有乳的香味,甜味纯正	在自然光下观察色泽和组织状态。
组织状态	组织细腻,质地均匀,黏度适中	闻其气味,用温开水漱口,品尝滋味

2)甜炼乳的理化标准

参照(GB 13102—2010)加糖炼乳理化指标见表 8.3。

表 8.3 甜炼乳理化指标

项 目	指 标	检验方法
蛋白质/[g·(100 g)$^{-1}$] ≥	非脂乳固体[a]的35%	GB 5009.5
脂肪/[g·(100 g)$^{-1}$]	$7.5 \leqslant X < 15.0$	GB 5413.3
乳固体[b]/[g·(100 g)$^{-1}$] ≥	28.0	—
蔗糖/[g·(100 g)$^{-1}$] ≤	45.0	GB 5413.5
水分/% ≤	27.0	GB 5009.3
酸度/°T ≤	48.0	GB 5413.34

注:a 非脂乳固体(%)=100%−脂肪(%)−水分(%)−蔗糖(%)。

b 乳固体(%)=100%−水分(%)−蔗糖(%)。

3)微生物指标(见表 8.4)

表 8.4 加糖炼乳微生物限量

项 目	采样方案[a] 及限量(若非指定,均以 CFU/g 或 CFU/mL 表示)				检验方法
	n	c	m	M	
菌落总数	5	2	30 000	100 000	GB 4789.2
大肠菌群	5	1	10	100	GB 4789.3 平板计数法
金黄色葡萄球菌	5	0	0/25g(mL)	—	GB 4789.10 定性检验
沙门氏菌	5	0	0/25g(mL)	—	GB 4789.4

注:a 样品的分析及处理按 GB 4789.1 和 GB 4789.18 执行。

任务 8.3 淡炼乳的加工

8.3.1 工艺流程

原料乳验收→标准化→预热杀菌→真空浓缩→均质→冷却→再标准化→小样试验→装罐→灭菌→振荡→保存试验→包装(如图 8.4 所示)。

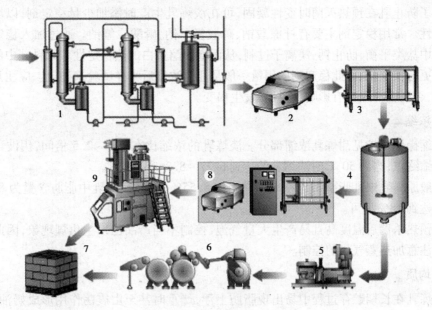

图 8.4 甜炼乳的生产线示意图

1—真空浓缩;2—均质;3—冷却;4—中间罐;5—灌装;
6—消毒;7—贮存;8—超高温处理;9—无菌灌装

8.3.2 操作要点

1)原料乳的验收及标准化

由于生产过程中要进行高温灭菌,对原料乳的热稳定性要求更高,因此淡炼乳的原料乳的质量要求更严格。

与甜炼乳原料验收的区别,除采用 72% 酒精试验外,还需做磷酸盐试验(测定原料乳中蛋白质的热稳定性),必要时还要做细菌学检查。

原料乳的标准化与甜炼乳相同。

2)预热杀菌

在淡炼乳的生产中预热杀菌不仅是为了杀菌和破坏酶类,而且适当的加热可使酪蛋白

变性而提高其稳定性,防止生产后期灭菌时凝固,并赋予制品适当的黏度。

淡炼乳生产一般采用 95 ~ 100 ℃、10 ~ 15 min 的杀菌。如果乳的预热温度低于 95 ℃,尤其是 80 ~ 90 ℃,乳清蛋白易发生凝聚,则乳的热稳定性降低。而高温加热会使乳中的钙离子成为磷酸三钙,而呈不溶,从而降低钙、镁离子的浓度,相应地减少了与酪蛋白结合的钙,从而提高酪蛋白的稳定性。随着杀菌温度升高,热稳定性也会提高,但加热到 100 ℃以上黏度会降低,所以简单地提高杀菌温度也是不适当的。在适当高温下加热,可使乳清蛋白凝固成微细的粒子分散在乳中,灭菌时也不会形成感官可见的凝块。此外研究发现,采用高温瞬间杀菌方法可降低稳定剂的使用量,甚至可不用稳定剂仍能获得稳定性高、褐变程度低的产品。如 120 ~ 140 ℃、25 s 杀菌,26% 乳干物质的成品之热稳定性是 95 ℃,10 min 杀菌产品的 6 倍,是 95 ℃,10 min 加稳定剂产品的 2 倍。

为了防止乳在预热灭菌时变性凝固,可在淡炼乳生产时添加少量稳定剂,以增加产品的稳定性。常用稳定剂主要有柠檬酸钠、磷酸氢二钠、磷酸二氢钠。通过加入稳定剂可以保持乳中盐类平衡,防止钙、镁离子过剩,从而增强酪蛋白的热稳定性。原料乳中的成分随季节变更有所变化,因此稳定剂的用量一般是通过浓度后小样试验来确定。应注意不宜添加过量,否则会对风味有影响,而且易发生褐变。

3)浓缩

浓缩操作可参见甜炼乳浓缩部分。淡炼乳的浓缩比在 2.3 ~ 2.5 倍间,用波美度表来测定浓缩终点,当约 50 ℃ 时浓缩乳的达到 6.27 ~ 8.24°Bé 即可。

一般原料乳中乳脂率 3.8%、非脂乳固体 8.55%,成品淡炼乳中脂肪含量为 8%、非脂乳固体达到 18% 即可。

乳预热杀菌后温度高且易产生大量气泡,控制不当产品已发生焦烟现象,因此浓缩操作时需注意加热蒸气量的控制。

4)均质

淡炼乳在长期贮存过程中易出现脂肪上浮,严重时甚至由震荡作用形成奶油粒,影响其产品质量。为防止出现上述质量缺陷,淡炼乳生产时要进行均质处理。通过均质操作可使乳中脂肪球变小,表面积增大,从而使脂肪球表面所吸附的酪蛋白量增加,脂肪球相对密度增加,上浮能力减弱。此外,通过均质还可以使产品易于消化、吸收,并增加产品黏度,防止产品变稠。

均质操作主要控制的是操作时的压力和温度。淡炼乳生产多采用二段均质,第一段压力为 14.7 ~ 16.6 MPa,第二段为 4.9 MPa。均质温度以 50 ~ 60 ℃ 为宜。浓缩后乳温度为 50 ℃,因此一般浓缩后的可以立即进行均质。均质后的乳要进行显微镜检验,80% 以上的脂肪球直径在 2 μm 以下即可。

5)冷却

甜炼乳除冷却外还为了乳糖结晶,而淡炼乳生产中,冷却仅是为了迅速降低产品温度。这主要是由于在均质后温度可达 50 ℃,如不立刻冷却降温,则可能出现耐热性微生物生长,酸度增加等问题,从而影响灭菌效果和产品稳定性。一般淡炼乳生产应迅速冷却至 10 ℃ 以下,如当日不能装罐,则应冷却到 4 ℃ 贮存。

6) 再标准化

浓缩后的标准化称作再标准化, 主要是为了调整乳干物质浓度使其合乎要求。一般淡炼乳生产中浓度难于正确掌握, 往往都是浓缩到比标准浓度略高的浓度, 然后加蒸馏水进行调整, 一般称为加水操作。加水量按下式计算:

$$加水量 = \frac{A}{F_1} - \frac{A}{F_2}$$

式中　A——单位标准化乳的全脂肪含量;

F_1——成品的脂肪, %;

F_2——浓缩乳的脂肪, %, 可用脂肪测定仪或盖勃氏法测定。

7) 小样试验

在淡炼乳生产中, 为了延长保存期, 罐装后还有一个二次杀菌工序。为了提高淡炼乳的热稳定性, 常在灌装前添加稳定剂, 一般添加磷酸氢二钠和磷酸三钠, 添加量取决于二次杀菌温度, 具体工艺条件通常根据小样试验来确定。

(1) 试验目的

小样试验主要是为防止生产中不能预计的变化而造成的大量损失, 灭菌前先按不同剂量添加稳定剂, 试封几罐进行灭菌, 然后开罐检查以决定添加稳定剂的数量、灭菌温度和时间等工艺条件。

(2) 样品的准备

由贮乳槽中取浓缩乳小样, 一般以每千克原料乳取 0.25 g 为限。用 1 mL 刻度吸量管移取稳定剂 (可配成饱和溶液), 制成含有不同剂量稳定剂的样品, 装罐、封罐。

(3) 灭菌试验

把样品罐放入小试用的灭菌机中, 按照 116.5 ℃, 16 min 进行灭菌, 迅速冷却后取出小样检查。

(4) 开罐检查

按照顺序依次进行如下检查:

①检查有无凝固物　将样品倒入烧杯中, 观察产品在杯壁上的附着状态, 杯壁上淡炼乳均匀即为良好, 反之如有斑纹或附着物则为不良。

②检查黏度、色泽、风味　用毛氏黏度计测定产品黏度, 一般以 20 ℃时大球 100 ~ 120R 为基准。高于此基准值则说明产品有热凝固趋势。一般以色乳白为佳, 带有褐色者为不良。风味一般稍有甜味, 可略带焦糖味为好, 若有咸味、苦味等为不良。

如检查小样产品质量不佳, 可以采用保温时间缩短 (1 min), 灭菌温度降低 (0.5 ℃), 或者减低灭菌机旋转速度等方式调整灭菌工艺条件, 最终筛选出理想的工艺方案。

8) 装罐与封罐

按照小样试验结果添加稳定剂后, 应立即进行装罐封罐。由于封罐后要进行高温灭菌, 装罐时要留有顶隙, 不可装满, 以免高温膨胀变形。灌装后进行真空密封, 以减少气泡和残留空气, 避免出现假胖听。封罐后及时灭菌, 如不能即刻灭菌, 为防止变质应低温储藏。

9）灭菌

（1）灭菌的目的

灭菌主要是为了彻底杀灭微生物,钝化酶类,延长成品的保质期。此外,通过适当高温处理,可提高成品黏度,防止脂肪上浮,并赋予炼乳特有的风味。不过淡炼乳的二次杀菌会诱发美拉德反应而造成产品轻微的褐变。

（2）灭菌的方法

①间歇式灭菌法　批量不大的生产可用回转式灭菌器进行保持式灭菌。一般按小试法控制温度和升温时间,要求在 15 min 内使温度升至 116 ~ 117 ℃,保持 20 min,然后 15 min 内冷却至 20 ℃以下。

②连续式灭菌法　大规模生产多采用连续式灭菌机。灭菌机由预热区、灭菌区和冷却区三部分组成。封罐后的罐内温度在 18 ℃以下,进入预热区被加热到 93 ~ 99 ℃,然后进入灭菌区,升温至 114 ~ 119 ℃,保持一定时间,进入冷却区冷至室温。

③UHT 处理　将浓缩乳进行 UHT 杀菌(140 ℃,3 s),然后无菌纸盒包装。

除上述常用的灭菌工艺之外,还可添加乳酸链球菌素进行灭菌。乳酸链球菌素是一种安全性高的国际上允许使用的食品添加剂,人体每日允许摄入量为每千克体重 0 ~ 33 000 单位(1 mg = 1 000 单位)。淡炼乳生产中必须采用强烈的杀菌工艺,但长时间的高温处理,对于原料乳的热稳定性要求高,而且影响成品的质量。如果添加乳酸链球菌素,可降低灭菌强烈程度,且能保证淡炼乳的品质。研究认为,1g 淡炼乳中加 100 单位乳酸链球菌素,以 115 ℃,10 min 杀菌,效果较好。

10）振荡

由于灭菌操作不当,或使用了热稳定性差的原料乳,产品中易出现软凝块,为了防止该问题的出现,一般可通过振荡操作使凝块分散复原成均匀的流体。

使用水平振荡机进行振荡,往复冲程 6.5 cm,300 ~ 400 次/min,每次振荡 15 ~ 60 s。

11）保温检查

淡炼乳出厂之前,一般还要经过保藏检测。具体方法:将成品在 25 ~ 30 ℃下保温 3 ~ 4 周,观察有无膨罐,并开罐检验有无质量缺陷。必要时可按比例抽取样品于 37 ℃下保藏 7 ~ 10 d,并加以观察检验,合格者方可出厂。

8.3.3　加工中的注意事项

1）注意防止微生物污染

淡炼乳在生产过程中不加糖,缺少了甜炼乳高糖高渗透压所形成的防腐抑菌环境,因此淡炼乳对于原料乳的质量要求较甜炼乳更为严格。此外,淡炼乳生产中应更加注意操作过程中卫生条件和操作规范,防止在生产过程中微生物污染造成产品出现酸败、胀罐和凝固等质量缺陷。

2)注意控制热加工工艺条件

乳品黏度极易受热加工的影响而发生变化,淡炼乳生产中有预热、浓缩、均质、二次灭菌等热加工操作,因此,在生产过程中需注意规范热操作的工艺条件,防止温度过高或过低,从而使产品获得适当的黏度,防止出现脂肪球上浮等质量缺陷。

此外,褐变主要是由美拉德反应(羰氨反应)所引起的。虽然淡炼乳生产中并不加入糖,但是由于淡炼乳加工时热操作工序较多,因此也有褐变的倾向,因此规范进行热加工操作也有助于防止产品防止出现褐变、焦煳等质量缺陷。

3)振荡

振荡操作应在灭菌后 2 ~ 3 d 内进行,操作时温度不宜过高,否则会造成产品黏度降低;若成品没有出现凝块现象,则可省略振荡操作。

8.3.4　常见产品质量缺陷及防止方法

1)脂肪上浮

由于淡炼乳黏度下降,或者均质不完全,易造成成品脂肪上浮的质量缺陷。

防止方法:首先要控制好黏度,即采用合适的预热条件,使炼乳保持适度的黏度;其次浓缩时间不应过长,特别是浓缩末期不应拉长,且浓缩温度不宜过高,最好采用双效降膜式真空浓缩装置;第三注意均质操作,使脂肪球直径基本上都在 2 μm 以下,可有效防止脂肪上浮。

2)胀罐

淡炼乳的胀罐分为细菌性、化学性及物理性胀罐 3 种类型。

细菌性胀罐成因主要包括:酵母菌的作用使高浓度的蔗糖溶液发酵;贮藏于温度较高时,厌氧性酪酸菌的繁殖而产气;炼乳中乳酸菌的繁殖生成乳酸,并与锡作用后生成锡氢化合物。

化学性胀罐成因主要是长期贮存的淡炼乳酸度偏高时,乳中的酸性物质与罐壁的锡、铁等发生化学反应产生氢气,导致化学性胀罐。

物理性胀罐成因主要是装罐过满或运到高原、高空、海拔高、气压低的场所,由内外压差变化而引起的胀罐即物理性胀罐。

防止方法:由于淡炼乳没有糖的加入,缺少了防腐抑菌的效果,因此应选择优质的原料进行生产;乳进行生产淡炼乳生产中,应注意加强卫生管理和加强灭菌,防止产品污染;低温贮存成品;金属包装罐内涂膜处理,以防止金属物与炼乳接触发生反应;注意包装的内外压差,避免出现暴力运输和压差变化过大的情况出现。

3)褐变

褐变是指淡炼乳经高温灭菌后其颜色变深甚至呈现黄褐色。灭菌温度越高、保温时间及贮藏时间越长,褐变现象越显著。炼乳发生褐变主要是由美拉德反应(羰氨反应)造成的。

防止方法:灭菌时,在确保灭菌效果的前提下尽量避免长时间的过度高温加热处理;在5 ℃以下保存可有效防止褐变发生;控制稳定剂使用,采用柠檬酸钠和磷酸钠类的稳定剂(不要过多不宜使用碳酸钠),并注意控制其添加量,否则会加速炼乳发生褐变。

4)凝固

淡炼乳的凝固缺陷包括细菌性凝固和理化性凝固两个方面。

(1)细菌性凝固

炼乳由于生产过程中微生物污染,在贮存期间产生乳酸或凝乳酶,使成品出现凝固现象,并可能伴有苦味、酸味、腐败味的质量缺陷。

防止方法:加强卫生管理和规范操作,避免生产过程污染,严密封罐及严格灭菌制度,从而防止细菌性凝固质量问题出现。

(2)理化性凝固

原料乳的热稳定性差易造成产品出现理化性凝固的质量缺陷。原料乳的热稳定性差主要是由于酸度过高、乳清蛋白含量过或盐类失衡这几个因素造成的。此外,生产过程中过度浓缩,过度灭菌,干物质量过高,均质压力过大(超过 21 MPa)等都可能造成产品凝固。

防止方法:对于原料乳热稳定性差的问题关键严格控制热稳定性试验工艺条件,此外,通过离子交换树脂或添加稳定剂可处理盐类失衡的问题;正确的预热处理(95 ~ 100 ℃,10 ~ 15 min)可以提高酪蛋白的热稳定性,防止凝固现象的出现;正确地进行浓缩操作和灭菌工艺,避免过高的均质压力等操作规程,也可有效避免理化性凝固。

5)黏度降低

长期贮藏的淡炼乳一般会有黏度降低的倾向,黏度降低至一定程度时,会出现脂肪球上浮及沉淀等质量缺陷。

防止方法:热处理对于产品黏度有显著影响,加工中的均质、灭菌、振荡等操作工序均对产品黏度有一定程度的影响,应注意加强对上述加工工艺条件的控制;贮藏温度越高时,则产品黏度下降越显著,低温贮藏能抑制黏度下降的趋势,在 0 ~ 5 ℃下贮藏可避免黏度降低,但注意在 0 ℃以下贮藏易导致蛋白质不稳定。

8.3.5　淡炼乳国家质量标准(GB 13102—2010)

1)感官要求(见表 8.5)

表 8.5　淡炼乳感官要求

项　目	要　求	检验方法
色泽	呈均匀一致的乳白色或乳黄色,有光泽	取适量试样置于 50 mL 烧杯中,在自然光下观察色泽和组织状态。闻其气味,用温开水漱口,品尝滋味
滋味、气味	具有乳的滋味和气味	
组织状态	组织细腻,质地均匀,黏度适中	

2）理化指标（见表8.6）

表8.6 淡炼乳理化指标

项 目	指 标	检验方法
蛋白质/[g·(100 g)$^{-1}$]≥	非脂乳固体[a]的34%	GB 5009.5
脂肪/[g·(100 g)$^{-1}$]	$7.5≤X<15.0$	GB 5413.3
乳固体[b]/[g·(100 g)$^{-1}$]≥	25.0	—
蔗糖//[g·(100 g)$^{-1}$]≤	—	GB 5413.5
水分/%≤	—	GB 5009.3
酸度/°T≤	48.0	GB 5413.34

注：a 非脂乳固体（%）=100%－脂肪（%）－水分（%）－蔗糖（%）。

b 乳固体（%）=100%－水分（%）－蔗糖（%）。

3）淡炼乳微生物指标

淡炼乳、调制淡炼乳应符合商业无菌的要求，按 GB/T 4789.26 规定的方法检验。

项目小结

炼乳是"浓缩乳"的一种，是将鲜乳经真空浓缩或其他方法除去大部分的水分，浓缩至原体积25%～40%的乳制品，具有贮存较长时间的特点。炼乳加工时由于所用的原料和添加的辅料不同，可以分为加糖炼乳（甜炼乳）、淡炼乳、脱脂炼乳、半脱脂炼乳、花色炼乳、强化炼乳和调制炼乳等。我国主要生产全脂甜炼乳和淡炼乳。本项目介绍了甜炼乳、淡炼乳的概念、种类，生产方法和工艺操作要求以及国家标准对于产品的规定。通过本项目学习能够掌握生产基本工艺，并能解决炼乳加工中常见的质量问题。

复习思考题

1. 简述甜炼乳生产工艺流程。
2. 简述淡炼乳生产工艺流程。
3. 甜炼乳生产对于原料乳的要求是什么？
4. 预热杀菌的目的是什么？
5. 甜炼乳生产中冷却结晶的目的是什么？
6. 蔗糖加入的方法有几种？
7. 如何确定浓缩终点？
8. 简述甜炼乳常见质量问题及防止方法。
9. 简述淡炼乳常见质量问题及防止方法。

参考文献

[1] 张宗城,董政,刘霄玲,赵慧芬.乳品检验员[M].北京:中国农业出版社,2004.

[2] 杨文泰.乳及乳制品检验技术[M].北京:中国计量出版社,1997.

[3] 王江,连西兰.微生物学及检验[M].北京:中国计量出版社,2002.

[4] 乳品工业手册编写组.乳品工业手册[M].北京:中国轻工业出版社,1987.

[5] 谢继志.液态乳制品科学与技术[M].北京:中国轻工业出版社,1999.

[6] 郭本恒.现代乳品加工学[M].北京:中国轻工业出版社,2001.

[7] 孔保华.乳品科学与技术[M].北京:科学出版社,2004.

[8] 马兆瑞,秦立虎.现代乳制品加工技术[M].北京:中国轻工业出版社,2010.

[9] 蔡健.乳品加工技术[M].北京:化学工业出版社,2008.

[10] 马兆瑞,李慧明.畜产品加工技术及实训教程[M].北京:科学出版社,2011.

[11] 罗红霞.畜产品加工技术[M].北京:化学工业出版社,2007.

[12] 张和平,张列兵.现代乳品工业手册[M].北京:中国轻工业出版社,2005.

[13] 吴祖兴.乳制品加工技术[M].北京:化学工业出版社,2007.

[14] 薛效贤,薛芹.乳品加工技术及工艺配方[M].北京:科学技术文献出版社,2004.

[15] 苏东海.乳制品加工技术[M].北京:中国轻工业出版社,2010.

[16] 张列兵,吕加平.新版乳制品配方[M].北京:中国轻工业出版社,2003.

[17] 王建.乳制品加工技术[M].北京:中国社会出版社,2009.

[18] 王福源.现代食品发酵技术[M].北京:中国轻工业出版社,2004.